线性代数

主　编　李木华　屈小兵　贾礼平

西南交通大学出版社
·成　都·

图书在版编目（CIP）数据

线性代数 / 李木华，屈小兵，贾礼平主编. —成都：西南交通大学出版社，2020.1（2023.1 重印）
ISBN 978-7-5643-7353-5

Ⅰ. ①线… Ⅱ. ①李… ②屈… ③贾… Ⅲ. ①线性代数—高等学校—教材 Ⅳ. ①O151.2

中国版本图书馆 CIP 数据核字（2020）第 001792 号

Xianxing Daishu
线性代数

主编 李木华 屈小兵 贾礼平

责任编辑 张宝华
封面设计 何东琳设计工作室

印张：12.75 字数：317千
成品尺寸：185 mm × 260 mm
版次：2020年1月第1版
印次：2023年1月第2次
印刷：四川煤田地质制图印务有限责任公司
书号：ISBN 978-7-5643-7353-5

出版发行：西南交通大学出版社
网址：http://www.xnjdcbs.com
地址：四川省成都市金牛区二环路北一段111号
西南交通大学创新大厦21楼
邮政编码：610031
发行部电话：028-87600564 028-87600533
定价：35.00元

课件咨询电话：028-81435775
图书如有印装质量问题 本社负责退换
版权所有 盗版必究 举报电话：028-87600562

前　言

本教材是为非数学专业学生编写的一门数学类教材．是在充分吸取国内外优秀教材的优点，充分听取同行专家以及使用本教材讲稿的授课教师和部分读者的意见基础上，总结了多年来的教学经验，并在保持教材讲稿的基本框架和主要特色的前提下编写的．它也适合于各类需要提高数学素质和能力的人使用．

本教材具有以下几个特点：

（1）知识引入力求贴近生活，简明易懂．

（2）重新编排了部分内容，以使读者更易理解．即把线性方程组放在 n 维向量空间这一章里，用向量和矩阵工具来解决线性方程组的问题．

（3）除第六章外，其余五章均在后面增加了所学知识的综合应用，以达到学以致用的目的．增加了以 MATLAB 为基础的数学实验，以便学有余力的学生自学，提高其动手实验能力．另外，还增加了拓展阅读，以使学生了解一些数学的发展史和数学文化．

（4）为了方便考研学生复习参考，本书收集了 2010—2018 年全国卷《高等数学》中的部分线性代数试题及其参考答案．

本书共分六章，内容包括行列式、矩阵、n 维向量空间与线性方程组的解、特征值与特征向量、二次型、线性变换与线性空间．

本教材由乐山师范学院李木华、屈小兵、贾礼平共同编写完成．李木华编写第一章到第四章，屈小兵编写第五章及每章后面的综合应用、拓展阅读，全书的数学实验由贾礼平编写．

在本教材的编写过程中，许多同行专家、老师和学生提出了宝贵的意见和建议，全体编者向他们表示诚挚的感谢！

本教材难免有不足之处，恳请广大使用者给我们及时反馈意见和建议，可将意见和建议发送至邮箱 254150019@qq.com 或 qxb2002@126.com 或 jialiping@qq.com，以方便我们在下一版修改．

编　者

2019 年 7 月

目　录

第一章　行列式

行列式概念是基于求解含有 n 个未知量、n 个方程的线性方程组的解而建立的. 随着科学技术的进步，行列式成为一种常用的数学工具，在数学的许多分支以及其他学科领域，特别是经济学、物理学、工程技术等领域都有着广泛的应用. 在“线性代数与几何”这门课中，行列式是研究线性方程组、矩阵及向量的线性相关性的一个重要基础.

本章主要介绍 n 阶行列式的定义、性质、展开公式以及行列式的计算，最后介绍利用行列式求解线性方程组的克莱姆法则.

第一节　行列式的定义

一、二阶行列式

引例　用消元法解二元线性方程组：

$$\begin{cases} a_{11}x_1 + a_{12}x_2 = b_1, & ① \\ a_{21}x_1 + a_{22}x_2 = b_2. & ② \end{cases}$$

解　$①\times a_{22} - ②\times a_{12}$ 得

$$(a_{11}a_{22} - a_{12}a_{21})x_1 = b_1a_{22} - b_2a_{12}. \quad ③$$

$②\times a_{11} - ①\times a_{21}$ 得

$$(a_{11}a_{22} - a_{12}a_{21})x_2 = b_2a_{11} - b_1a_{21}. \quad ④$$

记
$$D = a_{11}a_{22} - a_{12}a_{21} = \begin{vmatrix} a_{11} & a_{12} \\ a_{21} & a_{22} \end{vmatrix},$$

$$D_1 = b_1a_{22} - b_2a_{12} = \begin{vmatrix} b_1 & a_{12} \\ b_2 & a_{22} \end{vmatrix}, \quad D_2 = b_2a_{11} - b_1a_{21} = \begin{vmatrix} a_{11} & b_1 \\ a_{21} & b_2 \end{vmatrix},$$

则式③, ④可改写为

$$\begin{cases} Dx_1 = D_1, \\ Dx_2 = D_2. \end{cases}$$

于是，在 $D \neq 0$ 的条件下，方程组有唯一解：

$$x_1=\frac{D_1}{D}，\quad x_2=\frac{D_2}{D}.$$

定义 1.1 记号$\begin{vmatrix} a_{11} & a_{12} \\ a_{21} & a_{22} \end{vmatrix}$称为**二阶行列式**，它表示代数和$a_{11}a_{22}-a_{12}a_{21}$，即

$$\begin{vmatrix} a_{11} & a_{12} \\ a_{21} & a_{22} \end{vmatrix}=a_{11}a_{22}-a_{12}a_{21}.$$

行列式中的横排叫作**行**，竖排叫作**列**. $a_{11},a_{12},a_{21},a_{22}$叫作行列式的**元素**，元素$a_{ij}$的第一个下标$i$叫作**行标**，表明该元素位于第$i$行；第二个下标叫作**列标**，表明该元素位于第$j$列. 由上述定义可知，二阶行列式是由 4 个数按一定的规律运算所得的代数和，这个代数和可以利用图 1.1（对角线法则）来表达. 图 1.1 中，a_{11}到a_{22}的实连线称为主对角线，a_{12}到a_{21}的虚连线称为副对角线（或次对角线），于是有：二阶行列式等于主对角线上的两元素之积减去副对角线上的两元素之积.

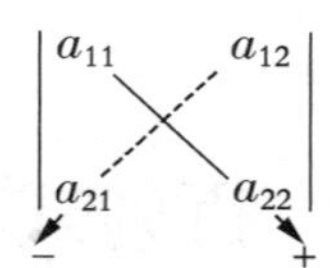

图 1.1　二阶行列式的计算方法

将行列式用于表达线性方程组的解，将会使其形式简化，便于记忆.

注：从形式上看，线性方程组的解的表达式中的分母D是由方程组的系数所确定的二阶行列式，称为系数行列式；x_1的分子D_1是用常数项b_1,b_2替换D中x_1的系数a_{11},a_{21}所得的二阶行列式；x_2的分子D_2是用常数项b_1,b_2替换D中x_2的系数a_{12},a_{22}所得的二阶行列式.

例 1 解方程组$\begin{cases} x_1-3x_2=-5, \\ 4x_1+3x_2=-5. \end{cases}$

解

$$D=\begin{vmatrix} 1 & -3 \\ 4 & 3 \end{vmatrix}=3-(-3)\times 4=15,$$

$$D_1=\begin{vmatrix} -5 & -3 \\ -5 & 3 \end{vmatrix}=-30，\quad D_2=\begin{vmatrix} 1 & -5 \\ 4 & -5 \end{vmatrix}=15,$$

因$D\neq 0$，故方程组有唯一解：

$$x_1=\frac{D_1}{D}=\frac{-30}{15}=-2，\quad x_2=\frac{D_2}{D}=\frac{15}{15}=1.$$

二、三阶行列式

对于三元线性方程组，有类似于二元线性方程组的讨论，用消元法求解三元线性方程组可得与二元线性方程组相同形式的解的表达式.

记

$$D=\begin{vmatrix} a_{11} & a_{12} & a_{13} \\ a_{21} & a_{22} & a_{23} \\ a_{31} & a_{32} & a_{33} \end{vmatrix}=a_{11}a_{22}a_{33}+a_{12}a_{23}a_{31}+a_{13}a_{21}a_{32}-a_{11}a_{23}a_{32}-a_{12}a_{21}a_{33}-a_{13}a_{22}a_{31},$$

$$D_1=\begin{vmatrix} b_1 & a_{12} & a_{13} \\ b_2 & a_{22} & a_{23} \\ b_3 & a_{32} & a_{33} \end{vmatrix}=b_1a_{22}a_{33}+a_{12}a_{23}b_3+a_{13}b_2a_{32}-b_1a_{23}a_{32}-a_{12}b_2a_{33}-a_{13}a_{22}b_3,$$

$$D_2=\begin{vmatrix} a_{11} & b_1 & a_{13} \\ a_{21} & b_2 & a_{23} \\ a_{31} & b_3 & a_{33} \end{vmatrix}=a_{11}b_2a_{33}+b_1a_{23}a_{31}+a_{13}a_{21}b_3-a_{11}a_{23}b_3-b_1a_{21}a_{33}-a_{13}b_2a_{31},$$

$$D_3=\begin{vmatrix} a_{11} & a_{12} & b_1 \\ a_{21} & a_{22} & b_2 \\ a_{31} & a_{32} & b_3 \end{vmatrix}=a_{11}a_{22}b_3+a_{12}b_2a_{31}+b_1a_{21}a_{32}-a_{11}b_2a_{32}-a_{12}a_{21}b_3-b_1a_{22}a_{31},$$

可得

$$\begin{cases} Dx_1=D_1, \\ Dx_2=D_2, \\ Dx_3=D_3. \end{cases}$$

若系数行列式 $D\neq 0$，则该方程组有唯一解：

$$x_1=\frac{D_1}{D},\quad x_2=\frac{D_2}{D},\quad x_3=\frac{D_3}{D}.$$

定义 1.2　记号 $\begin{vmatrix} a_{11} & a_{12} & a_{13} \\ a_{21} & a_{22} & a_{23} \\ a_{31} & a_{32} & a_{33} \end{vmatrix}$ 称为**三阶行列式**，它表示代数和

$$a_{11}a_{22}a_{33}+a_{12}a_{23}a_{31}+a_{13}a_{21}a_{32}-a_{11}a_{23}a_{32}-a_{12}a_{21}a_{33}-a_{13}a_{22}a_{31},$$

即

$$\begin{vmatrix} a_{11} & a_{12} & a_{13} \\ a_{21} & a_{22} & a_{23} \\ a_{31} & a_{32} & a_{33} \end{vmatrix}=a_{11}a_{22}a_{33}+a_{12}a_{23}a_{31}+a_{13}a_{21}a_{32}-a_{11}a_{23}a_{32}-a_{12}a_{21}a_{33}-a_{13}a_{22}a_{31}.$$

由上述定义可见，三阶行列式是由 9 个数按一定的规律运算所得的代数和，这个代数和可利用图 1.2（对角线法则）或图 1.3（沙路法则）来表达，以方便记忆.

（1）对角线法则：

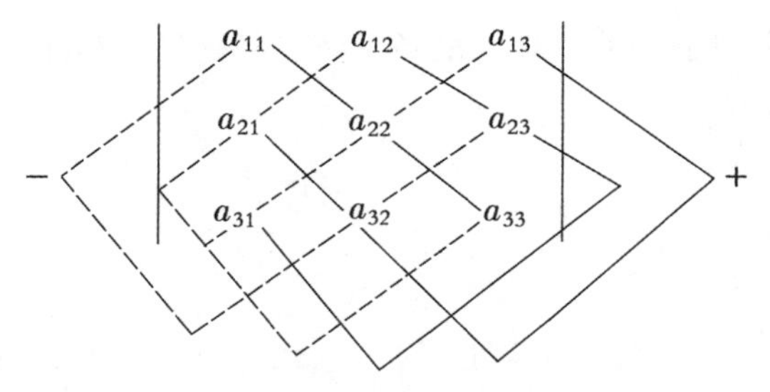

图 1.2　对角线法则

（2）沙路法则：

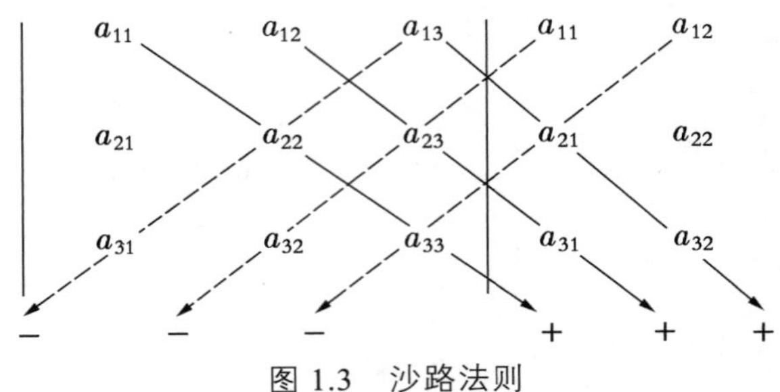

图 1.3　沙路法则

例 2　计算三阶行列式$\begin{vmatrix} 2 & 0 & 1 \\ -4 & 1 & 2 \\ 5 & 1 & 3 \end{vmatrix}$.

解　$\begin{vmatrix} 2 & 0 & 1 \\ -4 & 1 & 2 \\ 5 & 1 & 3 \end{vmatrix} = 2\times1\times3+0\times2\times5+1\times(-4)\times1-2\times2\times1-0\times(-4)\times3-1\times1\times5=-7$.

例 3　解线性方程组$\begin{cases} 3x_1 - x_2 + x_3 = 26, \\ 2x_1 - 4x_2 - x_3 = 9, \\ x_1 + 2x_2 + x_3 = 16. \end{cases}$

解　系数行列式

$$D=\begin{vmatrix} 3 & -1 & 1 \\ 2 & -4 & -1 \\ 1 & 2 & 1 \end{vmatrix}=5\neq 0.$$

又　$D_1=\begin{vmatrix} 26 & -1 & 1 \\ 9 & -4 & -1 \\ 16 & 2 & 1 \end{vmatrix}=55,\quad D_2=\begin{vmatrix} 3 & 26 & 1 \\ 2 & 9 & -1 \\ 1 & 16 & 1 \end{vmatrix}=20,\quad D_3=\begin{vmatrix} 3 & -1 & 26 \\ 2 & -4 & 9 \\ 1 & 2 & 16 \end{vmatrix}=-15,$

则方程组的解为

$$x_1=\frac{D_1}{D}=\frac{55}{5}=11,\quad x_2=\frac{D_2}{D}=\frac{20}{5}=4,\quad x_3=\frac{D_3}{D}=\frac{-15}{5}=-3.$$

以后将证明，在一定的条件下，具有更多未知量的线性方程组也有类似的求解公式.

三、n 阶行列式

1. 排列及其逆序数

二阶、三阶行列式的概念可以推广到 n 阶行列式. 首先引入排列的概念.

定义 1.3　把自然数 1, 2, …, n 按一定的顺序排成一个数组，称为一个 **n 级排列**，简称为排列，并把这个排列记为 $i_1i_2\cdots i_n$.

例如，1234 和 4321 都是 4 级排列，而 21354 是一个 5 级排列.

一般地，自然数 1, 2, ⋯, n 可组成 $n!$个不同的 n 级排列，即 n 级排列的总数为 $n!$个.

定义 1.4　在一个 n 级排列 $i_1i_2\cdots i_t\cdots i_s\cdots i_n$ 中，若 $i_t > i_s$（表明较大的数 i_t 排在较小的数 i_s 的前面），则称数 i_t 与 i_s 构成一个**逆序**.一个 n 级排列中逆序的总数称为该排列的**逆序数**，记为 $\tau(i_1i_2\cdots i_n)$.

根据上述定义，可按如下方法计算排列的逆序数：

若在一个 n 级排列 $i_1i_2\cdots i_t\cdots i_n$ 中，比 $i_t(t=1,2,\cdots,n)$ 小且排在 i_t 后面的数共有 m_t 个，则 i_t 与该排列中其他数之间构成 m_t 个逆序，而该排列中所有数的逆序数之和就是这个排列的逆序数. 即

$$\tau(i_1i_2\cdots i_n) = m_1 + m_2 + \cdots + m_n.$$

例 4　计算排列 35214 的逆序数.

解　$\tau(35214) = 2+3+1+0+0 = 6$.

定义 1.5　逆序数为奇数的排列称为**奇排列**；逆序数为偶数的排列称为**偶排列**.

例 5　求排列 $123\cdots n$ 和 $n(n-1)\cdots 21$ 的逆序数，并指出其奇偶性.

解　因为 $\tau(123\cdots n) = 0$，所以 $12\cdots n$ 为偶排列.

又因为

$$\tau(n(n-1)\cdots 21) = (n-1)+(n-2)+\cdots+2+1 = \frac{n(n-1)}{2},$$

易见，当 $n = 4k, 4k+1$ 时，该排列为偶排列；当 $n = 4k+2, 4k+3$ 时，该排列为奇排列.

我们也称 $12\cdots n$ 为自然序排列.

在 n 级排列 $i_1\cdots i_s\cdots i_t\cdots i_n$ 中，将其中两个数 i_s 和 i_t 互换位置，其余各数位置不变而得到另一个排列 $i_1\cdots i_t\cdots i_s\cdots i_n$，这样的做法叫作一个**对换**，记为 (i_s, i_t).

比如，$31524 \xrightarrow{(5,2)} 31254$ 表示排列 31524 经过(5,2)对换后变成了 31254.

定理 1.1　每一个对换都改变排列的奇偶性.

证明　首先考虑对换两个相邻的数的情形. 设某一 n 级排列为

$$\cdots ij\cdots,$$

经过对换 (i, j) 得到另一个排列

$$\cdots ji\cdots$$

在这两个排列中，其一，除 i, j 以外的其他任何两个数的相对顺序均未改变，其二，除 i, j 以外的其他任何一个数与 i（或 j）的相对顺序也未改变，而改变的只有 i 与 j 的相对顺序. 所以，新排列比原排列或增加了一个逆序（当 $i<j$ 时），或减少了一个逆序（当 $i>j$ 时）. 因此，无论是哪一种情形，原排列与新排列的奇偶性都相反. 即对换相邻的两个数，一定会改变排列的奇偶性.

一般地，设对换的两个数 i, j 之间还有 t 个数 $k_1, k_2, \cdots, k_t$，即设原排列为

$$\cdots ik_1k_2\cdots k_tj\cdots,$$

经过对换 (i,j) 后得到新排列

$$\cdots jk_1k_2\cdots k_ti\cdots$$

对于上述两排列的关系，我们也可以这样理解：在原排列中先把 i 依次与 $k_1,k_2,\cdots,k_t,j$ 做相邻对换（共 $t+1$ 次），则原排列化为

$$\cdots k_1k_2\cdots k_tji\cdots,$$

再把所得排列中的数 j 依次与 $k_t,\cdots,k_2,k_1$ 做相邻对换（共 t 次），就得到新排列

$$\cdots jk_1k_2\cdots k_ti\cdots,$$

这样原排列共经过 $2t+1$ 次相邻对换后得到了新排列，因此，排列的奇偶性发生了改变.

利用定理 1.1 可以得到：

定理 1.2　当 $n\geqslant 2$ 时，在 $n!$ 个 n 级排列中，奇排列与偶排列的个数相等，各为 $\dfrac{n!}{2}$ 个.

证明　设有 p 个不同的 n 级偶排列，q 个不同的 n 级奇排列，则 $p+q=n!$. 对这 p 个偶排列施行同一个对换 (i,j)，那么由定理 1.1 可以得到 p 个奇排列，且 $p\leqslant q$. 同理，对 q 个奇排列施行同一个对换 (i,j)，由定理 1.1 可以得到 q 个偶排列，且 $q\leqslant p$，故 $q=p=\dfrac{n!}{2}$.

2. n 阶行列式的定义

观察三阶行列式：

$$\begin{vmatrix} a_{11} & a_{12} & a_{13} \\ a_{21} & a_{22} & a_{23} \\ a_{31} & a_{32} & a_{33} \end{vmatrix} = a_{11}a_{22}a_{33}+a_{12}a_{23}a_{31}+a_{13}a_{21}a_{32}-a_{11}a_{23}a_{32}-a_{12}a_{21}a_{33}-a_{13}a_{22}a_{31},$$

易见：

（1）三阶行列式共有 $3!=6$ 项；

（2）每项都是取自不同行、不同列的 3 个元素的乘积；

（3）每项的符号是：当该项各元素的行标按自然序排列后，若对应的列标构成的排列是偶排列则取正号，是奇排列则取负号.

故三阶行列式可定义为

$$\begin{vmatrix} a_{11} & a_{12} & a_{13} \\ a_{21} & a_{22} & a_{23} \\ a_{31} & a_{32} & a_{33} \end{vmatrix} = \sum_{j_1j_2j_3}(-1)^{\tau(j_1j_2j_3)}a_{1j_1}a_{2j_2}a_{3j_3},$$

其中 $\sum\limits_{j_1j_2j_3}$ 为对所有的 3 级排列 $j_1j_2j_3$ 求和.

定义 1.6　由 n^2 个元素 $a_{ij}(i,j=1,2,\cdots,n)$ 组成的记号 $\begin{vmatrix} a_{11} & a_{12} & \cdots & a_{1n} \\ a_{21} & a_{22} & \cdots & a_{2n} \\ \vdots & \vdots & & \vdots \\ a_{n1} & a_{n2} & \cdots & a_{nn} \end{vmatrix}$ 称为 ***n* 阶行列式**. 它

表示所有取自不同行、不同列的 n 个元素的乘积 $a_{1j_1}\cdots a_{nj_n}$ 的代数和，各项的符号是：当该项各元素的行标按自然序排列后，若对应的列标构成的排列是偶排列则取正号，是奇排列则取负号. 即

$$\begin{vmatrix} a_{11} & a_{12} & \cdots & a_{1n} \\ a_{21} & a_{22} & \cdots & a_{2n} \\ \vdots & \vdots & & \vdots \\ a_{n1} & a_{n2} & \cdots & a_{nn} \end{vmatrix} = \sum_{j_1j_2\cdots j_n} (-1)^{\tau(j_1j_2\cdots j_n)} a_{1j_1}a_{2j_2}\cdots a_{nj_n},$$

其中 $\sum\limits_{j_1j_2\cdots j_n}$ 表示对所有的 n 级排列求和.

为方便起见，有时把 n 阶行列式简记为 $\det(a_{ij})$ 或 $|a_{ij}|_{n\times n}$，有时也简记为 D. 当 $n=1$ 时，一阶行列式 $|a_{11}|_{1\times 1}=a_{11}$. 我们也称代数和 $\sum\limits_{j_1j_2\cdots j_n} (-1)^{\tau(j_1j_2\cdots j_n)} a_{1j_1}a_{2j_2}\cdots a_{nj_n}$ 为行列式 $|a_{ij}|_{n\times n}$ 的展开式.

注：（1）由于所有 n 级排列的总数有 $n!$ 个，故 n 阶行列式是 $n!$ 项的代数和.

（2）由于在所有的 n 级排列中，奇排列和偶排列的个数相同，因此，在代数和

$$\sum_{j_1j_2\cdots j_n} (-1)^{\tau(j_1j_2\cdots j_n)} a_{1j_1}a_{2j_2}\cdots a_{nj_n}$$

中正、负项各占一半.

（3）由于乘积 $a_{1j_1}a_{2j_2}\cdots a_{nj_n}$ 中各因子的相对顺序可以改变，因此，当乘积中各因子的列标按自然序排列时，一般表示为 $a_{i_11}a_{i_22}\cdots a_{i_nn}$，这样的乘积项仍然是行列式 $|a_{ij}|_{n\times n}$ 的展开式中的一项，而且可以证明，项前的符号为 $(-1)^{\tau(i_1i_2\cdots i_n)}$. 于是，$n$ 阶行列式又可以定义为

$$D=|a_{ij}|_{n\times n}=\sum_{i_1i_2\cdots i_n} (-1)^{\tau(i_1i_2\cdots i_n)} a_{i_11}a_{i_22}\cdots a_{i_nn}.$$

我们还可以证明，当乘积 $a_{1j_1}a_{2j_2}\cdots a_{nj_n}$ 中各因子的相对顺序随意改变时，一般表示为 $a_{i_1j_1}a_{i_2j_2}\cdots a_{i_nj_n}$，这样的乘积仍然是行列式 $|a_{ij}|_{n\times n}$ 的展开式中的一项，而且项前的符号为 $(-1)^{\tau(i_1i_2\cdots i_n)+\tau(j_1j_2\cdots j_n)}$. 于是，$n$ 阶行列式又可以定义为

$$D=|a_{ij}|_{n\times n}=\sum_{\substack{i_1i_2\cdots i_n \\ (\text{或} j_1j_2\cdots j_n)}} (-1)^{\tau(i_1i_2\cdots i_n)+\tau(j_1j_2\cdots j_n)} a_{i_1j_1}a_{i_2j_2}\cdots a_{i_nj_n}.$$

例 6　计算 n 阶行列式 $D=\begin{vmatrix} a_{11} & 0 & \cdots & 0 \\ a_{21} & a_{22} & \cdots & 0 \\ \vdots & \vdots & & \vdots \\ a_{n1} & a_{n2} & \cdots & a_{nn} \end{vmatrix}$.

解　行列式 D 的一般项为 $(-1)^{\tau(j_1j_2\cdots j_n)}a_{1j_1}a_{2j_2}\cdots a_{nj_n}$，现考察不为零的项. a_{1j_1} 取自第一行，但第一行中只有 $a_{11}\neq 0$，故只可能取 $a_{1j_1}=a_{11}$（其中 $j_1=1$）. a_{2j_2} 取自第二行，而该行中只有 a_{21} 及 a_{22} 不为零，又因 $a_{1j_1}=a_{11}$ 取自第一列，故 a_{2j_2} 不能取自第一列，从而 $a_{2j_2}=a_{22}$（其中 $j_2=2$）. 同理可得，$a_{3j_3}=a_{33}$，$a_{4j_4}=a_{44}$，…，$a_{nj_n}=a_{nn}$. 因此

$$\begin{vmatrix} a_{11} & 0 & \cdots & 0 \\ a_{21} & a_{22} & \cdots & 0 \\ \vdots & \vdots & & \vdots \\ a_{n1} & a_{n2} & \cdots & a_{nn} \end{vmatrix} = (-1)^{\tau(1\,2\cdots n)} a_{11}a_{22}\cdots a_{nn} = a_{11}a_{22}\cdots a_{nn}.$$

像这种具有主对角线以上（下）各元素都为零的特征的行列式称为**下（上）三角形行列式**.

此例说明，下三角形行列式的值等于对角线上各元素的乘积. 同理可得，上三角形行列式的值也等于主对角线上各元素的乘积，即

$$\begin{vmatrix} a_{11} & a_{12} & \cdots & a_{1n} \\ 0 & a_{22} & \cdots & a_{2n} \\ \vdots & \vdots & & \vdots \\ 0 & 0 & \cdots & a_{nn} \end{vmatrix} = a_{11}a_{22}\cdots a_{nn}.$$

特别地，对角形行列式（主对角线以外的元素均为零的行列式）的值等于主对角线上各元素的乘积，即

$$\begin{vmatrix} a_{11} & 0 & \cdots & 0 \\ 0 & a_{22} & \cdots & 0 \\ \vdots & \vdots & & \vdots \\ 0 & 0 & \cdots & a_{nn} \end{vmatrix} = a_{11}a_{22}\cdots a_{nn}.$$

我们也不难得到：

$$\begin{vmatrix} 0 & \cdots & 0 & a_{1n} \\ 0 & \cdots & a_{2,n-1} & 0 \\ \vdots & & \vdots & \vdots \\ a_{n1} & \cdots & 0 & 0 \end{vmatrix} = (-1)^{\tau(n(n-1)\cdots 2\,1)} a_{1n}a_{2,n-1}\cdots a_{n1}$$

$$= (-1)^{\frac{n(n-1)}{2}} a_{1n}a_{2,n-1}\cdots a_{n1}.$$

习题 1.1

1. 计算下列行列式.

（1）$\begin{vmatrix} 1 & 0 \\ -1 & 2 \end{vmatrix}$；　　（2）$\begin{vmatrix} a & b \\ a^2 & b^2 \end{vmatrix}$；

（3）$\begin{vmatrix} 1 & -1 & 3 \\ 2 & -1 & 1 \\ 1 & 2 & 3 \end{vmatrix}$；　　（4）$\begin{vmatrix} 1 & -a & b \\ a & 1 & -c \\ b & c & 1 \end{vmatrix}$.

2. 求当 k 取何值时，

$$\begin{vmatrix} k & 3 & 4 \\ -1 & k & 0 \\ 0 & k & 1 \end{vmatrix} = 0.$$

3. 求下列排列的逆序数.

（1）2413；　　（2）3712456；

（3）$13\cdots(2n-1)24\cdots(2n)$；　　（4）$13\cdots(2n-1)(2n)(2n-2)\cdots 2$.

4. 确定 i 和 j 的值，使得 9 级排列（1）$1274i56j9$ 为奇排列；（2）$39i2815j4$ 为偶排列.

5. 在六阶行列式 $|a_{ij}|$ 中，下列各乘积项前应取什么符号？

（1）$a_{15}a_{23}a_{32}a_{44}a_{51}a_{66}$；　　（2）$a_{32}a_{53}a_{26}a_{11}a_{44}a_{65}$.

6. 利用行列式的定义计算下列行列式.

（1）$\begin{vmatrix} 0 & 1 & 0 & 0 & \cdots & 0 & 0 \\ 0 & 0 & 2 & 0 & \cdots & 0 & 0 \\ \vdots & \vdots & \vdots & \vdots & & \vdots & \vdots \\ 0 & 0 & 0 & 0 & \cdots & 0 & n-1 \\ n & 0 & 0 & 0 & \cdots & 0 & 0 \end{vmatrix}$；　　（2）$\begin{vmatrix} 0 & 0 & \cdots & 0 & 0 & 1 & 0 \\ 0 & 0 & \cdots & 0 & 2 & 0 & 0 \\ \vdots & \vdots & & \vdots & \vdots & \vdots & \vdots \\ n-1 & 0 & \cdots & 0 & 0 & 0 & 0 \\ 0 & 0 & \cdots & 0 & 0 & 0 & n \end{vmatrix}$；

（3）$\begin{vmatrix} 0 & 0 & \cdots & 0 & a_{1n} \\ 0 & 0 & \cdots & a_{2,n-1} & a_{2n} \\ \vdots & \vdots & & \vdots & \vdots \\ 0 & a_{n-1,2} & \cdots & a_{n-1,n-1} & a_{n-1,n} \\ a_{n1} & a_{n2} & \cdots & a_{n,n-1} & a_{nn} \end{vmatrix}$；　　（4）$\begin{vmatrix} a_{11} & a_{12} & a_{13} & a_{14} & a_{15} \\ a_{21} & a_{22} & a_{23} & a_{24} & a_{25} \\ a_{31} & a_{32} & 0 & 0 & 0 \\ a_{41} & a_{42} & 0 & 0 & 0 \\ a_{51} & a_{52} & 0 & 0 & 0 \end{vmatrix}$；

（5）$\begin{vmatrix} 0 & 0 & 1 & 0 \\ 0 & 1 & 0 & 0 \\ 0 & 0 & 0 & 1 \\ 1 & 0 & 0 & 0 \end{vmatrix}$；　　（6）$\begin{vmatrix} 1 & 1 & 1 & 0 \\ 0 & 1 & 0 & 1 \\ 0 & 1 & 1 & 1 \\ 0 & 0 & 1 & 0 \end{vmatrix}$.

第二节　行列式的性质及计算

一、行列式的性质

利用行列式的定义来计算较高阶的行列式，计算量是相当大的，因此有必要研究行列式的性质，以简化行列式的计算. 此外，这些性质在理论上也具有重要意义.

定义 1.7　将行列式 D 的行与列互换后所得到的行列式，称为 D 的**转置行列式**，记为 D^{T} 或 D'，即

$$若\ D=\begin{vmatrix} a_{11} & a_{12} & \cdots & a_{1n} \\ a_{21} & a_{22} & \cdots & a_{2n} \\ \vdots & \vdots & & \vdots \\ a_{n1} & a_{n2} & \cdots & a_{nn} \end{vmatrix}，则\ D^{\mathrm{T}}=\begin{vmatrix} a_{11} & a_{21} & \cdots & a_{n1} \\ a_{12} & a_{22} & \cdots & a_{n2} \\ \vdots & \vdots & & \vdots \\ a_{1n} & a_{2n} & \cdots & a_{nn} \end{vmatrix}.$$

性质 1　行列式与它的转置行列式相等，即 $D=D^{\mathrm{T}}$.

证明　设 D^{T} 中位于第 i 行第 j 列的元素为 b_{ij}，显然有 $b_{ij}=a_{ji}\ (i,j=1,2,\cdots,n)$. 根据 n 阶行列式的定义，有

$$\begin{aligned} D^{\mathrm{T}} &= \sum_{j_1 j_2 \cdots j_n} (-1)^{\tau(j_1 j_2 \cdots j_n)} b_{1 j_1} b_{2 j_2} \cdots b_{n j_n} \\ &= \sum_{j_1 j_2 \cdots j_n} (-1)^{\tau(j_1 j_2 \cdots j_n)} a_{j_1 1} a_{j_2 2} \cdots a_{j_n n} \\ &= D. \end{aligned}$$

由性质 1 可知，行列式中的行与列具有相同的地位：即行列式中，关于行成立的性质，关于列也同样成立.

性质 2 互换行列式的两行（列），行列式变号.

证明 交换行列式

$$D = \begin{vmatrix} a_{11} & a_{12} & \cdots & a_{1n} \\ \vdots & \vdots & & \vdots \\ a_{i1} & a_{i2} & \cdots & a_{in} \\ \vdots & \vdots & & \vdots \\ a_{s1} & a_{s2} & \cdots & a_{sn} \\ \vdots & \vdots & & \vdots \\ a_{n1} & a_{n2} & \cdots & a_{nn} \end{vmatrix} \begin{matrix} \\ \\ \text{第} i \text{行} \\ \\ \text{第} s \text{行} \\ \\ \\ \end{matrix}$$

的第 i 行和第 s 行（$1 \leqslant i < s \leqslant n$），得行列式：

$$D_1 = \begin{vmatrix} a_{11} & a_{12} & \cdots & a_{1n} \\ \vdots & \vdots & & \vdots \\ a_{s1} & a_{s2} & \cdots & a_{sn} \\ \vdots & \vdots & & \vdots \\ a_{i1} & a_{i2} & \cdots & a_{in} \\ \vdots & \vdots & & \vdots \\ a_{n1} & a_{n2} & \cdots & a_{nn} \end{vmatrix} \begin{matrix} \\ \\ \text{第} i \text{行} \\ \\ \text{第} s \text{行} \\ \\ \\ \end{matrix}$$

显然，$a_{1j_1} \cdots a_{ij_i} \cdots a_{sj_s} \cdots a_{nj_n}$ 既是 D 中的项，也是 D_1 中的项．在 D 中，该项前的符号由

$$\tau(1 \cdots i \cdots s \cdots n) + \tau(j_1 \cdots j_i \cdots j_s \cdots j_n)$$

确定，而在 D_1 中，该项前的符号由

$$\tau(1 \cdots s \cdots i \cdots n) + \tau(j_1 \cdots j_i \cdots j_s \cdots j_n)$$

确定．而排列 $1 \cdots i \cdots s \cdots n$ 和排列 $1 \cdots s \cdots i \cdots n$ 的奇偶性相反，因此，D_1 中的每一项都是 D 中对应项的相反数，于是 $D_1 = -D$.

注： 互换 D 的 i, j 两行（列），记为 $r_i \leftrightarrow r_j (c_i \leftrightarrow c_j)$.

推论 行列式中若有两行（列）对应元素完全相同，则此行列式为零.

证明 交换行列式中相同的两行（列），有 $D = -D$，故 $D = 0$.

性质 3 行列式的某一行（列）中所有的元素都乘以同一数 k，等于用数 k 乘以此行列式．即

$$D_1 = \begin{vmatrix} a_{11} & a_{12} & \cdots & a_{1n} \\ \vdots & \vdots & & \vdots \\ ka_{i1} & ka_{i2} & \cdots & ka_{in} \\ \vdots & \vdots & & \vdots \\ a_{n1} & a_{n2} & \cdots & a_{nn} \end{vmatrix} = k \begin{vmatrix} a_{11} & a_{12} & \cdots & a_{1n} \\ \vdots & \vdots & & \vdots \\ a_{i1} & a_{i2} & \cdots & a_{in} \\ \vdots & \vdots & & \vdots \\ a_{n1} & a_{n2} & \cdots & a_{nn} \end{vmatrix} = kD.$$

证明　根据行列式的定义，有

$$\begin{aligned}D_1&=\sum_{j_1j_2\cdots j_n}(-1)^{\tau(j_1j_2\cdots j_n)}a_{1j_1}\cdots(ka_{ij_i})\cdots a_{nj_n}\\&=k\sum_{j_1j_2\cdots j_n}(-1)^{\tau(j_1j_2\cdots j_n)}a_{1j_1}\cdots a_{ij_i}\cdots a_{nj_n}\\&=kD.\end{aligned}$$

注：D 的第 i 行（列）乘以数 k，记为 $kr_i\,(kc_i)$.

推论 1　行列式中某一行（列）的所有元素的公因子可以提到行列式符号的外面.

结合性质 2 的推论可得到：

推论 2　行列式中若有两行（列）对应元素成比例，则此行列式为零.

性质 4　若行列式的某一行（列）的所有元素都是两数之和，则此行列式等于对应行列式之和. 即

$$D=\begin{vmatrix}a_{11}&a_{12}&\cdots&a_{1n}\\\vdots&\vdots&&\vdots\\b_{i1}+c_{i1}&b_{i2}+c_{i2}&\cdots&b_{in}+c_{in}\\\vdots&\vdots&&\vdots\\a_{n1}&a_{n2}&\cdots&a_{nn}\end{vmatrix},$$

则

$$D=\begin{vmatrix}a_{11}&a_{12}&\cdots&a_{1n}\\\vdots&\vdots&&\vdots\\b_{i1}&b_{i2}&\cdots&b_{in}\\\vdots&\vdots&&\vdots\\a_{n1}&a_{n2}&\cdots&a_{nn}\end{vmatrix}+\begin{vmatrix}a_{11}&a_{12}&\cdots&a_{1n}\\\vdots&\vdots&&\vdots\\c_{i1}&c_{i2}&\cdots&c_{in}\\\vdots&\vdots&&\vdots\\a_{n1}&a_{n2}&\cdots&a_{nn}\end{vmatrix}=D_1+D_2.$$

证明　$$\begin{aligned}D&=\sum_{j_1j_2\cdots j_n}(-1)^{\tau(j_1j_2\cdots j_n)}a_{1j_1}\cdots(b_{ij_i}+c_{ij_i})\cdots a_{nj_n}\\&=\sum_{j_1j_2\cdots j_n}(-1)^{\tau(j_1j_2\cdots j_n)}a_{1j_1}\cdots b_{ij_i}\cdots a_{nj_n}+\sum_{j_1j_2\cdots j_n}(-1)^{\tau(j_1j_2\cdots j_n)}a_{1j_1}\cdots c_{ij_i}\cdots a_{nj_n}\\&=D_1+D_2.\end{aligned}$$

性质 5　将行列式的某一行（列）的所有元素都乘以同一数 k 后加到另一行（列）对应位置的元素上，行列式的值不变.

例如，以数 k 乘以第 i 行再加到第 j 行上，则有

$$D=\begin{vmatrix}a_{11}&a_{12}&\cdots&a_{1n}\\\vdots&\vdots&&\vdots\\a_{i1}&a_{i2}&\cdots&a_{in}\\\vdots&\vdots&&\vdots\\a_{j1}&a_{j2}&\cdots&a_{jn}\\\vdots&\vdots&&\vdots\\a_{n1}&a_{n2}&\cdots&a_{nn}\end{vmatrix}=\begin{vmatrix}a_{11}&a_{12}&\cdots&a_{1n}\\\vdots&\vdots&&\vdots\\a_{i1}&a_{i2}&\cdots&a_{in}\\\vdots&\vdots&&\vdots\\a_{j1}+ka_{i1}&a_{j2}+ka_{i2}&\cdots&a_{jn}+ka_{in}\\\vdots&\vdots&&\vdots\\a_{n1}&a_{n2}&\cdots&a_{nn}\end{vmatrix}=D_1,(i\neq j).$$

证明 $D_1 \xlongequal{\text{性质4}} \begin{vmatrix} a_{11} & a_{12} & \cdots & a_{1n} \\ \vdots & \vdots & & \vdots \\ a_{i1} & a_{i2} & \cdots & a_{in} \\ \vdots & \vdots & & \vdots \\ a_{j1} & a_{j2} & \cdots & a_{jn} \\ \vdots & \vdots & & \vdots \\ a_{n1} & a_{n2} & \cdots & a_{nn} \end{vmatrix} + \begin{vmatrix} a_{11} & a_{12} & \cdots & a_{1n} \\ \vdots & \vdots & & \vdots \\ a_{i1} & a_{i2} & \cdots & a_{in} \\ \vdots & \vdots & & \vdots \\ ka_{i1} & ka_{i2} & \cdots & ka_{in} \\ \vdots & \vdots & & \vdots \\ a_{n1} & a_{n2} & \cdots & a_{nn} \end{vmatrix} \xlongequal{\text{性质3推论2}} D+0=D.$

注：以数 k 乘以 D 的第 i 行（列）加到第 j 行（列）上，记为 $r_j+kr_i(c_j+kc_i)$.

二、利用行列式的性质计算行列式

计算行列式时，常利用行列式的性质，把它化为上（下）三角形行列式来计算. 计算步骤如下：

（1）如果第一列（行）的第一个元素为 0，则先将第一行（列）与其他行（列）互换使得第一列（行）的第一个元素不为 0；

（2）把第一行（列）分别乘以适当的数加到其他各行（列），使得第一列（行）除第一个元素外其余元素全为零；

（3）再用同样的方法处理除去第一行（列）和第一列（行）后余下的低一阶的行列式，如此下去，直至使它成为上（下）三角形行列式.

这时主对角线上元素的乘积就是行列式的值.

例 1 计算行列式：

$$D=\begin{vmatrix} 0 & -1 & -1 & 2 \\ 1 & -1 & 0 & 2 \\ -1 & 2 & -1 & 0 \\ 2 & 1 & 1 & 0 \end{vmatrix}.$$

解 $D=\begin{vmatrix} 0 & -1 & -1 & 2 \\ 1 & -1 & 0 & 2 \\ -1 & 2 & -1 & 0 \\ 2 & 1 & 1 & 0 \end{vmatrix} \xlongequal{r_1 \leftrightarrow r_2} -\begin{vmatrix} 1 & -1 & 0 & 2 \\ 0 & -1 & -1 & 2 \\ -1 & 2 & -1 & 0 \\ 2 & 1 & 1 & 0 \end{vmatrix}$

$\xlongequal[r_4-2r_1]{r_3+r_1} -\begin{vmatrix} 1 & -1 & 0 & 2 \\ 0 & -1 & -1 & 2 \\ 0 & 1 & -1 & 2 \\ 0 & 3 & 1 & -4 \end{vmatrix} \xlongequal[r_4+3r_2]{r_3+r_2} -\begin{vmatrix} 1 & -1 & 0 & 2 \\ 0 & -1 & -1 & 2 \\ 0 & 0 & -2 & 4 \\ 0 & 0 & -2 & 2 \end{vmatrix}$

$\xlongequal{r_4-r_3} -\begin{vmatrix} 1 & -1 & 0 & 2 \\ 0 & -1 & -1 & 2 \\ 0 & 0 & -2 & 4 \\ 0 & 0 & 0 & -2 \end{vmatrix} = 4.$

例 2　计算行列式：

$$D_n=\begin{vmatrix} x-a & a & a & \cdots & a \\ a & x-a & a & \cdots & a \\ a & a & x-a & \cdots & a \\ \vdots & \vdots & \vdots & & \vdots \\ a & a & a & \cdots & x-a \end{vmatrix}.$$

解　注意到行列式中各行（列）的所有元素之和都为 $x+(n-2)a$，故可把第 $2,3,\cdots,n$ 列同时加到第一列，并提出公因子 $x+(n-2)a$；然后将第一行乘以 -1 再加到其余各行，从而将其化为上三角形行列式：

$$D_n=[x+(n-2)a]\begin{vmatrix} 1 & a & a & \cdots & a \\ 1 & x-a & a & \cdots & a \\ 1 & a & x-a & \cdots & a \\ \vdots & \vdots & \vdots & & \vdots \\ 1 & a & a & \cdots & x-a \end{vmatrix}$$

$$=[x+(n-2)a]\begin{vmatrix} 1 & a & a & \cdots & a \\ 0 & x-2a & 0 & \cdots & 0 \\ 0 & 0 & x-2a & \cdots & 0 \\ \vdots & \vdots & & & \vdots \\ 0 & 0 & 0 & \cdots & x-2a \end{vmatrix}$$

$$=[x+(n-2)a](x-2a)^{n-1}.$$

例 3　设

$$D=\begin{vmatrix} a_{11} & \cdots & a_{1k} & 0 & \cdots & 0 \\ \vdots & & \vdots & \vdots & & \vdots \\ a_{k1} & \cdots & a_{kk} & 0 & \cdots & 0 \\ c_{11} & \cdots & c_{1k} & b_{11} & \cdots & b_{1n} \\ \vdots & & \vdots & \vdots & & \vdots \\ c_{n1} & \cdots & c_{nk} & b_{n1} & \cdots & b_{nn} \end{vmatrix},$$

$$D_1=\begin{vmatrix} a_{11} & \cdots & a_{1k} \\ \vdots & & \vdots \\ a_{k1} & \cdots & a_{kk} \end{vmatrix},\quad D_2=\begin{vmatrix} b_{11} & \cdots & b_{1n} \\ \vdots & & \vdots \\ b_{n1} & \cdots & b_{nn} \end{vmatrix},$$

证明：$D=D_1D_2$.

证明　对 D_1 做运算 r_j+kr_i，把 D_1 化为下三角形行列式，记为

$$D_1=\begin{vmatrix} p_{11} & \cdots & 0 \\ \vdots & \ddots & \vdots \\ p_{k1} & \cdots & p_{kk} \end{vmatrix}=p_{11}p_{22}\cdots p_{kk};$$

对 D_2 做运算 c_j+kc_i，把 D_2 化为下三角形行列式，记为

$$D_2 = \begin{vmatrix} q_{11} & \cdots & 0 \\ \vdots & \ddots & \vdots \\ q_{n1} & \cdots & q_{nn} \end{vmatrix} = q_{11}q_{22}\cdots q_{nn}.$$

这样，对 D 的前 k 行做运算 $r_j + kr_i$，再对后 n 列做运算 $c_j + kc_i$，就把 D 化成了下三角形行列式：

$$D = \begin{vmatrix} p_{11} & \cdots & 0 & 0 & \cdots & 0 \\ \vdots & \ddots & \vdots & \vdots & & \vdots \\ p_{k1} & \cdots & p_{kk} & 0 & \cdots & 0 \\ c_{11} & \cdots & c_{1k} & q_{11} & \cdots & 0 \\ \vdots & & \vdots & \vdots & \ddots & \vdots \\ c_{n1} & \cdots & c_{nk} & q_{n1} & \cdots & q_{nn} \end{vmatrix}.$$

故
$$D = p_{11}p_{22}\cdots p_{kk}q_{11}q_{22}\cdots q_{nn} = D_1D_2.$$

下面介绍一类特殊的行列式.

定义 1.8 在 n 阶行列式 $D = |a_{ij}|_{n\times n}$ 中，若有 $a_{ij} = a_{ji}(i,j = 1,2,\cdots,n)$，则称 D 为**对称行列式**；若有 $a_{ij} = -a_{ji}(i,j = 1,2,\cdots,n)$，则称 D 为**反对称行列式**.

例如 $\begin{vmatrix} 1 & -3 & 5 \\ -3 & -7 & 4 \\ 5 & 4 & 0 \end{vmatrix}$，$\begin{vmatrix} 0 & -3 & 5 \\ 3 & 0 & 4 \\ -5 & -4 & 0 \end{vmatrix}$ 分别为对称行列式和反对称行列式.

例 4 试证奇数阶反对称行列式的值等于零.

证明 设反对称行列式为

$$D = \begin{vmatrix} 0 & a_{12} & \cdots & a_{1n} \\ -a_{12} & 0 & \cdots & a_{2n} \\ \vdots & \vdots & & \vdots \\ -a_{1n} & -a_{2n} & \cdots & 0 \end{vmatrix},$$

其阶数 n 是奇数，根据性质 1 及性质 3 有

$$D = D^{\mathrm{T}} = \begin{vmatrix} 0 & -a_{12} & \cdots & -a_{1n} \\ a_{12} & 0 & \cdots & -a_{2n} \\ \vdots & \vdots & & \vdots \\ a_{1n} & a_{2n} & \cdots & 0 \end{vmatrix}$$

$$= (-1)^n \begin{vmatrix} 0 & a_{12} & \cdots & a_{1n} \\ -a_{12} & 0 & \cdots & a_{2n} \\ \vdots & \vdots & & \vdots \\ -a_{1n} & -a_{2n} & \cdots & 0 \end{vmatrix} = (-1)^n D = -D.$$

于是 $D = 0$.

习题 1.2

1. 证明下列各式.

（1）$\begin{vmatrix} a^2 & ab & b^2 \\ 2a & a+b & 2b \\ 1 & 1 & 1 \end{vmatrix} = (a-b)^3$；

（2）$\begin{vmatrix} by+az & bz+ax & bx+ay \\ bx+ay & by+az & bz+ax \\ bz+ax & bx+ay & by+az \end{vmatrix} = (a^3+b^3)\begin{vmatrix} x & y & z \\ z & x & y \\ y & z & x \end{vmatrix}$.

2. 计算下列行列式.

（1）$\begin{vmatrix} 1 & 2 & 3 & 4 \\ 2 & 3 & 4 & 1 \\ 3 & 4 & 1 & 2 \\ 4 & 1 & 2 & 3 \end{vmatrix}$；　　（2）$\begin{vmatrix} 2 & 4 & -1 & -2 \\ -3 & 7 & -1 & 4 \\ 5 & -9 & 2 & 7 \\ 2 & -5 & 1 & 2 \end{vmatrix}$；

（3）$\begin{vmatrix} 2 & 1 & -5 & 8 \\ 1 & -3 & 0 & 9 \\ 0 & 2 & -1 & -5 \\ 1 & 4 & -7 & 0 \end{vmatrix}$；　　（4）$\begin{vmatrix} 1 & 2 & -1 & 1 \\ 3 & 0 & 1 & 2 \\ 1 & -1 & 2 & 1 \\ 1 & 0 & 3 & -2 \end{vmatrix}$.

第三节　行列式按行（列）展开

一、行列式按一行（列）展开

引例 1　对于三阶行列式，我们不难验证：

$$D=\begin{vmatrix} a_{11} & a_{12} & a_{13} \\ a_{21} & a_{22} & a_{23} \\ a_{31} & a_{32} & a_{33} \end{vmatrix} = a_{11}\begin{vmatrix} a_{22} & a_{23} \\ a_{32} & a_{33} \end{vmatrix} - a_{12}\begin{vmatrix} a_{21} & a_{23} \\ a_{31} & a_{33} \end{vmatrix} + a_{13}\begin{vmatrix} a_{21} & a_{22} \\ a_{31} & a_{32} \end{vmatrix},$$

这表明，我们可将三阶行列式的计算转化成二阶行列式来计算. 于是人们自然会想到，对于一般的阶数较高的行列式，它与阶数较低的行列式之间有没有一定的联系呢？如果这种联系存在并且为人们所把握，那么就能把高阶行列式转化为低阶行列式来计算了. 为此，先引入余子式和代数余子式的概念.

定义 1.9　在 n 阶行列式 D 中，去掉元素 a_{ij} 所在的第 i 行和第 j 列后，余下的 $n-1$ 阶行列式称为 D 中元素 a_{ij} 的**余子式**，记为 M_{ij}. 再记 $A_{ij}=(-1)^{i+j}M_{ij}$，则称 A_{ij} 为元素 a_{ij} 的**代数余子式**.

若记 $D=\begin{vmatrix} a_{11} & a_{12} & a_{13} \\ a_{21} & a_{22} & a_{23} \\ a_{31} & a_{32} & a_{33} \end{vmatrix}$，则 D 中元素 a_{11} 的余子式和代数余子式分别为

$$M_{11}=\begin{vmatrix} a_{22} & a_{23} \\ a_{32} & a_{33} \end{vmatrix},\quad A_{11}=(-1)^{1+1}\begin{vmatrix} a_{22} & a_{23} \\ a_{32} & a_{33} \end{vmatrix}=M_{11}.$$

由引例的结果可将 D 表示为

$$D=a_{11}A_{11}+a_{12}A_{12}+a_{13}A_{13}.$$

为了对更一般情形进行讨论，先证明一个引理.

引理 2 设 n 阶行列式 D,如果其中第 i 行元素除 a_{ij} 外全部为零,那么行列式 D 等于 a_{ij} 与它的代数余子式的乘积，即 $D=a_{ij}A_{ij}$.

证明 先证 $i=j=1$ 的情形，即

$$D=\begin{vmatrix} a_{11} & 0 & 0 & \cdots & 0 \\ a_{21} & a_{22} & a_{23} & \cdots & a_{2n} \\ \vdots & \vdots & \vdots & & \vdots \\ a_{n1} & a_{n2} & a_{n3} & \cdots & a_{nn} \end{vmatrix}=\sum_{j_2j_3\cdots j_n}(-1)^{\tau(j_2j_3\cdots j_n)}a_{11}a_{2j_2}a_{3j_3}\cdots a_{nj_n}$$

$$=a_{11}\sum_{j_2j_3\cdots j_n}(-1)^{\tau(j_2j_3\cdots j_n)}a_{2j_2}a_{3j_3}\cdots a_{nj_n}$$

$$=a_{11}M_{11}=a_{11}\times(-1)^{1+1}M_{11}=a_{11}A_{11}.$$

对于一般情形，只要适当交换 D 的行与列的位置，即可得到结论.

定理 1.3 行列式等于它的任一行（列）的各元素与其对应的代数余子式乘积之和，即

$$D=a_{i1}A_{i1}+a_{i2}A_{i2}+\cdots+a_{in}A_{in},\quad (i=1,2,\cdots,n)$$

或

$$D=a_{1j}A_{1j}+a_{2j}A_{2j}+\cdots+a_{nj}A_{nj},\quad (j=1,2,\cdots,n).$$

证明

$$D=\begin{vmatrix} a_{11} & a_{12} & \cdots & a_{1n} \\ \vdots & \vdots & & \vdots \\ a_{i1}+0+\cdots+0 & 0+a_{i2}+\cdots+0 & \cdots & 0+\cdots+0+a_{in} \\ \vdots & \vdots & & \vdots \\ a_{n1} & a_{n2} & \cdots & a_{nn} \end{vmatrix}$$

$$=\begin{vmatrix} a_{11} & a_{12} & \cdots & a_{1n} \\ \vdots & \vdots & & \vdots \\ a_{i1} & 0 & \cdots & 0 \\ \vdots & \vdots & & \vdots \\ a_{n1} & a_{n2} & \cdots & a_{nn} \end{vmatrix}+\begin{vmatrix} a_{11} & a_{12} & \cdots & a_{1n} \\ \vdots & \vdots & & \vdots \\ 0 & a_{i2} & \cdots & 0 \\ \vdots & \vdots & & \vdots \\ a_{n1} & a_{n2} & \cdots & a_{nn} \end{vmatrix}+\cdots+\begin{vmatrix} a_{11} & a_{12} & \cdots & a_{1n} \\ \vdots & \vdots & & \vdots \\ 0 & 0 & \cdots & a_{in} \\ \vdots & \vdots & & \vdots \\ a_{n1} & a_{n2} & \cdots & a_{nn} \end{vmatrix}$$

$$=a_{i1}A_{i1}+a_{i2}A_{i2}+\cdots+a_{in}A_{in}.$$

同理可得 D 按列展开的公式.

推论　行列式的某一行（列）的各元素与另一行（列）对应元素的代数余子式乘积之和等于零. 即

$$a_{i1}A_{j1}+a_{i2}A_{j2}+\cdots+a_{in}A_{jn}=0,\ (i\neq j)$$

或

$$a_{1i}A_{1j}+a_{2i}A_{2j}+\cdots+a_{ni}A_{nj}=0,\ (i\neq j).$$

证明　因为

$$a_{j1}A_{j1}+a_{j2}A_{j2}+\cdots+a_{jn}A_{jn}=\begin{vmatrix} a_{11} & a_{12} & \cdots & a_{1n} \\ \vdots & \vdots & & \vdots \\ a_{i1} & a_{i2} & \cdots & a_{in} \\ \vdots & \vdots & & \vdots \\ a_{j1} & a_{j2} & \cdots & a_{jn} \\ \vdots & \vdots & & \vdots \\ a_{n1} & a_{n2} & \cdots & a_{nn} \end{vmatrix},$$

故当 $i\neq j$ 时，将上式中的 a_{jk} 换成 $a_{ik}\ (k=1,2,\cdots,n)$，可得

$$a_{i1}A_{j1}+a_{i2}A_{j2}+\cdots+a_{in}A_{jn}=\begin{vmatrix} a_{11} & a_{12} & \cdots & a_{1n} \\ \vdots & \vdots & & \vdots \\ a_{i1} & a_{i2} & \cdots & a_{in} \\ \vdots & \vdots & & \vdots \\ a_{i1} & a_{i2} & \cdots & a_{in} \\ \vdots & \vdots & & \vdots \\ a_{n1} & a_{n2} & \cdots & a_{nn} \end{vmatrix}=0.$$

同理可证:

$$a_{1i}A_{1j}+a_{2i}A_{2j}+\cdots+a_{ni}A_{nj}=0,\ (i\neq j).$$

综上所述，可得到有关代数余子式的一个重要性质：

$$a_{i1}A_{j1}+a_{i2}A_{j2}+\cdots+a_{in}A_{jn}=\begin{cases} D, & i=j, \\ 0, & i\neq j \end{cases}$$

或

$$a_{1i}A_{1j}+a_{2i}A_{2j}+\cdots+a_{ni}A_{nj}=\begin{cases} D, & i=j, \\ 0, & i\neq j. \end{cases}$$

直接利用定理 1.3 展开计算行列式，运算量较大，尤其是高阶行列式. 因此，计算行列式时，一般可先用行列式的性质将其某一行（列）化为仅含一个非零元素，再按此行（列）展开，从而将其化为低一阶的行列式. 如此下去，直到将其化为三阶或二阶，或三角形行列式.

例 1 计算行列式：

$$D=\begin{vmatrix}1&2&3&4\\1&0&1&2\\3&-1&-1&0\\1&2&0&-5\end{vmatrix}.$$

解
$$D=\begin{vmatrix}1&2&3&4\\1&0&1&2\\3&-1&-1&0\\1&2&0&-5\end{vmatrix}\xlongequal[c_4+(-2)c_1]{c_3+(-1)c_1}\begin{vmatrix}1&2&2&2\\1&0&0&0\\3&-1&-4&-6\\1&2&-1&-7\end{vmatrix}=1\times(-1)^{2+1}\begin{vmatrix}2&2&2\\-1&-4&-6\\2&-1&-7\end{vmatrix}$$
$$=2\begin{vmatrix}1&1&1\\1&4&6\\2&-1&-7\end{vmatrix}\xlongequal[c_3+(-1)c_1]{c_2+(-1)c_1}2\begin{vmatrix}1&0&0\\1&3&5\\2&-3&-9\end{vmatrix}=2\times1\times(-1)^{1+1}\begin{vmatrix}3&5\\-3&-9\end{vmatrix}$$
$$=2\times(-27+15)=-24.$$

例 2 计算行列式：

$$D=\begin{vmatrix}1+x&1&1&1\\1&1-x&1&1\\1&1&1+y&1\\1&1&1&1-y\end{vmatrix}.$$

解 （加边法）当 $x=0$ 或 $y=0$ 时，显然 $D=0$. 现假设 $x\neq0$，且 $y\neq0$，由引理知

$$D=\begin{vmatrix}1&1&1&1&1\\0&1+x&1&1&1\\0&1&1-x&1&1\\0&1&1&1+y&1\\0&1&1&1&1-y\end{vmatrix}\xlongequal[\substack{r_4+(-1)r_1\\r_5+(-1)r_1}]{\substack{r_2+(-1)r_1\\r_3+(-1)r_1}}\begin{vmatrix}1&1&1&1&1\\-1&x&0&0&0\\-1&0&-x&0&0\\-1&0&0&y&0\\-1&0&0&0&-y\end{vmatrix}$$

$$\xlongequal[\substack{c_1+\frac{1}{y}\times c_4\\c_1+\left(-\frac{1}{y}\right)\times c_5}]{\substack{c_1+\left(\frac{1}{x}\right)\times c_2\\c_1+\left(-\frac{1}{x}\right)\times c_3}}\begin{vmatrix}1&1&1&1&1\\0&x&0&0&0\\0&0&-x&0&0\\0&0&0&y&0\\0&0&0&0&-y\end{vmatrix}=x^2y^2.$$

例 3 计算行列式：

$$D_n=\begin{vmatrix}x&-1&0&\cdots&0&0\\0&x&-1&\cdots&0&0\\0&0&x&\cdots&0&0\\\vdots&\vdots&\vdots&&\vdots&\vdots\\0&0&0&\cdots&x&-1\\a_n&a_{n-1}&a_{n-2}&\cdots&a_2&x+a_1\end{vmatrix}.$$

解　按第一列展开，得

$$D_n = x\begin{vmatrix} x & -1 & 0 & \cdots & 0 & 0 \\ 0 & x & -1 & \cdots & 0 & 0 \\ 0 & 0 & x & \cdots & 0 & 0 \\ \vdots & \vdots & \vdots & & \vdots & \vdots \\ 0 & 0 & 0 & \cdots & x & -1 \\ a_{n-1} & a_{n-2} & a_{n-3} & \cdots & a_2 & x+a_1 \end{vmatrix} + (-1)^{n+1}a_n\begin{vmatrix} -1 & 0 & \cdots & 0 & 0 \\ x & -1 & \cdots & 0 & 0 \\ 0 & x & \cdots & 0 & 0 \\ \vdots & \vdots & & \vdots & \vdots \\ 0 & 0 & \cdots & x & -1 \end{vmatrix}.$$

这里的第一个 $n-1$ 阶行列式和 D_n 有相同的形式，把它记作 D_{n-1}；第二个 $n-1$ 阶行列式等于 $(-1)^{n-1}$，所以

$$D_n = xD_{n-1} + a_n .$$

这个式子对于任何 $n(n \geqslant 2)$都成立，因此有

$$\begin{aligned} D_n &= xD_{n-1} + a_n \\ &= x(xD_{n-2} + a_{n-1}) + a_n \\ &= x^2 D_{n-2} + a_{n-1}x + a_n \\ &= \cdots \\ &= x^{n-1}D_1 + a_2 x^{n-2} + \cdots + a_{n-1}x + a_n . \end{aligned}$$

而 $D_1 = |x+a_1| = x + a_1$，所以

$$D_n = x^n + a_1 x^{n-1} + \cdots + a_n .$$

像例 3 这样把行列式的计算归结为形式相同而阶数较低的行列式的计算，是一种常用的方法. 下面再利用这种方法计算一个重要的行列式.

例 4　计算行列式：

$$D_n = \begin{vmatrix} 1 & 1 & \cdots & 1 \\ a_1 & a_2 & \cdots & a_n \\ a_1^2 & a_2^2 & \cdots & a_n^2 \\ \vdots & \vdots & & \vdots \\ a_1^{n-1} & a_2^{n-1} & \cdots & a_n^{n-1} \end{vmatrix},$$

这个行列式叫作 n **阶范德蒙**（Vandermonde）**行列式**.

解　从最后一行开始，自下而上依次由下一行减去它的上一行的 a_1 倍，得

$$D_n = \begin{vmatrix} 1 & 1 & 1 & \cdots & 1 \\ 0 & a_2 - a_1 & a_3 - a_1 & \cdots & a_n - a_1 \\ 0 & a_2(a_2 - a_1) & a_3(a_3 - a_1) & \cdots & a_n(a_n - a_1) \\ \vdots & \vdots & \vdots & & \vdots \\ 0 & a_2^{n-2}(a_2 - a_1) & a_3^{n-2}(a_3 - a_1) & \cdots & a_n^{n-2}(a_n - a_1) \end{vmatrix}.$$

按第一列展开后提取每一列的公因式，得

$$D_n=(a_2-a_1)(a_3-a_1)\cdots(a_n-a_1)\begin{vmatrix}1 & 1 & \cdots & 1\\ a_2 & a_3 & \cdots & a_n\\ a_2^2 & a_3^2 & \cdots & a_n^2\\ \vdots & \vdots & \cdots & \vdots\\ a_2^{n-2} & a_3^{n-2} & \cdots & a_n^{n-2}\end{vmatrix}.$$

最后那个因子是一个 $n-1$ 阶范德蒙行列式，用 D_{n-1} 来表示，则有

$$D_n=(a_2-a_1)(a_3-a_1)\cdots(a_n-a_1)D_{n-1}.$$

同样的

$$D_{n-1}=(a_3-a_2)(a_4-a_2)\cdots(a_n-a_2)D_{n-2}.$$

此处 D_{n-2} 是一个 $n-2$ 阶范德蒙行列式．如此继续下去，最后得

$$\begin{aligned}D_n&=(a_2-a_1)(a_3-a_1)\cdots(a_n-a_1)\\&\quad\cdot(a_3-a_2)\cdots(a_n-a_2)\\&\quad\cdots\cdots\\&\quad(a_n-a_{n-1})\\&=\prod_{1\leqslant j<i\leqslant n}(a_i-a_j).\end{aligned}$$

*二、拉普拉斯（Laplace）定理

定义 1.10 在 n 阶行列式 D 中，任意选定 k 行 k 列 $(1\leqslant k\leqslant n)$，位于这些行和列交叉处的 k^2 个元素，按原来的顺序排列构成一个 k 阶行列式，称为 D 的一个 k **阶子式**；划去这 k 行 k 列后，余下的元素按原来的顺序排列构成一个 $n-k$ 阶行列式 M，称为此 k 阶子式的**余子式**；若在 M 前面冠以符号 $(-1)^{i_1+\cdots+i_k+j_1+\cdots+j_k}$ 后，所得到的一个 $n-k$ 阶行列式 $N=(-1)^{i_1+\cdots+i_k+j_1+\cdots+j_k}M$，称为此 k 阶子式的**代数余子式**，其中 $i_1,\cdots,i_k$ 为此 k 阶子式在 D 中的行标号，$j_1,\cdots,j_k$ 为此 k 阶子式在 D 中的列标号．

显然，当 $k=1$ 时，定义 1.10 中的余子式和代数余子式就是定义 1.9 中的余子式和代数余子式，因此，定义 1.10 是定义 1.9 的推广．

定理 1.4（拉普拉斯定理） 在 n 阶行列式 D 中，任意取定 k 行（列）$(1\leqslant k\leqslant n-1)$，由这 k 行（列）组成的所有 k 阶子式与它们的代数余子式的乘积之和等于行列式 D．

证明略．

注： 行列式按一行（列）展开是该定理中 $k=1$ 时的特殊情况．

例 5 利用拉普拉斯定理求行列式的值：

$$D=\begin{vmatrix}2 & 3 & 0 & 0\\ 1 & 2 & 3 & 0\\ 0 & 1 & 2 & 3\\ 0 & 0 & 1 & 2\end{vmatrix}.$$

解　按第一行和第二行展开，得

$$
\begin{aligned}
D&=\begin{vmatrix}2&3&0&0\\1&2&3&0\\0&1&2&3\\0&0&1&2\end{vmatrix}\\
&=\begin{vmatrix}2&3\\1&2\end{vmatrix}\times(-1)^{1+2+1+2}\begin{vmatrix}2&3\\1&2\end{vmatrix}+\begin{vmatrix}2&0\\1&3\end{vmatrix}\times(-1)^{1+2+1+3}\begin{vmatrix}1&3\\0&2\end{vmatrix}+\begin{vmatrix}3&0\\2&3\end{vmatrix}\times(-1)^{1+2+2+3}\begin{vmatrix}0&3\\0&2\end{vmatrix}\\
&=1-12+0=-11.
\end{aligned}
$$

例 6　利用拉普拉斯定理重新证明第二节例 3，即证明

$$
\begin{vmatrix}a_{11}&\cdots&a_{1k}&0&\cdots&0\\\vdots&&\vdots&\vdots&&\vdots\\a_{k1}&\cdots&a_{kk}&0&\cdots&0\\c_{11}&\cdots&c_{1k}&b_{11}&\cdots&b_{1n}\\\vdots&&\vdots&\vdots&&\vdots\\c_{n1}&\cdots&c_{nk}&b_{n1}&\cdots&b_{nn}\end{vmatrix}=\begin{vmatrix}a_{11}&\cdots&a_{1k}\\\vdots&&\vdots\\a_{k1}&\cdots&a_{kk}\end{vmatrix}\cdot\begin{vmatrix}b_{11}&\cdots&b_{1n}\\\vdots&&\vdots\\b_{n1}&\cdots&b_{nn}\end{vmatrix}.
$$

证明　在等式左端的 $k+n$ 阶行列式中，取定前 k 行，由这 k 行元素组成的所有 k 阶子式中，只有取前 k 列时的子式不等于零. 根据拉普拉斯定理，得

$$
\begin{aligned}
\text{左边}&=\begin{vmatrix}a_{11}&\cdots&a_{1k}\\\vdots&&\vdots\\a_{k1}&\cdots&a_{kk}\end{vmatrix}\times(-1)^{(1+2+\cdots+k)+(1+2+\cdots+k)}\begin{vmatrix}b_{11}&\cdots&b_{1n}\\\vdots&&\vdots\\b_{n1}&\cdots&b_{nn}\end{vmatrix}\\
&=\begin{vmatrix}a_{11}&\cdots&a_{1k}\\\vdots&&\vdots\\a_{k1}&\cdots&a_{kk}\end{vmatrix}\cdot\begin{vmatrix}b_{11}&\cdots&b_{1n}\\\vdots&&\vdots\\b_{n1}&\cdots&b_{nn}\end{vmatrix}=\text{右边}.
\end{aligned}
$$

习题 1.3

1. 已知四阶行列式 D 中第一行元素分别为 1, 2, 0, −4，第三行各元素的余子式依次为 6, x, 19, 2，试求 x 的值.

2. 计算下列 n 阶行列式.

（1）$\begin{vmatrix}x&1&\cdots&1\\1&x&\cdots&1\\\vdots&\vdots&&\vdots\\1&1&\cdots&x\end{vmatrix}$；　　（2）$\begin{vmatrix}x&y&0&\cdots&0&0\\0&x&y&\cdots&0&0\\\vdots&\vdots&\vdots&&\vdots&\vdots\\0&0&0&\cdots&x&y\\y&0&0&\cdots&0&x\end{vmatrix}$；

（3）$\begin{vmatrix} 1 & 2 & 3 & \cdots & n \\ 2 & 3 & 4 & \cdots & 1 \\ 3 & 4 & 5 & \cdots & 2 \\ \vdots & \vdots & \vdots & & \vdots \\ n & 1 & 2 & \cdots & n-1 \end{vmatrix}$.

第四节　克莱姆法则

在本章的第一节曾经指出，对于三元线性方程组：

$$\begin{cases} a_{11}x_1 + a_{12}x_2 + a_{13}x_3 = b_1, \\ a_{21}x_1 + a_{22}x_2 + a_{23}x_3 = b_2, \\ a_{31}x_1 + a_{32}x_2 + a_{33}x_3 = b_3, \end{cases}$$

在系数行列式 $D \neq 0$ 的条件下，它有唯一解：

$$x_1 = \frac{D_1}{D},\ x_2 = \frac{D_2}{D},\ x_3 = \frac{D_3}{D}.$$

那么，对于更一般的线性方程组，是否也有类似的结果？答案是肯定的. 在引入克莱姆法则之前，先介绍有关 n 元线性方程组的概念.

定义 1.11　含有 n 个未知数 $x_1, x_2, \cdots, x_n$ 的线性方程组

$$\begin{cases} a_{11}x_1 + a_{12}x_2 + \cdots + a_{1n}x_n = b_1, \\ a_{21}x_1 + a_{22}x_2 + \cdots + a_{2n}x_n = b_2, \\ \cdots\cdots\cdots\cdots \\ a_{n1}x_1 + a_{n2}x_2 + \cdots + a_{nn}x_n = b_n \end{cases} \tag{1.1}$$

称为 **n 元线性方程组**. 当其右端的常数项 $b_1, \cdots, b_n$ 不全为零时，线性方程组（1.1）称为**非齐次线性方程组**；当 $b_1, b_2, \cdots, b_n$ 全为零时，方程组（1.1）化为

$$\begin{cases} a_{11}x_1 + a_{12}x_2 + \cdots + a_{1n}x_n = 0, \\ a_{21}x_1 + a_{22}x_2 + \cdots + a_{2n}x_n = 0, \\ \cdots\cdots\cdots\cdots \\ a_{n1}x_1 + a_{n2}x_2 + \cdots + a_{nn}x_n = 0, \end{cases} \tag{1.2}$$

称线性方程组（1.2）为**齐次线性方程组**. 方程组（1.1）或（1.2）的系数构成行列式

$$D = \begin{vmatrix} a_{11} & a_{12} & \cdots & a_{1n} \\ a_{21} & a_{22} & \cdots & a_{2n} \\ \vdots & \vdots & & \vdots \\ a_{n1} & a_{n2} & \cdots & a_{nn} \end{vmatrix},$$

称 D 为相应方程组的**系数行列式**.

定理 1.5（克莱姆法则） 如果线性方程组（1.1）的系数行列式 $D \neq 0$，则方程组（1.1）有唯一解：

$$x_1 = \frac{D_1}{D},\ x_2 = \frac{D_2}{D},\ \cdots,\ x_n = \frac{D_n}{D}. \tag{1.3}$$

此处 $D_j\,(j = 1,2,\cdots,n)$ 是把行列式 D 的第 j 列元素换成方程组（1.1）的常数项 $b_1, b_2, \cdots, b_n$ 而得到的 n 阶行列式.

证明　当 $n = 1$ 时，结论显然成立.

设 $n > 1$，现分别以 $A_{1j}, A_{2j}, \cdots, A_{nj}\,(1 \leqslant j \leqslant n)$ 乘以方程组（1.1）的第一，第二……第 n 个方程，然后相加，得

$$\begin{aligned}
&(a_{11}A_{1j} + a_{21}A_{2j} + \cdots + a_{n1}A_{nj})x_1 \\
&+ \cdots + (a_{1j}A_{1j} + a_{2j}A_{2j} + \cdots + a_{nj}A_{nj})x_j \\
&+ \cdots + (a_{1n}A_{1j} + a_{2n}A_{2j} + \cdots + a_{nn}A_{nj})x_n \\
= &\, b_1A_{1j} + b_2A_{2j} + \cdots + b_nA_{nj}.
\end{aligned}$$

由定理 1.3 和定理 1.4 得

$$Dx_j = D_j\,.$$

故当 j 分别取 1, 2, $\cdots$, n 时，得方程组

$$Dx_1 = D_1,\ Dx_2 = D_2,\ \cdots,\ Dx_n = D_n\,. \tag{1.4}$$

因此，如果方程组（1.1）有解，则其解必满足方程组（1.4）；而当 $D \neq 0$ 时，方程组（1.4）只有形式为（1.3）的解. 另一方面，容易验证，（1.3）式是方程组（1.1）的解. 因此，当方程组（1.1）的系数行列式 $D \neq 0$ 时，它有唯一解：

$$x_1 = \frac{D_1}{D},\ x_2 = \frac{D_2}{D},\ \cdots,\ x_n = \frac{D_n}{D}.$$

例 1　用克莱姆法则解线性方程组：

$$\begin{cases}
2x_1 - 3x_2 + 2x_4 = 8, \\
x_1 + 5x_2 + 2x_3 + x_4 = 2, \\
3x_1 - x_2 + x_3 - x_4 = 7, \\
4x_1 + x_2 + 2x_3 + 2x_4 = 12.
\end{cases}$$

解　因为

$$D = \begin{vmatrix} 2 & -3 & 0 & 2 \\ 1 & 5 & 2 & 1 \\ 3 & -1 & 1 & -1 \\ 4 & 1 & 2 & 2 \end{vmatrix} = -6 \neq 0\,,$$

所以方程组有唯一解. 而

$$D_1=\begin{vmatrix}8&-3&0&2\\2&5&2&1\\7&-1&1&-1\\12&1&2&2\end{vmatrix}=-18,\quad D_2=\begin{vmatrix}2&8&0&2\\1&2&2&1\\3&7&1&-1\\4&12&2&2\end{vmatrix}=0,$$

$$D_3=\begin{vmatrix}2&-3&8&2\\1&5&2&1\\3&-1&7&-1\\4&1&12&2\end{vmatrix}=6,\quad D_4=\begin{vmatrix}2&-3&0&8\\1&5&2&2\\3&-1&1&7\\4&1&2&12\end{vmatrix}=-6,$$

故

$$x_1=\frac{D_1}{D}=3,\ x_2=\frac{D_2}{D}=0,\ x_3=\frac{D_3}{D}=-1,\ x_4=\frac{D_4}{D}=1.$$

一般来讲，用克莱姆法则求线性方程组的解时，计算量是比较大的，但对具体的数字系数的线性方程组，往往可用计算机来求解．目前，用计算机解线性方程组已经有了一整套成熟的方法．

克莱姆法则在一定条件下给出了线性方程组的解的存在性和唯一性，与其在计算方面的作用相比，克莱姆法则更具有重大的理论价值．如果不考虑求解公式（1.3），克莱姆法则可叙述为下面的定理．

定理 1.6 若线性方程组（1.1）的系数行列式 $D\neq 0$，则方程组（1.1）有唯一解．

在解题或证明中，常用到定理 1.6 的逆否命题．

推论 若线性方程组（1.1）无解或有两个不同的解，则它的系数行列式 D 必为零．

对于齐次线性方程组（1.2），易见 $x_1=x_2=\cdots=x_n=0$ 一定是它的解，称其为齐次线性方程组（1.2）的零解．把定理 1.6 应用于齐次线性方程组（1.2），可得到下列结论．

定理 1.7 如果齐次线性方程组（1.2）的系数行列式 $D\neq 0$，那么它只有零解．

推论 如果齐次线性方程组（1.2）有非零解，那么它的系数行列式 D 必为零．

注：在第四章中还将进一步证明，如果齐次线性方程组的系数行列式 $D=0$，那么它必有非零解，从而得知，齐次线性方程组（1.2）有非零解的充分必要条件是系数行列式 $D=0$.

例 2 当 k 取何值时，方程组

$$\begin{cases}x_1+(k^2+1)x_2+2x_3=0,\\x_1+(2k+1)x_2+2x_3=0,\\kx_1+kx_2+(2k+1)x_3=0\end{cases}$$

有非零解？

解 因为

$$D=\begin{vmatrix}1&k^2+1&2\\1&2k+1&2\\k&k&2k+1\end{vmatrix}=\begin{vmatrix}1&k^2+1&2\\0&k(2-k)&0\\0&-k^3&1\end{vmatrix}=\begin{vmatrix}k(2-k)&0\\-k^3&1\end{vmatrix}=k(2-k),$$

要使方程组有非零解，必须满足 $D=0$，即 $k=0$ 或 $k=2$.

例 3　求 4 个平面 $a_ix+b_iy+c_iz+d_i=0\ (i=1,2,3,4)$ 相交于一点 (x_0,y_0,z_0) 的充分必要条件.

解　把平面方程改写成

$$a_ix+b_iy+c_iz+d_it=0\ （其中\ t=1\ ），$$

于是 4 个平面相交于一点等价于关于 x, y, z, t 的齐次线性方程组：

$$\begin{cases}a_1x+b_1y+c_1z+d_1t=0,\\ a_2x+b_2y+c_2z+d_2t=0,\\ a_3x+b_3y+c_3z+d_3t=0,\\ a_4x+b_4y+c_4z+d_4t=0\end{cases}$$

有唯一的一组非零解$(x_0,y_0,z_0,1)$. 根据齐次线性方程组有非零解的充分必要条件，得

$$\begin{vmatrix}a_1 & b_1 & c_1 & d_1\\ a_2 & b_2 & c_2 & d_2\\ a_3 & b_3 & c_3 & d_3\\ a_4 & b_4 & c_4 & d_4\end{vmatrix}=0.$$

习题 1.4

1. 用克莱姆法则解下列线性方程组.

（1）$\begin{cases}x_1+x_2+x_3+x_4=5,\\ x_1+2x_2-x_3+4x_4=-2,\\ 2x_1-3x_2-x_3-5x_4=-2,\\ 3x_1+x_2+2x_3+11x_4=0;\end{cases}$　（2）$\begin{cases}x_2-3x_3+4x_4=-5,\\ x_1-2x_3+3x_4=-4,\\ 3x_1+2x_2-5x_4=12,\\ 4x_1+3x_2-5x_3=5;\end{cases}$

（3）$\begin{cases}5x_1+6x_2=1,\\ x_1+5x_2+6x_3=0,\\ x_2+5x_3+6x_4=0,\\ x_3+5x_4+6x_5=0,\\ x_4+5x_5=1;\end{cases}$　（4）$\begin{cases}bx-ay+2ab=0,\\ -2cy+3bz-bc=0,\\ cx+az=0,\end{cases}$ 其中 $abc\neq 0$.

2. k 取何值时，齐次线性方程组 $\begin{cases}kx+y+z=0\\ x+ky-z=0\\ 2x-y+z=0\end{cases}$ 仅有零解？

3. 当 λ,μ 取何值时，齐次线性方程组 $\begin{cases}\lambda x_1+x_2+x_3=0\\ x_1+\mu x_2+x_3=0\\ x_1+2\mu x_2+x_3=0\end{cases}$ 有非零解？

4. 设 $f(x)=a_3x^3+a_2x^2+a_1x+a_0$，当 $x=1,2,3,-1$ 时，$f(x)$ 的值分别为 $-3, 5, 35, 5$，试求 $f(4)$.

综合应用

行列式在很多实际问题中都有应用. 例如，在数值计算中的多项式求解以及生物界广泛存在的斐波那契（Fibonacci）数列等问题中，行列式都起到了重要作用.

例 1（斐波那契数列问题） 斐波那契数列，又称黄金分割数列，因数学家列昂纳多 · 斐波那契以兔子繁殖为例而引入，故又称为“兔子数列”. 它指的是如下数列：

$$1, 2, 3, 5, 8, 13, 21, 34, 55, 89, 144, 233, 377, \cdots$$

且满足条件：

$$F_n = F_{n-1} + F_{n-2} (n \geqslant 3),\ F_1 = 1,\ F_2 = 2.$$

（1）证明：斐波那契数列的通项 F_n 可以由下面的行列式表示：

$$F_n = \begin{vmatrix} 1 & -1 & 0 & 0 & \cdots & 0 & 0 & 0 \\ 1 & 1 & -1 & 0 & \cdots & 0 & 0 & 0 \\ 0 & 1 & 1 & -1 & \cdots & 0 & 0 & 0 \\ \vdots & \vdots & \vdots & \vdots & & \vdots & \vdots & \vdots \\ 0 & 0 & 0 & 0 & \cdots & 1 & 1 & -1 \\ 0 & 0 & 0 & 0 & \cdots & 0 & 1 & 1 \end{vmatrix};$$

（2）求斐波那契数列的通项公式.

（1）**证明** 把上面的行列式按照第一列展开可得

$$F_n = F_{n-1} + 1 \cdot (-1)^{2+1} \cdot (-1) \cdot F_{n-2} = F_{n-1} + F_{n-2},\ (n \geqslant 3).$$

显然，当 $n=1$ 时，$F_1 = 1$；当 $n=2$ 时，$F_2 = 2$. 从而，斐波那契数列的通项 F_n 可以由上面的行列式表示.

（2）**解** 令 $a+b=1$，$ab=-1$，则 a, b 是方程 $x^2 - x - 1 = 0$ 的两个根：

$$a = \frac{1+\sqrt{5}}{2},\ b = \frac{1-\sqrt{5}}{2}.$$

从而利用行列式的计算方法可得

$$F_n = \begin{vmatrix} 1 & -1 & 0 & 0 & \cdots & 0 & 0 & 0 \\ 1 & 1 & -1 & 0 & \cdots & 0 & 0 & 0 \\ 0 & 1 & 1 & -1 & \cdots & 0 & 0 & 0 \\ \vdots & \vdots & \vdots & \vdots & & \vdots & \vdots & \vdots \\ 0 & 0 & 0 & 0 & \cdots & 1 & 1 & -1 \\ 0 & 0 & 0 & 0 & \cdots & 0 & 1 & 1 \end{vmatrix}$$

$$=\begin{vmatrix} a+b & ab & 0 & 0 & \cdots & 0 & 0 & 0 \\ 1 & a+b & ab & 0 & \cdots & 0 & 0 & 0 \\ 0 & 1 & a+b & ab & \cdots & 0 & 0 & 0 \\ \vdots & \vdots & \vdots & \vdots & & \vdots & \vdots & \vdots \\ 0 & 0 & 0 & 0 & \cdots & 1 & a+b & ab \\ 0 & 0 & 0 & 0 & \cdots & 0 & 1 & a+b \end{vmatrix}$$

$$=\frac{1}{\sqrt{5}}\left[\left(\frac{1+\sqrt{5}}{2}\right)^{n+1}-\left(\frac{1-\sqrt{5}}{2}\right)^{n+1}\right].$$

例 2（求解多项式问题） 问是否存在次数不超过 n 的多项式

$$f(x)=a_0+a_1x+a_2x^2+\cdots+a_nx^n\ ,$$

满足 $f(x_i)=y_i$, $i=0,1,2,\cdots,n$, 其中 $i\neq j, x_i\neq x_j$, y_i 不全为 0.

分析 要判断是否存在这样的多项式的关键是能否求出参数 $a_0,a_1,a_2,\cdots,a_n$ 的值.

解 根据已知可得方程组：

$$\begin{cases} a_0+a_1x_0+a_2x_0^2+\cdots+a_nx_0^n=y_0, \\ a_0+a_1x_1+a_2x_1^2+\cdots+a_nx_1^n=y_1, \\ \cdots\cdots\cdots\cdots \\ a_0+a_1x_n+a_2x_n^2+\cdots+a_nx_n^n=y_n, \end{cases}$$

其系数行列式为范德蒙行列式：

$$D=\begin{vmatrix} 1 & x_0 & x_0^2 & \cdots & x_0^n \\ 1 & x_1 & x_1^2 & \cdots & x_1^n \\ 1 & x_2 & x_2^2 & \cdots & x_2^n \\ \vdots & \vdots & \vdots & & \vdots \\ 1 & x_n & x_n^2 & \cdots & x_n^n \end{vmatrix}=\sum_{0\leqslant j<i\leqslant n}(x_i-x_j).$$

因为 $x_0,x_1,x_2,\cdots,x_n$ 互不相同，所以 $D\neq 0$，故由克莱姆法则可知，上述方程组有唯一解：

$$a_j=\frac{D_j}{D}, j=0,1,2,\cdots,n,$$

其中 D_j 是将 D 中第 j 列替换为上述方程组右端的常数项 $y_0,y_1,y_2,\cdots,y_n$ 后对应的 $n+1$ 阶行列式，即

$$D_j=\begin{vmatrix} 1 & x_0 & x_0^2 & \cdots & x_0^{j-2} & y_0 & x_0^j & \cdots & x_0^n \\ 1 & x_1 & x_1^2 & \cdots & x_1^{j-2} & y_1 & x_1^j & \cdots & x_1^n \\ 1 & x_2 & x_2^2 & \cdots & x_2^{j-2} & y_2 & x_2^j & \cdots & x_2^n \\ \vdots & \vdots & \vdots & & \vdots & \vdots & \vdots & & \vdots \\ 1 & x_n & x_n^2 & \cdots & x_n^{j-2} & y_n & x_n^j & \cdots & x_n^n \end{vmatrix}.$$

因此，存在满足条件的多项式.

另一方面，满足条件的多项式可以表示成

$$\begin{vmatrix} 1 & x & x^2 & \cdots & x^n & f(x) \\ 1 & x_0 & x_0^2 & \cdots & x_0^n & y_0 \\ 1 & x_1 & x_1^2 & \cdots & x_1^n & y_1 \\ 1 & x_2 & x_2^2 & \cdots & x_2^n & y_2 \\ \vdots & \vdots & \vdots & & \vdots & \vdots \\ 1 & x_n & x_n^2 & \cdots & x_n^n & y_n \end{vmatrix} = 0.$$

显然，满足 $f(x_i)=y_i, i=0,1,2,\cdots,n$, 且按第 $n+2$ 列展开可得 $f(x)$ 是 x 的 n 次多项式：

$$f(x)=\sum_{j=0}^{n}\left[\prod_{i=0,i\neq j}^{n}\left(\frac{x-x_i}{x_j-x_i}\right)\right]y_j.$$

上述问题称为多项式插值问题，上面的公式称为拉格朗日插值公式.

例 3　多项式 $f(x,y,z)=x^3+y^3+z^3-3xyz$ 有没有一次因式？如果有，请找出来.

解　因为

$$\begin{aligned} x^3+y^3+z^3-3xyz &= \begin{vmatrix} x & y & z \\ z & x & y \\ y & z & x \end{vmatrix} = \begin{vmatrix} x+y+z & y & z \\ x+y+z & x & y \\ x+y+z & z & x \end{vmatrix} \\ &= (x+y+z)\begin{vmatrix} 1 & y & z \\ 1 & x & y \\ 1 & z & x \end{vmatrix} \\ &= (x+y+z)(x^2+y^2+z^2-xy-xz-yz), \end{aligned}$$

所以 $f(x,y,z)$ 有一个一次因式 $x+y+z$.

*数学实验

通过 MATLAB 实验达到以下目的：

（1）会利用 MATLAB 求解数值行列式和符号行列式，会验证相关行列式的性质.

（2）会利用克莱姆法则以及 MATLAB 解线性方程组，能够做出相关解的判断.

实验一　行列式的相关计算及验证

1. 求行列式

求行列式的命令为 det

语法：det(X)，$\boldsymbol{X}$ 是一方阵 $\boldsymbol{X}$。

（1）求纯数字的行列式.

例 1　求 $\begin{vmatrix} 2 & 0 & 1 \\ -4 & 1 & 2 \\ 5 & 1 & 3 \end{vmatrix}$.

程序如下：

```
>> X=[2,0,1;-4,1,2;5,1,3]
det(X)
```

结果如下：

```
X =
     2   0   1
    -4   1   2
     5   1   3

ans =
    -7
```

（2）求带字母的行列式的方法.

首先用 syms 把字母转化为符号变量。

例 2　求$\begin{vmatrix} a & b \\ c & d \end{vmatrix}$.

程序如下：

```
syms a b c d
X=[a,b;c,d]
det(X)
```

结果如下：

```
X =
    [ a, b]
    [ c, d]
ans =
    a*d - b*c
```

2. 验证行列式的性质

以性质 1, 2 为例.

转置行列式.

语法： X′

性质 1　行列式与它的转置行列式相等，即 $D = D^{\mathrm{T}}$.

例 3　求$\begin{vmatrix} 2 & 0 & 1 \\ -4 & 1 & 2 \\ 5 & 1 & 3 \end{vmatrix}$的转置行列式.

程序如下：

```
X=[2,0,1;-4,1,2;5,1,3]
det(X)
Y=X'
det(Y)
```

结果如下：

```
X =
```

```
     2   0   1
    -4   1   2
     5   1   3

ans =
    -7

Y =
     2  -4   5
     0   1   1
     1   2   3

ans =
    -7
```

性质 2 互换行列式的两行（列），行列式变号.

例 4 对行列式

$$X=\begin{vmatrix}2&0&1\\-4&1&2\\5&1&3\end{vmatrix},$$

交换第一行和第二行，得到

$$Y=\begin{vmatrix}-4&1&2\\2&0&1\\5&1&3\end{vmatrix}.$$

程序如下：

```
X=[2,0,1;-4,1,2;5,1,3]
det(X)
Y=[-4,1,2;2,0,1;5,1,3]
det(Y)
```

结果如下：

```
X =
     2   0   1
    -4   1   2
     5   1   3

ans =
    -7

Y =
    -4   1   2
     2   0   1
     5   1   3

ans =
     7
```

显然，$\begin{vmatrix} 2 & 0 & 1 \\ -4 & 1 & 2 \\ 5 & 1 & 3 \end{vmatrix} = -\begin{vmatrix} -4 & 1 & 2 \\ 2 & 0 & 1 \\ 5 & 1 & 3 \end{vmatrix}$.

实验二　利用克莱姆法则解线性方程组

对三元线性方程组：

$$\begin{cases} a_{11}x_1 + a_{12}x_2 + a_{13}x_3 = b_1, \\ a_{21}x_1 + a_{22}x_2 + a_{23}x_3 = b_2, \\ a_{31}x_1 + a_{32}x_2 + a_{33}x_3 = b_3, \end{cases}$$

在系数行列式 $D \neq 0$ 的条件下，它有唯一解：

$$x_1 = \frac{D_1}{D},\ x_2 = \frac{D_2}{D},\ x_3 = \frac{D_3}{D}.$$

例 5　用克莱姆法则解线性方程组：

$$\begin{cases} 2x_1 - 3x_2 + 2x_4 = 8, \\ x_1 + 5x_2 + 2x_3 + x_4 = 2, \\ 3x_1 - x_2 + x_3 - x_4 = 7, \\ 4x_1 + x_2 + 2x_3 + 2x_4 = 12. \end{cases}$$

程序如下：

```
>> A=[2 -3 0 2 8;1 5 2 1 2;3 -1 1 -1 7;4 1 2 2 12]
disp('系数行列式 B')
B=A(:,1:4)
disp('利用克莱姆法则')
x1=det(A(:,[5,2:4]))/det(B)
x2=det(A(:,[1,5,3,4]))/det(B)
x3=det(A(:,[1,2,5,4]))/det(B)
x4=det(A(:,[1,2,3,5]))/det(B)
```

结果如下：

```
A =
     2    -3     0     2     8
     1     5     2     1     2
     3    -1     1    -1     7
     4     1     2     2    12
系数行列式 B
```

```
B =
        2    -3    0    2
        1     5    2    1
        3    -1    1   -1
        4     1    2    2
利用克莱姆法则
x1 =
      3.0000
x2 =
        0
x3 =
     -1.0000
x4 =
        1
```

例 6　当 k 取何值时，方程组

$$\begin{cases} x_1+(k^2+1)x_2+2x_3=0, \\ x_1+(2k+1)x_2+2x_3=0, \\ kx_1+kx_2+(2k+1)x_3=0 \end{cases}$$

有非零解？

程序如下：

```
>> syms k
A=[1,k^2+1,2;1,2*k+1,2;k,k,2*k+1]
det(A)              %求行列式
factor(det(A))      %因式分解
```

结果如下：

```
A =
      [1,k^2+1,2]
      [1,2*k+1,2]
      [k,k,2*k+1]
ans =
      -k^2+2*k
ans =
      -k*(k-2)
solve(f)
      0
      2
```

*拓展阅读

行列式的发展史

线性代数是高等代数的一个分支. 我们知道，一次方程也称为线性方程，讨论线性方程及线性运算的代数称为线性代数. 在线性代数中，最重要的内容就是行列式和矩阵. 行列式和矩阵在 19 世纪受到了很大关注，而且也有了很多关于这两个课题的文章. 关于向量概念，从数学观点来看不过是有序三元数组的一个集合，然而它可以通过力或速度来表达直接的物理意义，并且在数学上用它能立刻写出物理学上所讲到的事情. 向量用于梯度、散度、旋度时就更有说服力. 因此，虽然表面上看，行列式和矩阵不过是一种语言或速记，但其概念能给新的思想领域提供钥匙. 也已经证明，这两个概念在数学和物理学上是高度有用的工具.

线性代数概念及其矩阵理论是伴随着线性系统方程的系数研究而引入并发展的. 行列式概念最早是由日本数学家关孝和于 17 世纪提出来的，他在 1683 年完成了一部名为《解伏题之法》的著作，其意为“解行列式问题的方法”，书中对行列式的概念及其展开已经有了很清晰的阐述. 欧洲第一个提出行列式概念的是德国数学家——微积分学奠基人之一莱布尼兹（Leibnitz，1693 年）. 1750 年，克莱姆（Cramer）在他的《线性代数分析导言》（Introductiond l'analyse des lignes courbes alge'briques）一书中发表了求解线性系统方程的重要基本公式（即人们熟悉的克莱姆（Cramer）法则）. 1764 年，Bezout 把确定行列式的每一项符号的手续系统化了，并对给定的含 n 个未知量的 n 个齐次线性方程，证明了系数行列式等于零是此方程组有非零解的条件.

范德蒙（Vandermonde）是第一个对行列式理论进行系统阐述（即把行列式理论与线性方程组求解相分离）的人，并且给出了一条法则，即用二阶子式及其余子式来展开行列式. 就对行列式本身进行研究这一点而言，他才是这门理论的奠基人. 拉普拉斯（Laplace）在 1772 年的论文《对积分和世界体系的探讨》中，证明了范德蒙的一些规则，并推广了他的展开行列式的方法，即用 r 行中所含的子式及其余子式的集合来展开行列式，这个方法现在仍然以他的名字命名. 德国数学家雅可比（Jacobi）也于 1841 年总结并提出了行列式的系统理论. 另一个研究行列式的是法国最伟大的数学家柯西（Cauchy），他大大发展了行列式理论，在行列式的记号中，他把元素排成方阵并首次采用了双重足标的新记法. 与此同时，他还发现两行（列）式相乘的公式以及改进并证明了拉普拉斯的展开定理.

相对而言，最早利用矩阵概念的是拉格朗日（Lagrange），这在 1700 年后他的双线性型工作中得以体现. 拉格朗日期望了解多元函数的最大值、最小值问题，其方法就是人们所熟悉的拉格朗日迭代法. 为了完成这些工作，他首先使一阶偏导数为 0，另外还需要二阶偏导数矩阵这一条件. 此条件就是今天所说的正、负的定义，尽管拉格朗日在当时没有明确地提出利用矩阵.

高斯（Gauss）大约在 1800 年提出了高斯消元法，并用它解决了天体计算和后来的地球表面测量计算中的最小二乘法问题（这种涉及测量、求取地球形状或当地精确位置的应用数学分支称为测地学). 高斯也因使用这项技术成功地消去了线性方程组的变量而出名. 不过早在几世纪的中国人的手稿中也出现了解释如何运用“高斯”消去的方法求解带有三个未知量的三方程系统. 但在当时的几年里，高斯消去法一直被认为是测地学发展的一部分，而不是数学. 高斯-约当消去法最初出现在由 Wilhelm Jordan 撰写的测地学手册中. 许多人把著名的数学家 Camille Jordan 误认为是“高斯-约当”消去法中的约当.

矩阵代数的丰富发展，使得人们需要有合适的符号及合适的矩阵乘法定义，关于这两者，大约在同一时间和同一地点相遇. 1848 年，英格兰的 J.J.Sylvester 首先提出了矩阵这个词，它来源于拉丁语，代表一排数. 1855 年，矩阵代数由于 Arthur Cayley 的工作而得以发展. Cayley 研究了线性变换的组成并提出了矩阵乘法的定义，这使得复合变换 ST 的系数矩阵变为矩阵 S 和矩阵 T 的乘积；他还进一步研究了那些包括矩阵逆在内的代数问题. 其中，著名的 Cayley-Hamilton 理论，即断言一个矩阵的平方就是它的特征多项式的根，就是 Cayley 于 1858 年在他的矩阵理论文集中提出的.

利用单一字母 A 来表示矩阵对矩阵代数的发展是至关重要的. 在行列式发展早期，公式 $\det(\boldsymbol{AB}) = \det(\boldsymbol{A})\det(\boldsymbol{B})$为矩阵代数和行列式建立了一种联系. 数学家柯西首先给出了特征方程的术语，并证明了阶数超过 3 的矩阵有特征值以及任意阶实对称行列式都有实特征值；给出了相似矩阵的概念，并证明了相似矩阵有相同的特征值. 另外，他还研究了代换理论，并试图研究向量代数，但在任意维数中没有给出两个向量乘积的自然定义. 第一个提出一个不可交换向量积(既 $\boldsymbol{vxw}$ 不等于 $\boldsymbol{wxv}$)理论的是 Hermann Grassmann，这是他在《线性扩张论》(Die lineae Ausdehnungslehre)一书中提出的. 1844 年，他的观点还被引入一个列矩阵和一个行矩阵的乘积中，结果就是现在称之为秩数为 1 的矩阵，或简单矩阵. 在 19 世纪末，美国数学物理学家 Willard Gibbs 发表了著名论述《向量分析基础》(Elements of Vector Analysis). 其后，物理学家 P. A. M. Dirac 提出了行向量和列向量的乘积为标量. 我们习惯上所说的列矩阵和向量都是在 20 世纪由物理学家给出的.

矩阵的发展与线性变换是密切相连的，到 19 世纪它在线性变换理论中仅占有有限的空间. 现代向量空间的定义是 Peano 于 1888 年提出的. 第二次世界大战后，随着数字计算机的发展，矩阵又有了新的含义，特别是在矩阵的数值分析等方面. 由于计算机的飞速发展和广泛应用，许多实际问题都可以通过离散化的数值计算得到定量解决. 因此，作为处理离散问题的线性代数，成为从事科学研究和工程设计人员必备的数学基础.

第二章　矩　阵

矩阵是数学中一个重要的内容，是代数研究的主要对象和工具，它在数学的各个分支以及自然科学、现代经济学、管理学、工程技术等领域具有广泛的应用．本章主要介绍矩阵的概念及其运算，矩阵的初等变换和矩阵的秩的概念，以及利用矩阵的初等变换求逆矩阵和矩阵的秩的方法．

第一节　矩阵的概念及其运算

一、矩阵的概念

在经济模型和工程计算等问题中，我们经常利用矩阵这一有力工具，下面引入矩阵的概念．

引例 1　某制造企业生产五种产品，各产品的季度产值（单位：万元）如表 2-1 所示：

表 2-1　各产品的季度产值　　　　单位：万元

季度	产品				
	A	B	C	D	E
1	75	82	76	85	86
2	80	90	85	85	80
3	80	85	85	82	84
4	80	87	92	85	82

数表

$$\begin{pmatrix} 75 & 82 & 76 & 85 & 86 \\ 80 & 90 & 85 & 85 & 80 \\ 80 & 85 & 85 & 82 & 84 \\ 80 & 87 & 92 & 85 & 82 \end{pmatrix}$$

直观具体地描述了该制造企业生产这五种产品的季度产值及其变化、年产值等情况．

引例 2　线性方程组

$$\begin{cases} a_{11}x_1 + a_{12}x_2 + \cdots + a_{1n}x_n = 0, \\ a_{21}x_1 + a_{22}x_2 + \cdots + a_{2n}x_n = 0, \\ \cdots\cdots\cdots\cdots \\ a_{m1}x_1 + a_{m2}x_2 + \cdots + a_{mn}x_n = 0 \end{cases}$$

的系数可排列成一个 m 行 n 列的矩形数表：

$$\begin{pmatrix} a_{11} & a_{12} & \cdots & a_{1n} \\ a_{21} & a_{22} & \cdots & a_{2n} \\ \vdots & \vdots & & \vdots \\ a_{m1} & a_{m2} & \cdots & a_{mn} \end{pmatrix}$$

这样的表称为 $m \times n$ **矩阵**，一般用大写黑体字母 $\boldsymbol{A}$ 表示，其中，a_{ij} 称为矩阵 $\boldsymbol{A}$ 的元素，它位于矩阵 $\boldsymbol{A}$ 的第 i 行、第 j 列的交叉处．一般情况下，有如下定义：

定义 2.1　给出 $m \times n$ 个数，将其按一定顺序排成一个 m 行 n 列的矩形数表：

$$\begin{pmatrix} a_{11} & a_{12} & \cdots & a_{1n} \\ a_{21} & a_{22} & \cdots & a_{2n} \\ \vdots & \vdots & & \vdots \\ a_{m1} & a_{m2} & \cdots & a_{mn} \end{pmatrix},$$

此数表称为 **m 行 n 列矩阵**，简称 $m \times n$ **矩阵**，一般用大写黑体字母 $\boldsymbol{A}, \boldsymbol{B}, \boldsymbol{C}, \cdots$ 表示，有时亦记为 $\boldsymbol{A} = (a_{ij})_{m \times n}$ 或 $\boldsymbol{A} = (a_{ij})$ 或 $\boldsymbol{A}_{m \times n}$．

在 $m \times n$ 矩阵 $\boldsymbol{A}$ 中，如果 $m = n$，则称 $\boldsymbol{A}$ 为 n **阶方阵**．如果矩阵 $\boldsymbol{A}$ 的元素 a_{ij} 全为实（复）数，则称 $\boldsymbol{A}$ 为**实（复）矩阵**．只有一行的矩阵

$$\boldsymbol{A} = (a_1 \quad a_2 \quad \cdots \quad a_n)$$

称为**行矩阵**．为避免元素间的混淆，行矩阵也记作

$$\boldsymbol{A} = (a_1, a_2, \cdots, a_n).$$

只有一列的矩阵

$$\boldsymbol{B} = \begin{pmatrix} b_1 \\ b_2 \\ \vdots \\ b_m \end{pmatrix}$$

称为**列矩阵**．

当两个矩阵的行数和列数分别相等时，称它们是**同型矩阵**．元素都是零的矩阵称为**零矩阵**，记作 $\boldsymbol{O}$．

注意：不同型的零矩阵是不同的．

在 n 阶方阵 $\boldsymbol{A} = (a_{ij})_{n \times n}$ 中，位于相同行和相同列交叉位置的元素 $a_{ii} (i = 1, 2, \cdots, n)$ 称为方阵 $\boldsymbol{A}$ 的主对角线元素．下面介绍几种常见的特殊方阵．

（1）三角矩阵.

如果 n 阶方阵 $\boldsymbol{A}=(a_{ij})$ 的元素满足条件 $a_{ij}=0\ (i>j,\ i,j=1,2,\cdots,n)$，即 $\boldsymbol{A}$ 的主对角线以下的元素全为零，则称 $\boldsymbol{A}$ 为 n 阶**上三角矩阵**. 即

$$\boldsymbol{A}=\begin{pmatrix} a_{11} & a_{12} & \cdots & a_{1n} \\ 0 & a_{21} & \cdots & a_{2n} \\ \vdots & \vdots & & \vdots \\ 0 & 0 & \cdots & a_{nn} \end{pmatrix}.$$

如果 n 阶方阵 $\boldsymbol{A}=(a_{ij})$ 的元素满足条件 $a_{ij}=0\ (i<j,\ i,j=1,2,\cdots,n)$，即 $\boldsymbol{A}$ 的主对角以上的元素全为零，则称 $\boldsymbol{A}$ 为 n 阶**下三角矩阵**. 即

$$\boldsymbol{A}=\begin{pmatrix} a_{11} & 0 & \cdots & 0 \\ a_{21} & a_{22} & \cdots & 0 \\ \vdots & \vdots & & \vdots \\ a_{n1} & a_{n2} & \cdots & a_{nn} \end{pmatrix}.$$

上三角矩阵与下三角矩阵统称为**三角矩阵**.

（2）对角矩阵.

如果 n 阶方阵 $\boldsymbol{A}=(a_{ij})$ 的元素满足条件 $a_{ij}=0\ (i\neq j)$，即 $\boldsymbol{A}$ 的主对角线以外的元素全为零，则称 $\boldsymbol{A}$ 为 n 阶**对角矩阵**. 即

$$\boldsymbol{A}=\begin{pmatrix} a_{11} & 0 & \cdots & 0 \\ 0 & a_{22} & \cdots & 0 \\ \vdots & \vdots & & \vdots \\ 0 & 0 & \cdots & a_{nn} \end{pmatrix}.$$

我们也记 $\boldsymbol{A}=\operatorname{diag}(a_{11},a_{22},\cdots,a_{nn})$. 显然，对角矩阵既是上三角矩阵，也是下三角矩阵.

（3）数量矩阵.

如果 n 阶对角矩阵 $\boldsymbol{A}=(a_{ij})$ 的元素满足条件 $a_{ii}=a\ (i,j=1,2,\cdots,n)$，则称 $\boldsymbol{A}$ 为**数量矩阵**. 即

$$\boldsymbol{A}=\begin{pmatrix} a & 0 & \cdots & 0 \\ 0 & a & \cdots & 0 \\ \vdots & \vdots & & \vdots \\ 0 & 0 & \cdots & a \end{pmatrix}.$$

（4）单位矩阵.

如果 n 阶对角矩阵 $\boldsymbol{A}=(a_{ij})$ 的元素满足条件 $a_{ii}=1\ (i=1,2,\cdots,n)$，则称 $\boldsymbol{A}$ 为 n 阶**单位矩阵**，记为 $\boldsymbol{E}_n$，即

$$\boldsymbol{E}_n=\begin{pmatrix} 1 & 0 & \cdots & 0 \\ 0 & 1 & \cdots & 0 \\ \vdots & \vdots & & \vdots \\ 0 & 0 & \cdots & 1 \end{pmatrix}.$$

讨论企业管理问题时，常常要用到矩阵. 例如，假设在某一地区有某一物资，比如钢铁，它有 s 个产地 $A_1, A_2, \cdots, A_s$ 和 n 个销地 $B_1, B_2, \cdots, B_n$，那么一个调运方案就可用一个矩阵

$$\begin{pmatrix} a_{11} & a_{12} & \cdots & a_{1n} \\ a_{21} & a_{22} & \cdots & a_{2n} \\ \vdots & \vdots & & \vdots \\ a_{s1} & a_{s2} & \cdots & a_{sn} \end{pmatrix}$$

来表示，其中 a_{ij} 表示由产地 A_i 运到销地 B_j 的数量.

在许多实际问题中，常常会遇到一组变量由另一组变量线性表示的问题. 如变量 $y_1, y_2, \cdots, y_m$ 可由变量 $x_1, x_2, \cdots, x_n$ 线性表示，即

$$\begin{cases} y_1 = a_{11}x_1 + a_{12}x_2 + \cdots + a_{1n}x_n, \\ y_2 = a_{21}x_1 + a_{22}x_2 + \cdots + a_{2n}x_n, \\ \cdots\cdots\cdots\cdots \\ y_m = a_{m1}x_1 + a_{m2}x_2 + \cdots + a_{mn}x_n, \end{cases}$$

这种由变量 $x_1, x_2, \cdots, x_n$ 到变量 $y_1, y_2, \cdots, y_m$ 的变换称为**线性变换**，它的系数构成一矩阵 $(a_{ij})_{m\times n}$，称之为**系数矩阵**，且是确定的. 反之，如果给出的一个矩阵是线性变换的系数矩阵，则此线性变换也就确定了. 从这个意义上讲，线性变换与矩阵之间存在着一一对应的关系，因此可以利用矩阵来研究线性变换.

例 1 线性变换

$$\begin{cases} y_1 = \lambda_1 x_1, \\ y_2 = \lambda_2 x_2, \\ \cdots\cdots \\ y_n = \lambda_n x_n \end{cases}$$

对应的系数矩阵为 n 阶方阵：

$$\boldsymbol{A} = \begin{pmatrix} \lambda_1 & 0 & \cdots & 0 \\ 0 & \lambda_2 & \cdots & 0 \\ \vdots & \vdots & & \vdots \\ 0 & 0 & \cdots & \lambda_n \end{pmatrix}.$$

二、矩阵的运算

1. 矩阵的加法

下面首先给出两个矩阵相等的概念.

如果两个同型矩阵 $\boldsymbol{A}$ 与 $\boldsymbol{B}$ 的对应元素都相等，则称这两个**矩阵相等**，记为 $\boldsymbol{A} = \boldsymbol{B}$.

定义 2.2 设有两个 $m\times n$ 矩阵 $\boldsymbol{A} = (a_{ij})$，$\boldsymbol{B} = (b_{ij})$，那么 $\boldsymbol{A}$ 与 $\boldsymbol{B}$ 的和记为 $\boldsymbol{A}+\boldsymbol{B}$，规定为

$$\boldsymbol{A}+\boldsymbol{B} = \begin{pmatrix} a_{11}+b_{11} & a_{12}+b_{12} & \cdots & a_{1n}+b_{1n} \\ a_{21}+b_{21} & a_{22}+b_{22} & \cdots & a_{2n}+b_{2n} \\ \vdots & \vdots & & \vdots \\ a_{m1}+b_{m1} & a_{m2}+b_{m2} & \cdots & a_{mn}+b_{mn} \end{pmatrix}.$$

注意：两个矩阵只有同型时，才能进行加法运算.

由于矩阵的加法可归结为它们的元素的加法，也就是数的加法，所以，不难验证，矩阵的加法满足如下运算规律：

（1）交换律：$\boldsymbol{A}+\boldsymbol{B}=\boldsymbol{B}+\boldsymbol{A}$.

（2）结合律：$(\boldsymbol{A}+\boldsymbol{B})+\boldsymbol{C}=\boldsymbol{A}+(\boldsymbol{B}+\boldsymbol{C})$.

2. 数与矩阵的乘法

定义 2.3　数 λ 与矩阵 $\boldsymbol{A}$ 的乘积记为 $\lambda\boldsymbol{A}$，规定为

$$\lambda\boldsymbol{A}=\begin{pmatrix}\lambda a_{11} & \lambda a_{12} & \cdots & \lambda a_{1n}\\ \lambda a_{21} & \lambda a_{22} & \cdots & \lambda a_{2n}\\ \vdots & \vdots & & \vdots\\ \lambda a_{m1} & \lambda a_{m2} & \cdots & \lambda a_{mn}\end{pmatrix}.$$

数乘矩阵满足下列运算规律：

（1）$(\lambda\mu)\boldsymbol{A}=\lambda(\mu\boldsymbol{A})$.

（2）$(\lambda+\mu)\boldsymbol{A}=\lambda\boldsymbol{A}+\mu\boldsymbol{A}$.

（3）$\lambda(\boldsymbol{A}+\boldsymbol{B})=\lambda\boldsymbol{A}+\lambda\boldsymbol{B}$.

设矩阵 $\boldsymbol{A}=(a_{ij})$，记 $-\boldsymbol{A}=(-1)\cdot\boldsymbol{A}=(-1\cdot a_{ij})=(-a_{ij})$，称 $-\boldsymbol{A}$ 为 $\boldsymbol{A}$ 的**负矩阵**. 显然有

$$\boldsymbol{A}+(-\boldsymbol{A})=\boldsymbol{O}.$$

其中 $\boldsymbol{O}$ 为各元素均为 0 的同型矩阵. 由此规定：

$$\boldsymbol{A}-\boldsymbol{B}=\boldsymbol{A}+(-\boldsymbol{B}).$$

矩阵的加法和数乘矩阵运算统称为矩阵的线性运算.

3. 矩阵的乘法

设有两个线性变换

$$\begin{cases}y_1=a_{11}x_1+a_{12}x_2,\\ y_2=a_{21}x_1+a_{22}x_2,\\ y_3=a_{31}x_1+a_{32}x_2;\end{cases}\tag{2.1}$$

$$\begin{cases}x_1=b_{11}z_1+b_{12}z_2,\\ x_2=b_{21}z_1+b_{22}z_2,\end{cases}\tag{2.2}$$

则将式（2.2）代入式（2.1）就可得到从 z_1,z_2 到 y_1,y_2,y_3 的线性变换：

$$\begin{cases}y_1=(a_{11}b_{11}+a_{12}b_{21})z_1+(a_{11}b_{12}+a_{12}b_{22})z_2,\\ y_2=(a_{21}b_{11}+a_{22}b_{21})z_1+(a_{21}b_{12}+a_{22}b_{22})z_2,\\ y_3=(a_{31}b_{11}+a_{32}b_{21})z_1+(a_{31}b_{12}+a_{32}b_{22})z_2.\end{cases}\tag{2.3}$$

线性变换（2.3）成为线性变换（2.1）和（2.2）的乘积，即

$$\begin{pmatrix} a_{11} & a_{12} \\ a_{21} & a_{22} \\ a_{31} & a_{32} \end{pmatrix}\begin{pmatrix} b_{11} & b_{12} \\ b_{21} & b_{22} \end{pmatrix}=\begin{pmatrix} a_{11}b_{11}+a_{12}b_{21} & a_{11}b_{12}+a_{12}b_{22} \\ a_{21}b_{11}+a_{22}b_{21} & a_{21}b_{12}+a_{22}b_{22} \\ a_{31}b_{11}+a_{32}b_{21} & a_{31}b_{12}+a_{32}b_{22} \end{pmatrix}. \tag{2.4}$$

由此可定义矩阵的乘积.

定义 2.4 设 $\boldsymbol{A}=(a_{ij})_{m\times s}$，$\boldsymbol{B}=(b_{ij})_{s\times n}$，那么规定矩阵 $\boldsymbol{A}$ 与 $\boldsymbol{B}$ 的乘积是

$$\boldsymbol{C}=(c_{ij})_{m\times n},$$

其中
$$c_{ij}=a_{i1}b_{1j}+a_{i2}b_{2j}+\cdots+a_{is}b_{sj}=\sum_{k=1}^{s}a_{ik}b_{kj}\ (i=1,2,\cdots,m;\ j=1,2,\cdots,n),$$

并把此乘积记作 $\boldsymbol{C}=\boldsymbol{AB}$. 记号 $\boldsymbol{AB}$ 常读作 $\boldsymbol{A}$ 左乘 $\boldsymbol{B}$ 或 $\boldsymbol{B}$ 右乘 $\boldsymbol{A}$.

特别地，当行矩阵 $(a_{i1}\quad a_{i2}\quad\cdots\quad a_{is})$ 与列矩阵 $\begin{pmatrix} b_{1j} \\ b_{2j} \\ \vdots \\ b_{sj} \end{pmatrix}$ 相乘时，即

$$(a_{i1}\quad a_{i2}\quad\cdots\quad a_{is})\begin{pmatrix} b_{1j} \\ b_{2j} \\ \vdots \\ b_{sj} \end{pmatrix}=a_{i1}b_{1j}+a_{i2}b_{2j}+\cdots+a_{is}b_{sj},$$

其值就是一个数 c_{ij}，这表明 c_{ij} 就是 $\boldsymbol{A}$ 的第 i 行与 $\boldsymbol{B}$ 的第 j 列的对应元素乘积之和.

注意：只有当第一个矩阵（左矩阵）的列数与第二个矩阵（右矩阵）的行数相等时，两个矩阵才能相乘.

例 2 设

$$\boldsymbol{A}=\begin{pmatrix} 0 & 0 & 0 \\ 1 & 2 & 3 \end{pmatrix},\quad \boldsymbol{B}=\begin{pmatrix} 1 & 0 \\ -2 & 0 \\ 3 & 0 \end{pmatrix},\quad \boldsymbol{C}=\begin{pmatrix} 1 & 0 \\ 2 & -1 \end{pmatrix},$$

求 $\boldsymbol{AB}, \boldsymbol{BA}, \boldsymbol{BC}$.

解
$$\boldsymbol{AB}=\begin{pmatrix} 0 & 0 & 0 \\ 1 & 2 & 3 \end{pmatrix}\begin{pmatrix} 1 & 0 \\ -2 & 0 \\ 3 & 0 \end{pmatrix}=\begin{pmatrix} 0 & 0 \\ 1\times1+2\times(-2)+3\times3 & 0 \end{pmatrix}=\begin{pmatrix} 0 & 0 \\ 6 & 0 \end{pmatrix};$$

$$\boldsymbol{BA}=\begin{pmatrix} 1 & 0 \\ -2 & 0 \\ 3 & 0 \end{pmatrix}\begin{pmatrix} 0 & 0 & 0 \\ 1 & 2 & 3 \end{pmatrix}=\begin{pmatrix} 0 & 0 & 0 \\ 0 & 0 & 0 \\ 0 & 0 & 0 \end{pmatrix};$$

$$\boldsymbol{BC}=\begin{pmatrix} 1 & 0 \\ -2 & 0 \\ 3 & 0 \end{pmatrix}\begin{pmatrix} 1 & 0 \\ 2 & -1 \end{pmatrix}=\begin{pmatrix} 1 & 0 \\ -2 & 0 \\ 3 & 0 \end{pmatrix}.$$

注意：$\boldsymbol{CB}$ 没有意义.

例 3　设 $\boldsymbol{A},\boldsymbol{B}$ 分别是 $n\times1$ 和 $1\times n$ 矩阵，且

$$\boldsymbol{A}=\begin{pmatrix}a_1\\a_2\\\vdots\\a_n\end{pmatrix},\quad \boldsymbol{B}=(b_1\quad b_2\quad\cdots\quad b_n),$$

计算 $\boldsymbol{AB}$ 和 $\boldsymbol{BA}$.

解　$$\boldsymbol{AB}=\begin{pmatrix}a_1\\a_2\\\vdots\\a_n\end{pmatrix}(b_1\quad b_2\quad\cdots\quad b_n)=\begin{pmatrix}a_1b_1&a_1b_2&\cdots&a_1b_n\\a_2b_1&a_2b_2&\cdots&a_2b_n\\\vdots&\vdots&&\vdots\\a_nb_1&a_nb_2&\cdots&a_nb_n\end{pmatrix};$$

$$\boldsymbol{BA}=(b_1\quad b_2\quad\cdots\quad b_n)\begin{pmatrix}a_1\\a_2\\\vdots\\a_n\end{pmatrix}=a_1b_1+a_2b_2+\cdots+a_nb_n.$$

$\boldsymbol{AB}$ 是 n 阶矩阵，而 $\boldsymbol{BA}$ 是一阶矩阵（运算的最后结果为一阶矩阵时，可以把它与数等同看待，不必加矩阵符号．但是在运算过程中，一般不能把一阶矩阵看成数）.

例 4　如果 $\boldsymbol{A}=(a_{ij})_{n\times n}$ 是一 n 元齐次线性方程组的系数矩阵，而

$$\boldsymbol{x}=\begin{pmatrix}x_1\\x_2\\\vdots\\x_n\end{pmatrix},\quad \boldsymbol{0}=\begin{pmatrix}0\\0\\\vdots\\0\end{pmatrix}$$

分别是两个 $n\times1$ 矩阵，那么该 n 元齐次线性方程组就可以写成矩阵的形式：

$$\boldsymbol{Ax}=\boldsymbol{0}.$$

注意：（1）一般情况下，矩阵的乘法不满足交换律，即 $\boldsymbol{AB}\neq\boldsymbol{BA}$．如例 2 和例 3．若 $\boldsymbol{AB}=\boldsymbol{BA}$，则称 $\boldsymbol{A}$ 与 $\boldsymbol{B}$ 可交换.

（2）当 $\boldsymbol{AB}=\boldsymbol{O}$ 时，不一定有 $\boldsymbol{A}=\boldsymbol{O}$ 或 $\boldsymbol{B}=\boldsymbol{O}$．如例 2.

（3）矩阵的乘法不满足消去律，即当 $\boldsymbol{AC}=\boldsymbol{BC}$，且 $\boldsymbol{C}\neq\boldsymbol{O}$ 时，不一定有 $\boldsymbol{A}=\boldsymbol{B}$.

例如，$\boldsymbol{A}=\begin{pmatrix}1&2\\0&3\end{pmatrix}$, $\boldsymbol{B}=\begin{pmatrix}1&0\\0&4\end{pmatrix}$, $\boldsymbol{C}=\begin{pmatrix}1&1\\0&0\end{pmatrix}$，则

$$\boldsymbol{AC}=\begin{pmatrix}1&2\\0&3\end{pmatrix}\begin{pmatrix}1&1\\0&0\end{pmatrix}=\begin{pmatrix}1&1\\0&0\end{pmatrix};$$

$$\boldsymbol{BC}=\begin{pmatrix}1&0\\0&4\end{pmatrix}\begin{pmatrix}1&1\\0&0\end{pmatrix}=\begin{pmatrix}1&1\\0&0\end{pmatrix}.$$

显然，$\boldsymbol{AC}=\boldsymbol{BC}$，且 $\boldsymbol{C}\neq\boldsymbol{O}$，但 $\boldsymbol{A}\neq\boldsymbol{B}$.

但在假设运算都可行的情况下，矩阵的乘法满足下列运算律：

（1）结合律：$(AB)C = A(BC)$.

（2）左分配律：$A(B+C) = AB + AC$；

右分配律：$(B+C)A = BA + CA$.

（3）$\lambda(AB) = (\lambda A)B$（其中$\lambda$为数）.

对于单位矩阵E，容易验证：

$$E_m A_{m\times n} = A_{m\times n},\quad A_{m\times n}E_n = A_{m\times n}.$$

特别地，对于n阶方阵A和正整数k，$A^k = \underbrace{A\cdot A\cdots\cdots A}_{k个}$称为方阵$A$的$k$**次幂**. 规定：

$$A^0 = E.$$

关于方阵的幂有以下性质：设A, B为方阵，k, k_1, k_2为正整数，则有：

（1）$A^{k_1}A^{k_2} = A^{k_1+k_2}$；

（2）$(A^{k_1})^{k_2} = A^{k_1k_2}$.

但是一般情况下，$(AB)^k \neq A^kB^k$.

例 5　已知矩阵$A = \begin{pmatrix} 2 & -1 & 2 \\ 4 & -2 & 4 \\ 2 & -1 & 2 \end{pmatrix}$，求$A^n$.

解　因为

$$A = \begin{pmatrix} 1 \\ 2 \\ 1 \end{pmatrix}(2 \quad -1 \quad 2),$$

所以
$$A^2 = \begin{pmatrix} 1 \\ 2 \\ 1 \end{pmatrix}\left((2 \quad -1 \quad 2)\begin{pmatrix} 1 \\ 2 \\ 1 \end{pmatrix}\right)(2 \quad -1 \quad 2) = 2A.$$

所以
$$A^n = 2^{n-1}A = \begin{pmatrix} 2^n & -2^{n-1} & 2^n \\ 2^{n+1} & -2^n & 2^{n+1} \\ 2^n & -2^{n-1} & 2^n \end{pmatrix}.$$

4. 矩阵的转置

定义 2.5　把矩阵A的行换成相应的列，得到的新矩阵称为矩阵A的**转置矩阵**，记作A^{T}.

例如，矩阵$A = \begin{pmatrix} 0 & 0 & 0 \\ a & b & c \end{pmatrix}$的转置矩阵为

$$A^{\mathrm{T}} = \begin{pmatrix} 0 & a \\ 0 & b \\ 0 & c \end{pmatrix}.$$

由矩阵的定义，易得如下运算律：

（1）$(\boldsymbol{A}^{\mathrm{T}})^{\mathrm{T}}=\boldsymbol{A}$.

（2）$(\boldsymbol{A}+\boldsymbol{B})^{\mathrm{T}}=\boldsymbol{A}^{\mathrm{T}}+\boldsymbol{B}^{\mathrm{T}}$.

（3）$(\lambda\boldsymbol{A})^{\mathrm{T}}=\lambda\boldsymbol{A}^{\mathrm{T}}$.

同时，可以证明：

（4）$(\boldsymbol{AB})^{\mathrm{T}}=\boldsymbol{B}^{\mathrm{T}}\boldsymbol{A}^{\mathrm{T}}$，$(\boldsymbol{A}^{n})^{\mathrm{T}}=(\boldsymbol{A}^{\mathrm{T}})^{n}$.

事实上，设 $\boldsymbol{A}=(a_{ij})_{m\times s}$，$\boldsymbol{B}=(b_{ij})_{s\times n}$，记 $\boldsymbol{AB}=\boldsymbol{C}=(c_{ij})_{m\times n}$，$\boldsymbol{B}^{\mathrm{T}}\boldsymbol{A}^{\mathrm{T}}=\boldsymbol{D}=(d_{ij})_{n\times m}$，于是有

$$c_{ji}=\sum_{k=1}^{s}a_{jk}b_{ki}.$$

而

$$d_{ij}=(b_{1i}\quad b_{2i}\quad\cdots\quad b_{si})\begin{pmatrix}a_{j1}\\a_{j2}\\\vdots\\a_{js}\end{pmatrix}=\sum_{k=1}^{s}b_{ki}a_{jk}=\sum_{k=1}^{s}a_{jk}b_{ki},$$

所以

$$d_{ij}=c_{ji}(i=1,2,\cdots,n;\ j=1,2,\cdots,m).$$

即 $\boldsymbol{C}^{\mathrm{T}}=\boldsymbol{D}$，也就是 $(\boldsymbol{AB})^{\mathrm{T}}=\boldsymbol{B}^{\mathrm{T}}\boldsymbol{A}^{\mathrm{T}}$.

设 $\boldsymbol{A}$ 为 n 阶方阵，若 $\boldsymbol{A}^{\mathrm{T}}=\boldsymbol{A}$，即

$$a_{ij}=a_{ji},\quad(i,j=1,2,\cdots,n),$$

则称 $\boldsymbol{A}$ 为**对称矩阵**；若 $\boldsymbol{A}^{\mathrm{T}}=-\boldsymbol{A}$，即

$$a_{ij}=-a_{ji},\quad(i,j=1,2,\cdots,n),$$

则称 $\boldsymbol{A}$ 为**反对称矩阵**.

易知，对称矩阵的特点是：它的元素以主对角线为对称轴对应相等；而反对称矩阵的特点是：以主对角线为对称轴的对应元素的绝对值相等，符号相反，且主对角线上各元素均为 0.

例 6　设 $\boldsymbol{A}=\begin{pmatrix}1&-1&2\\1&0&3\\-1&2&-1\end{pmatrix}$，$\boldsymbol{B}=\begin{pmatrix}1&1\\2&-1\\3&2\end{pmatrix}$，则

$$\boldsymbol{AB}=\begin{pmatrix}1&-1&2\\1&0&3\\-1&2&-1\end{pmatrix}\begin{pmatrix}1&1\\2&-1\\3&2\end{pmatrix}=\begin{pmatrix}5&6\\10&7\\0&-5\end{pmatrix};$$

$$\boldsymbol{A}^{\mathrm{T}}=\begin{pmatrix}1&1&-1\\-1&0&2\\2&3&-1\end{pmatrix},\quad\boldsymbol{B}^{\mathrm{T}}=\begin{pmatrix}1&2&3\\1&-1&2\end{pmatrix},$$

$$\boldsymbol{B}^{\mathrm{T}}\boldsymbol{A}^{\mathrm{T}}=\begin{pmatrix}1&2&3\\1&-1&2\end{pmatrix}\begin{pmatrix}1&1&-1\\-1&0&2\\2&3&-1\end{pmatrix}=\begin{pmatrix}5&10&0\\6&7&-5\end{pmatrix}=(\boldsymbol{AB})^{\mathrm{T}}.$$

例 7 设 $\boldsymbol{A}$ 是 n 阶反对称矩阵，$\boldsymbol{B}$ 是 n 阶对称矩阵，证明：$\boldsymbol{AB}-\boldsymbol{BA}$ 是 n 阶对称矩阵.

证明 因为 $\boldsymbol{A}^{\mathrm{T}}=-\boldsymbol{A}$，$\boldsymbol{B}^{\mathrm{T}}=\boldsymbol{B}$，所以

$$\begin{aligned}(\boldsymbol{AB}-\boldsymbol{BA})^{\mathrm{T}}&=(\boldsymbol{AB})^{\mathrm{T}}-(\boldsymbol{BA})^{\mathrm{T}}=\boldsymbol{B}^{\mathrm{T}}\boldsymbol{A}^{\mathrm{T}}-\boldsymbol{A}^{\mathrm{T}}\boldsymbol{B}^{\mathrm{T}}\\&=\boldsymbol{B}(-\boldsymbol{A})-(-\boldsymbol{A})\boldsymbol{B}=\boldsymbol{AB}-\boldsymbol{BA}.\end{aligned}$$

所以结论成立.

说明： 同理可以证明，$\boldsymbol{AB}+\boldsymbol{BA}$ 是 n 阶反对称矩阵.

5. 方阵的行列式

定义 2.6 由 n 阶方阵 $\boldsymbol{A}$ 的元素构成的行列式（各元素位置不变），称为方阵 $\boldsymbol{A}$ 的行列式，记作 $|\boldsymbol{A}|$ 或 $\det\boldsymbol{A}$.

设 $\boldsymbol{A},\boldsymbol{B}$ 为 n 阶方阵，λ 为实数，则下列等式成立（证明略）：

（1）$|\boldsymbol{A}^{\mathrm{T}}|=|\boldsymbol{A}|$.

（2）$|\lambda\boldsymbol{A}|=\lambda^{n}|\boldsymbol{A}|$.

（3）$|\boldsymbol{AB}|=|\boldsymbol{A}|\cdot|\boldsymbol{B}|$.

例 8 设 $\boldsymbol{A}$ 是 $2n$ 阶方阵，满足 $\boldsymbol{AA}^{\mathrm{T}}=\boldsymbol{E}$，且 $|\boldsymbol{A}|=-1$，求 $|\boldsymbol{A}-\boldsymbol{E}|$.

解 由于

$$\begin{aligned}|\boldsymbol{A}-\boldsymbol{E}|&=|\boldsymbol{A}-\boldsymbol{AA}^{\mathrm{T}}|=|\boldsymbol{A}(\boldsymbol{E}-\boldsymbol{A}^{\mathrm{T}})|=|\boldsymbol{A}||\boldsymbol{E}-\boldsymbol{A}^{\mathrm{T}}|\\&=-|(\boldsymbol{E}-\boldsymbol{A})^{\mathrm{T}}|=-|\boldsymbol{E}-\boldsymbol{A}|=-|-(\boldsymbol{A}-\boldsymbol{E})|\\&=-(-1)^{2n}|\boldsymbol{A}-\boldsymbol{E}|=-|\boldsymbol{A}-\boldsymbol{E}|,\end{aligned}$$

所以
$$2|\boldsymbol{A}-\boldsymbol{E}|=0.$$

所以
$$|\boldsymbol{A}-\boldsymbol{E}|=0.$$

6. 共轭矩阵

定义 2.7 当 $\boldsymbol{A}=(a_{ij})_{m\times n}$ 为复矩阵时，用 $\overline{a}_{ij}$ 表示 a_{ij} 的共轭复数，则

$$\overline{\boldsymbol{A}}=(\overline{a}_{ij})_{m\times n} \tag{2.5}$$

称为 $\boldsymbol{A}$ 的**共轭矩阵**.

共轭矩阵具有下列性质.

设 $\boldsymbol{A},\boldsymbol{B}$ 均为复矩阵，λ 为复数，且运算均可行，则有：

（1）$\overline{\boldsymbol{A}+\boldsymbol{B}}=\overline{\boldsymbol{A}}+\overline{\boldsymbol{B}}$.

（2）$\overline{\lambda\boldsymbol{A}}=\overline{\lambda}\,\overline{\boldsymbol{A}}$.

（3）$\overline{\boldsymbol{AB}}=\overline{\boldsymbol{A}}\,\overline{\boldsymbol{B}}$.

习题 2.1

1. 设 $\boldsymbol{A}=\begin{pmatrix}1&-2&7&5\\1&0&4&-3\\6&8&0&2\end{pmatrix}$，$\boldsymbol{B}=\begin{pmatrix}-2&0&1&4\\5&-1&7&6\\4&-2&1&-9\end{pmatrix}$，计算 $\boldsymbol{A}+\boldsymbol{B}$，$\boldsymbol{A}-\boldsymbol{B}$，$3\boldsymbol{A}$.

2. 设 $\boldsymbol{A}=\begin{pmatrix}3&1&1\\2&1&2\\1&2&3\end{pmatrix}$，$\boldsymbol{B}=\begin{pmatrix}1&1&-1\\2&-1&0\\1&0&1\end{pmatrix}$. 计算 $\boldsymbol{AB}$, $\boldsymbol{AB}-\boldsymbol{BA}$.

3. 计算下列各式.

（1）$\begin{pmatrix}2&1&0&-3\\-1&2&1&0\\0&3&2&2\end{pmatrix}\begin{pmatrix}3&1\\2&0\\-1&4\\2&1\end{pmatrix}$；　　（2）$\begin{pmatrix}4&2&1&5\\3&0&4&-1\end{pmatrix}\begin{pmatrix}4\\3\\2\\1\end{pmatrix}$；

（3）$(a_1\quad a_2\quad\cdots\quad a_n)\begin{pmatrix}b_1&c_1\\b_2&c_2\\\vdots&\vdots\\b_n&c_n\end{pmatrix}$；　　（4）$(x\quad y\quad 1)\begin{pmatrix}a_{11}&a_{12}&a_{13}\\a_{21}&a_{22}&a_{23}\\a_{31}&a_{32}&a_{33}\end{pmatrix}\begin{pmatrix}x\\y\\1\end{pmatrix}$；

（5）$\begin{pmatrix}0&1&0&0\\0&0&1&0\\0&0&0&1\\0&0&0&0\end{pmatrix}^n (n\geqslant 4)$；　　（6）$\begin{pmatrix}\lambda&1&0\\0&\lambda&1\\0&0&\lambda\end{pmatrix}^n$.

4. 对任意 n 阶矩阵 $\boldsymbol{A}$，证明 $\boldsymbol{A}+\boldsymbol{A}^{\mathrm{T}}$ 为对称矩阵，$\boldsymbol{A}-\boldsymbol{A}^{\mathrm{T}}$ 为反对称矩阵.

5. 证明：如果 $\boldsymbol{A}$ 是 n 阶实对称矩阵，且 $\boldsymbol{A}^2=\boldsymbol{O}$，那么 $\boldsymbol{A}=\boldsymbol{O}$.

6. 设 $\boldsymbol{A}=(a_{ij})$ 为三阶方阵，若已知 $|\boldsymbol{A}|=-3$，求 $\big||\boldsymbol{A}|\boldsymbol{A}\big|$.

第二节　高斯消元法与矩阵的初等变换

在中学代数里，研究的中心问题之一是解方程组，而其中最简单的便是线性（一次）方程组. 线性方程组在许多数学分支中，如微分方程、概率统计、计算方法以及其他领域，如物理学、工程技术、经济学等方面均有着广泛的应用.

由实际问题提出的线性方程组往往是很复杂的，因为未知量的个数和方程的个数都很多且不一定相等. 一般地，我们把含有 n 个未知量 $x_1,x_2,\cdots,x_n$ 和 m 个方程的线性方程组写为

$$\begin{cases}a_{11}x_1+a_{12}x_2+\cdots+a_{1n}x_n=b_1,\\a_{21}x_1+a_{22}x_2+\cdots+a_{2n}x_n=b_2,\\\quad\cdots\cdots\cdots\cdots\\a_{m1}x_1+a_{m2}x_2+\cdots+a_{mn}x_n=b_m.\end{cases}$$

如果常数项 $b_i(i=1,2,\cdots,m)$ 中至少有一个不为 0，则称方程组为**非齐次线性方程组**；否则称为**齐次线性方程组**. 满足方程组的一组数：$x_1=c_1,x_2=c_2,\cdots,x_n=c_n$ 称为方程组的一个**解**.

它的系数组成一个 m 行 n 列矩阵

$$\boldsymbol{A}=\begin{pmatrix} a_{11} & a_{12} & \cdots & a_{1n} \\ a_{21} & a_{22} & \cdots & a_{2n} \\ \vdots & \vdots & & \vdots \\ a_{m1} & a_{m2} & \cdots & a_{mn} \end{pmatrix},$$

称之为方程组的系数矩阵，而系数和常数项可以组成一个 m 行$(n+1)$列矩阵

$$\overline{\boldsymbol{A}}=\begin{pmatrix} a_{11} & a_{12} & \cdots & a_{1n} & b_1 \\ a_{21} & a_{22} & \cdots & a_{2n} & b_2 \\ \vdots & \vdots & & \vdots & \vdots \\ a_{m1} & a_{m2} & \cdots & a_{mn} & b_m \end{pmatrix},$$

称之为方程组的增广矩阵.

关于一般线性方程组的解的讨论，涉及其解的存在性、解的数量和解的结构，这些将在第四章详细讨论，这里只讨论其解法.

一、高斯消元法

高斯（Gauss）消元法是线性代数中的一个算法，可以用来求解线性方程组.

例 1 解线性方程组：

$$\begin{cases} x_1+3x_2-2x_3=4, \\ 3x_1+2x_2-5x_3=11, \\ 2x_1+x_2+x_3=3, \\ -2x_1+x_2+3x_3=-7. \end{cases}$$

解 为观察消元过程，我们将消元过程中每个步骤的方程组及其对应的矩阵一并列出：

$$\begin{cases} x_1+3x_2-2x_3=4 \\ 3x_1+2x_2-5x_3=11 \\ 2x_1+x_2+x_3=3 \\ -2x_1+x_2+3x_3=-7 \end{cases} ① \xleftrightarrow{\text{对应}} \begin{pmatrix} 1 & 3 & -2 & 4 \\ 3 & 2 & -5 & 11 \\ 2 & 1 & 1 & 3 \\ -2 & 1 & 3 & -7 \end{pmatrix} ①$$

$$\to \begin{cases} x_1+3x_2-2x_3=4 \\ -7x_2+x_3=-1 \\ -5x_2+5x_3=-5 \\ 7x_2-x_3=1 \end{cases} ② \xleftrightarrow{\text{对应}} \begin{pmatrix} 1 & 3 & -2 & 4 \\ 0 & -7 & 1 & -1 \\ 0 & -5 & 5 & -5 \\ 0 & 7 & -1 & 1 \end{pmatrix} ②$$

$$\to \begin{cases} x_1+3x_2-2x_3=4 \\ -7x_2+x_3=-1 \\ x_2-x_3=1 \end{cases} ③ \xleftrightarrow{\text{对应}} \begin{pmatrix} 1 & 3 & -2 & 4 \\ 0 & -7 & 1 & -1 \\ 0 & 1 & -1 & 1 \\ 0 & 0 & 0 & 0 \end{pmatrix} ③$$

$$\rightarrow\begin{cases}x_1+3x_2-2x_3=4\\x_2-x_3=1\\-7x_2+x_3=-1\end{cases}④\xleftrightarrow{\text{对应}}\begin{pmatrix}1&3&-2&4\\0&1&-1&1\\0&-7&1&-1\\0&0&0&0\end{pmatrix}④$$

$$\rightarrow\begin{cases}x_1+3x_2-2x_3=4\\x_2-x_3=1\\-6x_3=6\end{cases}⑤\xleftrightarrow{\text{对应}}\begin{pmatrix}1&3&-2&4\\0&1&-1&1\\0&0&-6&6\\0&0&0&0\end{pmatrix}⑤$$

其中原来的第四个方程化为“$0=0$”，说明这个方程为原方程组中“多余”的方程，不再写出，但仍在对应的矩阵中得以体现.

从最后一个方程得到 $x_3=-1$；将其代入第二个方程可得到 $x_2=0$；再将 $x_3=-1$, $x_2=0$ 一起代入第一个方程得到 $x_1=2$. 因此，所求方程组的解为 $x_1=2, x_2=0, x_3=-1$.

通常把过程①~⑤称为消元过程. 矩阵⑤是行阶梯形矩阵，与之对应的方程组⑤称为行阶梯形方程组.

对于例 1，我们还可以继续化简线性方程组⑤，直至最后能直接“读”出该线性方程组的解：

$$\rightarrow\begin{cases}x_1+3x_2-2x_3=4\\\quad\ \ x_2-x_3=1\\\qquad\quad\ x_3=-1\end{cases}⑥\longleftrightarrow\begin{pmatrix}1&3&-2&4\\0&1&-1&1\\0&0&1&-1\\0&0&0&0\end{pmatrix}⑥$$

$$\rightarrow\begin{cases}x_1+3x_2\quad=2\\\quad\ \ x_2\quad=0\\\qquad x_3=-1\end{cases}⑦\longleftrightarrow\begin{pmatrix}1&3&0&2\\0&1&0&0\\0&0&1&-1\\0&0&0&0\end{pmatrix}⑦$$

$$\rightarrow\begin{cases}x_1\quad=2\\\quad x_2=0\\\quad x_3=-1\end{cases}⑧\longleftrightarrow\begin{pmatrix}1&0&0&2\\0&1&0&0\\0&0&1&-1\\0&0&0&0\end{pmatrix}⑧$$

通常把过程⑥~⑧称为回代过程. 矩阵⑧是行最简形矩阵，与之对应的方程组⑧称为行最简形方程组.

在上述方程的求解过程中，我们总是通过一些变换，将方程组化为容易求解的同解方程组来求解，归纳起来有以下三种变换：

（1）交换两个方程的位置；

（2）用一个不等于 0 的数乘以某个方程；

（3）用一个数乘以某一个方程加到另一个方程上.

这三种变换称为**线性方程组的初等变换**，也称为**同解变换**.

Gauss 消元法的过程就是反复施行行初等变换的过程，且**总是将方程组变成同解方程组**.

二、矩阵的初等变换

我们知道，线性方程组的解完全由方程的系数和常数项所决定，因此可以将方程组的系数与常数项用矩阵来表示，而整个消元过程可以在矩阵上进行．为此，比照线性方程组的初等变换引入矩阵的初等变换概念．

定义 2.8　对矩阵施行以下三种变换称为**矩阵的行（列）初等变换**：

（1）交换矩阵的第 i 行（列）和第 j 行（列），记为 $r_i \leftrightarrow r_j(c_i \leftrightarrow c_j)$．

（2）以一个非零的常数 k 乘以矩阵的第 i 行（列），记为 $kr_i(kc_i)$．

（3）把矩阵的第 i 行（列）的所有元素的 k 倍加到第 j 行（列）的对应元素上，记为 $r_j + kr_i(c_j + kc_i)$．

上述三种变换相应地也称为**对换变换**、**倍乘变换和倍加变换**．行初等变换与列初等变换统称为**矩阵的初等变换**．

显然，初等变换都是可逆的，且逆交换也是同类的初等交换．例如，$r_i \leftrightarrow r_j(c_i \leftrightarrow c_j)$ 的逆变换仍为 $r_i \leftrightarrow r_j(c_i \leftrightarrow c_j)$，$kr_i(kc_i)$ 的逆交换为 $\frac{1}{k}r_i\left(\frac{1}{k}c_i\right)$，$r_j + kr_i(c_j + kc_i)$ 的逆交换为 $r_j + (-k)r_i$ $(c_j + (-k)c_i)$．

注意：矩阵的初等变换过程用箭头，而不是等号！

下面给出两个矩阵等价的概念．

定义 2.9　如果矩阵 $\boldsymbol{A}$ 经初等变换化为矩阵 $\boldsymbol{B}$，则称矩阵 $\boldsymbol{A}$ 与 $\boldsymbol{B}$ 等价，记作 $\boldsymbol{A} \sim \boldsymbol{B}$．

容易验证，矩阵的等价关系具有下列性质：

（1）反身性：矩阵 $\boldsymbol{A}$ 与 $\boldsymbol{A}$ 等价．即 $\boldsymbol{A} \sim \boldsymbol{A}$；

（2）对称性：若矩阵 $\boldsymbol{A}$ 与 $\boldsymbol{B}$ 等价，则矩阵 $\boldsymbol{B}$ 与 $\boldsymbol{A}$ 等价．即若 $\boldsymbol{A} \sim \boldsymbol{B}$，则 $\boldsymbol{B} \sim \boldsymbol{A}$；

（3）传递性：若矩阵 $\boldsymbol{A}$ 与 $\boldsymbol{B}$ 等价，矩阵 $\boldsymbol{B}$ 与 $\boldsymbol{C}$ 等价，则矩阵 $\boldsymbol{A}$ 与 $\boldsymbol{C}$ 等价．即若 $\boldsymbol{A} \sim \boldsymbol{B}$，$\boldsymbol{B} \sim \boldsymbol{C}$，则 $\boldsymbol{A} \sim \boldsymbol{C}$．

定义 2.10　若矩阵 $\boldsymbol{A}$ 具有以下特点：

（1）元素全为零的行（简称零行）在矩阵下方（如果有的话）；

（2）元素不全为零的行（简称非零行）的第一个不为零的元素（简称首非零元）的列标随着行标的增加而严格增加，

则称矩阵 $\boldsymbol{A}$ 为行阶梯形矩阵．

首非零元为 1，且首非零元所在列的其余元素全为零的阶梯形矩阵，称为行简化阶梯形矩阵．

定理 2.1　任意一个 $m \times n$ 矩阵 $\boldsymbol{A}\ (\neq \boldsymbol{O})$ 总可以经过一系列行初等变换化为行阶梯形矩阵，进而化为行简化阶梯形矩阵．

证明略．

例 2　把下列矩阵化为行阶梯形矩阵，进而化为行简化阶梯形矩阵．

$$\begin{pmatrix} 1 & 3 & -2 & 4 \\ 3 & 2 & -5 & 11 \\ 2 & 1 & 1 & 3 \\ -2 & 1 & 3 & -7 \end{pmatrix}.$$

解

$$\begin{pmatrix} 1 & 3 & -2 & 4 \\ 3 & 2 & -5 & 11 \\ 2 & 1 & 1 & 3 \\ -2 & 1 & 3 & -7 \end{pmatrix} \xrightarrow[r_4+2r_1]{\substack{r_2+(-3)r_1 \\ r_3+(-2)r_1}} \begin{pmatrix} 1 & 3 & -2 & 4 \\ 0 & -7 & 1 & -1 \\ 0 & -5 & 5 & -5 \\ 0 & 7 & -1 & 1 \end{pmatrix}$$

$$\xrightarrow{\substack{r_4+r_2 \\ -\frac{1}{5}r_3}} \begin{pmatrix} 1 & 3 & -2 & 4 \\ 0 & -7 & 1 & -1 \\ 0 & 1 & -1 & 1 \\ 0 & 0 & 0 & 0 \end{pmatrix} \xrightarrow{r_2 \leftrightarrow r_3} \begin{pmatrix} 1 & 3 & -2 & 4 \\ 0 & 1 & -1 & 1 \\ 0 & -7 & 1 & -1 \\ 0 & 0 & 0 & 0 \end{pmatrix}$$

$$\xrightarrow{r_3+7r_2} \begin{pmatrix} 1 & 3 & -2 & 4 \\ 0 & 1 & -1 & 1 \\ 0 & 0 & -6 & 6 \\ 0 & 0 & 0 & 0 \end{pmatrix}$$（此为行阶梯形矩阵，以下矩阵都是行阶梯形矩阵．进一步可化为行简化阶梯形矩阵）

$$\xrightarrow{-\frac{1}{6}r_3} \begin{pmatrix} 1 & 3 & -2 & 4 \\ 0 & 1 & -1 & 1 \\ 0 & 0 & 1 & -1 \\ 0 & 0 & 0 & 0 \end{pmatrix} \xrightarrow{\substack{r_1+2r_3 \\ r_2+r_3}} \begin{pmatrix} 1 & 3 & 0 & 2 \\ 0 & 1 & 0 & 0 \\ 0 & 0 & 1 & -1 \\ 0 & 0 & 0 & 0 \end{pmatrix}$$

$$\xrightarrow{r_1+(-3)r_2} \begin{pmatrix} 1 & 0 & 0 & 2 \\ 0 & 1 & 0 & 0 \\ 0 & 0 & 1 & -1 \\ 0 & 0 & 0 & 0 \end{pmatrix}.$$

定理 2.2　任意一个 $m\times n$ 矩阵 $\boldsymbol{A}$，都与形式为

$$\boldsymbol{E}_{mn}^{(r)} = \begin{pmatrix} 1 & 0 & \cdots & 0 & \cdots & 0 \\ 0 & 1 & \cdots & 0 & \cdots & 0 \\ \vdots & \vdots & & \vdots & & \vdots \\ 0 & 0 & \cdots & 1 & \cdots & 0 \\ 0 & 0 & \cdots & 0 & \cdots & 0 \\ \vdots & \vdots & & \vdots & & \vdots \\ 0 & 0 & \cdots & 0 & \cdots & 0 \end{pmatrix} \begin{matrix} \\ \\ \\ \leftarrow r\text{行} \\ \\ \\ \\ \end{matrix}$$

$$\uparrow$$
$$r\text{列}$$

的矩阵等价．简记为：

$$\boldsymbol{E}_{mn}^{(r)} = \begin{pmatrix} \boldsymbol{E}_r & \boldsymbol{O}_{r,n-r} \\ \boldsymbol{O}_{m-r,r} & \boldsymbol{O}_{m-r,n-r} \end{pmatrix},$$

我们称 $\boldsymbol{E}_{mn}^{(r)}$ 为矩阵的等价标准形.

例 3 把例 2 的矩阵化为等价标准形.

解 由例 2 可知

$$\begin{pmatrix} 1 & 3 & -2 & 4 \\ 3 & 2 & -5 & 11 \\ 2 & 1 & 1 & 3 \\ -2 & 1 & 3 & -7 \end{pmatrix} \to \begin{pmatrix} 1 & 0 & 0 & 2 \\ 0 & 1 & 0 & 0 \\ 0 & 0 & 1 & -1 \\ 0 & 0 & 0 & 0 \end{pmatrix}$$

$$\xrightarrow[c_4+c_3]{c_4+(-2)c_1} \begin{pmatrix} 1 & 0 & 0 & 0 \\ 0 & 1 & 0 & 0 \\ 0 & 0 & 1 & 0 \\ 0 & 0 & 0 & 0 \end{pmatrix} = \begin{pmatrix} \boldsymbol{E}_3 & \boldsymbol{O}_{31} \\ \boldsymbol{O}_{13} & \boldsymbol{O}_{11} \end{pmatrix}.$$

三、初等矩阵

定义 2.11 由**单位矩阵 $\boldsymbol{E}$** 经过一次初等变换得到的矩阵称为**初等矩阵**.

每个初等变换都有一个与之相应的初等矩阵.

（1）初等对换矩阵：

$$\boldsymbol{E}_n \xrightarrow{r_i \leftrightarrow r_j} \boldsymbol{E}(i,j) = \begin{pmatrix} 1 & & & & & & & & \\ & \ddots & & & & & & & \\ & & 1 & & & & & & \\ & & & 0 & & \cdots & & 1 & & & \\ & & & \vdots & 1 & & & & & & \\ & & & \vdots & & \ddots & & \vdots & & & \\ & & & \vdots & & & 1 & & & & \\ & & & 1 & \cdots & \cdots & \cdots & 0 & & & \\ & & & & & & & & 1 & & \\ & & & & & & & & & \ddots & \\ & & & & & & & & & & 1 \end{pmatrix} \begin{matrix} \\ \\ \\ i\text{ 行} \\ \\ \\ \\ j\text{ 行} \\ \\ \\ \\ \end{matrix}$$

显然有，$\boldsymbol{E}_n \xrightarrow{c_i \leftrightarrow c_j} \boldsymbol{E}(i,j)$.

（2）初等倍乘矩阵：

$$\boldsymbol{E}_n \xrightarrow{kr_i} \boldsymbol{E}(i(k)) = \begin{pmatrix} 1 & & & & & & \\ & \ddots & & & & & \\ & & 1 & & & & \\ & & & k & & & \\ & & & & 1 & & \\ & & & & & \ddots & \\ & & & & & & 1 \end{pmatrix} \begin{matrix} \\ \\ \\ i\text{ 行} \\ \\ \\ \\ \end{matrix}$$

显然有，$\boldsymbol{E}_n \xrightarrow{kc_i} \boldsymbol{E}(i(k))$.

（3）初等倍加矩阵：

$$\boldsymbol{E}_n \xrightarrow{r_i+kr_j} \boldsymbol{E}(i,j(k))=\begin{pmatrix}1 &&&&&\\ &\ddots&&&&\\ &&1&\cdots&k&&\\ &&&\ddots&\vdots&&\\ &&&&1&&\\ &&&&&\ddots&\\ &&&&&&1\end{pmatrix}\begin{matrix}\\ \\ i\text{行}\\ \\ j\text{行}\\ \\ \\ \end{matrix}$$

$$\qquad\qquad i\text{列}\qquad j\text{列}$$

显然有，$\boldsymbol{E}_n \xrightarrow{c_j+kc_i} \boldsymbol{E}(j,i(k))$.

由矩阵乘法定义，立即可得如下定理.

定理 2.3　对一个 $m\times n$ 矩阵 $\boldsymbol{A}$ 做一次行初等变换，就相当于在 $\boldsymbol{A}$ 的左边乘上相应的 m 阶初等矩阵；对 $\boldsymbol{A}$ 做一次列初等变换，就相当于在 $\boldsymbol{A}$ 的右边乘上相应的 n 阶初等矩阵.

如果矩阵 $\boldsymbol{B}$ 是由矩阵 $\boldsymbol{A}$ 经过有限次行初等变换得到的，则必存在有限个初等矩阵 $\boldsymbol{E}_1,\boldsymbol{E}_2,\cdots,\boldsymbol{E}_k$，使得

$$\boldsymbol{B}=\boldsymbol{E}_k\boldsymbol{E}_{k-1}\cdots\boldsymbol{E}_1\boldsymbol{A}.$$

如果矩阵 $\boldsymbol{B}$ 是由矩阵 $\boldsymbol{A}$ 经过有限次列初等变换得到的，则必存在有限个初等矩阵 $\boldsymbol{E}_1',\boldsymbol{E}_2',\cdots,\boldsymbol{E}_s'$，使得

$$\boldsymbol{B}=\boldsymbol{A}\boldsymbol{E}_1'\boldsymbol{E}_2'\cdots\boldsymbol{E}_s'.$$

如果矩阵 $\boldsymbol{B}$ 是由矩阵 $\boldsymbol{A}$ 经过有限次初等变换得到的，则必存在有限个初等矩阵 $\boldsymbol{P}_1,\boldsymbol{P}_2,\cdots,\boldsymbol{P}_k$ 与 $\boldsymbol{Q}_1,\boldsymbol{Q}_2,\cdots,\boldsymbol{Q}_t$，使得

$$\boldsymbol{B}=\boldsymbol{P}_k\boldsymbol{P}_{k-1}\cdots\boldsymbol{P}_1\boldsymbol{A}\boldsymbol{Q}_1\boldsymbol{Q}_2\cdots\boldsymbol{Q}_t.$$

例 4　设

$$\boldsymbol{A}=\begin{pmatrix}1&0&3\\0&2&1\\2&1&0\end{pmatrix},\ \boldsymbol{B}=\begin{pmatrix}1&0&0\\0&1&0\\m&0&1\end{pmatrix},\ \boldsymbol{C}=\begin{pmatrix}1&&\\&1&\\&&n\end{pmatrix},$$

求 $\boldsymbol{ABC}$.

解　$$\boldsymbol{ABC}=(\boldsymbol{AB})\boldsymbol{C}=\left(\begin{pmatrix}1&0&3\\0&2&1\\2&1&0\end{pmatrix}\begin{pmatrix}1&0&0\\0&1&0\\m&0&1\end{pmatrix}\right)\begin{pmatrix}1&&\\&1&\\&&n\end{pmatrix}$$

$$=\begin{pmatrix}1+3m&0&3\\m&2&1\\2&1&0\end{pmatrix}\begin{pmatrix}1&&\\&1&\\&&n\end{pmatrix}=\begin{pmatrix}1+3m&0&3n\\m&2&n\\2&1&0\end{pmatrix}.$$

习题 2.2

1. 设 $\boldsymbol{A}=\begin{pmatrix}1&2&3&4\\2&4&5&6\\3&6&7&8\\4&8&9&10\end{pmatrix}$，用行初等变换将 $\boldsymbol{A}$ 化为行阶梯形矩阵，进而化为行简化阶梯形矩阵.

2. 求下列矩阵的等价标准形.

（1）$\boldsymbol{A}=\begin{pmatrix}0&1&2&-1\\1&1&4&1\\2&1&6&3\end{pmatrix}$；　　（2）$\boldsymbol{A}=\begin{pmatrix}1&-1&1\\-1&1&-1\\1&-1&1\end{pmatrix}$.

3. 对下列矩阵 $\boldsymbol{A}$，求初等矩阵 $\boldsymbol{P}_1,\boldsymbol{P}_2,\cdots,\boldsymbol{P}_l$ 和 $\boldsymbol{Q}_1,\boldsymbol{Q}_2,\cdots,\boldsymbol{Q}_t$，使得 $\boldsymbol{P}_l\cdots\boldsymbol{P}_2\boldsymbol{P}_1\boldsymbol{A}\boldsymbol{Q}_1\boldsymbol{Q}_2\cdots\boldsymbol{Q}_t$ 为等价标准形.

（1）$\boldsymbol{A}=\begin{pmatrix}1&2\\3&4\end{pmatrix}$；　　（2）$\boldsymbol{A}=\begin{pmatrix}a&b\\c&d\end{pmatrix}$, $ad-bc=1$.

第三节　逆矩阵

一、逆矩阵的概念

定义 2.12　设 $\boldsymbol{A}$ 为 n 阶方阵，若 $|\boldsymbol{A}|=0$，则称 $\boldsymbol{A}$ 为**奇异矩阵**；否则，称 $\boldsymbol{A}$ 为**非奇异矩阵**.

定义 2.13　对于 n 阶方阵 $\boldsymbol{A}$，如果有一个 n 阶方阵 $\boldsymbol{B}$，满足

$$\boldsymbol{AB}=\boldsymbol{BA}=\boldsymbol{E},$$

则称方阵 $\boldsymbol{A}$ **可逆**，且把方阵 $\boldsymbol{B}$ 称为 $\boldsymbol{A}$ 的**逆矩阵**.

注　如果 $\boldsymbol{A}$ 是可逆的，则 $\boldsymbol{A}$ 的逆矩阵唯一.

事实上，设 $\boldsymbol{B},\boldsymbol{C}$ 都是 $\boldsymbol{A}$ 的逆矩阵，则一定有

$$\boldsymbol{B}=\boldsymbol{BE}=\boldsymbol{B}(\boldsymbol{AC})=(\boldsymbol{BA})\boldsymbol{C}=\boldsymbol{EC}=\boldsymbol{C}.$$

$\boldsymbol{A}$ 的逆矩阵记作 $\boldsymbol{A}^{-1}$，即若 $\boldsymbol{AB}=\boldsymbol{BA}=\boldsymbol{E}$，则 $\boldsymbol{B}=\boldsymbol{A}^{-1}$.

定义 2.14　若 $\boldsymbol{A}=(a_{ij})$ 为 n 阶方阵，行列式 $|\boldsymbol{A}|$ 的各元素 a_{ij} 的代数余子式 A_{ij} 亦可构成方阵

$$\boldsymbol{A}^*=\begin{pmatrix}A_{11}&A_{21}&\cdots&A_{n1}\\A_{12}&A_{22}&\cdots&A_{n2}\\\vdots&\vdots&&\vdots\\A_{1n}&A_{2n}&\cdots&A_{nn}\end{pmatrix},$$

称之为$\boldsymbol{A}$的**伴随矩阵**.

由行列式按行（列）展开公式，可验证：

$$\boldsymbol{A}^*\boldsymbol{A}=\boldsymbol{A}\boldsymbol{A}^*=|\boldsymbol{A}|\boldsymbol{E}.$$

定理 2.4　设$\boldsymbol{A}$是n阶方阵，$\boldsymbol{A}$是非奇异矩阵的充分必要条件为$\boldsymbol{A}$是可逆的，且$\boldsymbol{A}^{-1}=\dfrac{1}{|\boldsymbol{A}|}\boldsymbol{A}^*$，其中$\boldsymbol{A}^*$为$\boldsymbol{A}$的伴随矩阵.

证明　先证必要性. 设$\boldsymbol{A}$为非奇异矩阵，即$|\boldsymbol{A}|\neq 0$，由伴随矩阵$\boldsymbol{A}^*$的性质，有

$$\boldsymbol{A}\boldsymbol{A}^*=\boldsymbol{A}^*\boldsymbol{A}=|\boldsymbol{A}|\boldsymbol{E}.$$

因$|\boldsymbol{A}|\neq 0$，则

$$\boldsymbol{A}\left(\frac{1}{|\boldsymbol{A}|}\boldsymbol{A}^*\right)=\left(\frac{1}{|\boldsymbol{A}|}\boldsymbol{A}^*\right)\boldsymbol{A}=\boldsymbol{E}.$$

即知$\boldsymbol{A}^{-1}=\dfrac{1}{|\boldsymbol{A}|}\boldsymbol{A}^*$，说明$\boldsymbol{A}$是可逆的.

下面证充分性. 由于$\boldsymbol{A}$是可逆的，即有$\boldsymbol{A}^{-1}$，使$\boldsymbol{A}^{-1}\boldsymbol{A}=\boldsymbol{E}$，故

$$|\boldsymbol{A}^{-1}\boldsymbol{A}|=|\boldsymbol{E}|=1，\text{即}\quad |\boldsymbol{A}^{-1}|\cdot|\boldsymbol{A}|=1.$$

所以$|\boldsymbol{A}|\neq 0$，说明$\boldsymbol{A}$是非奇异矩阵.

推论　对于n阶方阵$\boldsymbol{A}$，若存在n阶方阵$\boldsymbol{B}$，使$\boldsymbol{AB}=\boldsymbol{E}$（或$\boldsymbol{BA}=\boldsymbol{E}$），则$\boldsymbol{A}$一定可逆，且$\boldsymbol{B}=\boldsymbol{A}^{-1}$.

证明　由$\boldsymbol{AB}=\boldsymbol{E}$，有$|\boldsymbol{A}||\boldsymbol{B}|=1\neq 0$，得$|\boldsymbol{A}|\neq 0$，故$\boldsymbol{A}^{-1}$存在，且

$$\boldsymbol{B}=\boldsymbol{EB}=(\boldsymbol{A}^{-1}\boldsymbol{A})\boldsymbol{B}=\boldsymbol{A}^{-1}\boldsymbol{E}=\boldsymbol{A}^{-1}.$$

易知，初等矩阵是可逆的，且其逆矩阵仍是初等矩阵. 事实上

$$\boldsymbol{E}(i,j)^{-1}=\boldsymbol{E}(i,j),\ \boldsymbol{E}(i(k))^{-1}=\boldsymbol{E}\left(i\left(\frac{1}{k}\right)\right),\ \boldsymbol{E}(i,j(k))^{-1}=\boldsymbol{E}(i,j(-k)).$$

例 1　求方阵$\boldsymbol{A}=\begin{pmatrix}2&2&2\\1&2&3\\1&3&6\end{pmatrix}$的逆矩阵$\boldsymbol{A}^{-1}$.

解　因为$|\boldsymbol{A}|=2\neq 0$，所以$\boldsymbol{A}^{-1}$存在. 先求$\boldsymbol{A}$的伴随矩阵$\boldsymbol{A}^*$. 因为

$$A_{11}=3,\ A_{12}=-3,\ A_{13}=1,$$

$$A_{21}=-6,\ A_{22}=10,\ A_{23}=-4,$$

$$A_{31}=2,\ A_{32}=-4,\ A_{33}=2,$$

故 $\boldsymbol{A}^* = \begin{pmatrix} 3 & -6 & 2 \\ -3 & 10 & -4 \\ 1 & -4 & 2 \end{pmatrix}$. 所以

$$\boldsymbol{A}^{-1} = \frac{1}{|\boldsymbol{A}|}\boldsymbol{A}^* = \frac{1}{2}\begin{pmatrix} 3 & -6 & 2 \\ -3 & 10 & -4 \\ 1 & -4 & 2 \end{pmatrix}.$$

二、逆矩阵的性质

设 $\boldsymbol{A}, \boldsymbol{B}$ 均为同阶可逆方阵，数 $\lambda \neq 0$，则下列运算法则成立：

（1）$\boldsymbol{A}^{-1}$ 亦可逆，且 $(\boldsymbol{A}^{-1})^{-1} = \boldsymbol{A}$.

（2）$\lambda\boldsymbol{A}$ 亦可逆，且 $(\lambda\boldsymbol{A})^{-1} = \frac{1}{\lambda}\boldsymbol{A}^{-1}$.

（3）$\boldsymbol{AB}$ 亦可逆，且 $(\boldsymbol{AB})^{-1} = \boldsymbol{B}^{-1}\boldsymbol{A}^{-1}$.

若 $\boldsymbol{A} = \boldsymbol{B}$，则 $(\boldsymbol{A}^2)^{-1} = (\boldsymbol{A}^{-1})^2$. 一般地，有

$$(\boldsymbol{A}^n)^{-1} = (\boldsymbol{A}^{-1})^n.$$

若记 $(\boldsymbol{A}^{-1})^m = \boldsymbol{A}^{-m}$，则对任意整数 k, l，有

$$\boldsymbol{A}^k\boldsymbol{A}^l = \boldsymbol{A}^{k+l},\quad (\boldsymbol{A}^k)^l = \boldsymbol{A}^{kl}.$$

进一步，$\boldsymbol{A}_1, \boldsymbol{A}_2, \cdots, \boldsymbol{A}_m$ 均为 n 阶可逆矩阵，则

$$(\boldsymbol{A}_1\boldsymbol{A}_2\cdots\boldsymbol{A}_m)^{-1} = \boldsymbol{A}_m^{-1}\cdots\boldsymbol{A}_2^{-1}\boldsymbol{A}_1^{-1}.$$

（4）$\boldsymbol{A}^{\mathrm{T}}$ 亦可逆，且 $(\boldsymbol{A}^{\mathrm{T}})^{-1} = (\boldsymbol{A}^{-1})^{\mathrm{T}}$.

三、用初等变换求逆矩阵

容易知道，若 $\boldsymbol{A}$ 为 n 阶可逆方阵，则 $\boldsymbol{A}$ 的等价标准形为单位矩阵 $\boldsymbol{E}$，故存在可逆矩阵 $\boldsymbol{P}_1, \boldsymbol{P}_2, \cdots, \boldsymbol{P}_m$，使得

$$\boldsymbol{P}_m\boldsymbol{P}_{m-1}\cdots\boldsymbol{P}_1\boldsymbol{A} = \boldsymbol{E},$$

即

$$\boldsymbol{A}^{-1} = \boldsymbol{P}_m\boldsymbol{P}_{m-1}\cdots\boldsymbol{P}_1\boldsymbol{E}.$$

因此，如果用一系列行初等变换将 $\boldsymbol{A}$ 化为 $\boldsymbol{E}$，则用同样的行初等变换可将 $\boldsymbol{E}$ 化为 $\boldsymbol{A}^{-1}$. 这就给我们提供了一个计算 $\boldsymbol{A}^{-1}$ 的有效方法：对 $(\boldsymbol{A}, \boldsymbol{E})$ 施以行初等变换将 $\boldsymbol{A}$ 化为 $\boldsymbol{E}$ 的同时，也将 $\boldsymbol{E}$ 化为了 $\boldsymbol{A}^{-1}$，即

$$(\boldsymbol{A} \vdots \boldsymbol{E}) \xrightarrow{\text{行初等变换}} (\boldsymbol{E} \vdots \boldsymbol{A}^{-1}).$$

例 2　设 $\boldsymbol{A}=\begin{pmatrix}0 & 1 & 2\\ 1 & 1 & 4\\ 2 & -1 & 0\end{pmatrix}$，求 $\boldsymbol{A}^{-1}$.

解　对 $(\boldsymbol{A}\vdots\boldsymbol{E})$ 作行初等变换：

$$(\boldsymbol{A}\vdots\boldsymbol{E})=\left(\begin{array}{ccc:ccc}0 & 1 & 2 & 1 & 0 & 0\\ 1 & 1 & 4 & 0 & 1 & 0\\ 2 & -1 & 0 & 0 & 0 & 1\end{array}\right)\xrightarrow{r_1\leftrightarrow r_2}\left(\begin{array}{ccc:ccc}1 & 1 & 4 & 0 & 1 & 0\\ 0 & 1 & 2 & 1 & 0 & 0\\ 2 & -1 & 0 & 0 & 0 & 1\end{array}\right)$$

$$\xrightarrow{r_3-2r_1}\left(\begin{array}{ccc:ccc}1 & 1 & 4 & 0 & 1 & 0\\ 0 & 1 & 2 & 1 & 0 & 0\\ 0 & -3 & -8 & 0 & -2 & 1\end{array}\right)\xrightarrow{r_3+3r_2}\left(\begin{array}{ccc:ccc}1 & 1 & 4 & 0 & 1 & 0\\ 0 & 1 & 2 & 1 & 0 & 0\\ 0 & 0 & -2 & 3 & -2 & 1\end{array}\right)$$

$$\xrightarrow[r_1-r_2]{\substack{r_2+r_3\\ r_1+2r_3}}\left(\begin{array}{ccc:ccc}1 & 0 & 0 & 2 & -1 & 1\\ 0 & 1 & 0 & 4 & -2 & 1\\ 0 & 0 & -2 & 3 & -2 & 1\end{array}\right)\xrightarrow{-\frac{1}{2}r_3}\left(\begin{array}{ccc:ccc}1 & 0 & 0 & 2 & -1 & 1\\ 0 & 1 & 0 & 4 & -2 & 1\\ 0 & 0 & 1 & -\frac{3}{2} & 1 & -\frac{1}{2}\end{array}\right).$$

于是
$$\boldsymbol{A}^{-1}=\begin{pmatrix}2 & -1 & 1\\ 4 & -2 & 1\\ -\frac{2}{3} & 1 & -\frac{1}{2}\end{pmatrix}.$$

值得注意的是，用行初等变换求逆矩阵时，必须始终用行初等变换，其间不能做任何列初等变换.

说明：也可以利用列初等变换的方法求逆矩阵.

$$\begin{pmatrix}\boldsymbol{A}\\ \cdots\\ \boldsymbol{E}\end{pmatrix}\xrightarrow{\text{列初等变换}}\begin{pmatrix}\boldsymbol{E}\\ \cdots\\ \boldsymbol{A}^{-1}\end{pmatrix}. \qquad (2.6)$$

四、矩阵方程

对于矩阵方程：

$$\boldsymbol{AX}=\boldsymbol{C},\ \boldsymbol{XA}=\boldsymbol{C},\ \boldsymbol{AXB}=\boldsymbol{C},$$

如果 $\boldsymbol{A},\boldsymbol{B}$ 可逆，通过在方程两边左乘或右乘对应矩阵的逆矩阵，可求出其解，分别为

$$\boldsymbol{X}=\boldsymbol{A}^{-1}\boldsymbol{C}\ ,\quad \boldsymbol{X}=\boldsymbol{CA}^{-1}\ ,\quad \boldsymbol{X}=\boldsymbol{A}^{-1}\boldsymbol{CB}^{-1}\ .$$

其他形式的矩阵方程，可通过矩阵的有关运算性质转化为上述三种形式之一.

例 3　设

$$\boldsymbol{A}=\begin{pmatrix}1 & 2 & 3\\ 2 & 2 & 1\\ 3 & 4 & 3\end{pmatrix},\quad \boldsymbol{B}=\begin{pmatrix}2 & 1\\ 5 & 3\end{pmatrix},\quad \boldsymbol{C}=\begin{pmatrix}1 & 3\\ 2 & 0\\ 3 & 1\end{pmatrix},$$

求矩阵 $\boldsymbol{X}$ 使满足

$$\boldsymbol{AXB}=\boldsymbol{C}.$$

解 若 $\boldsymbol{A}^{-1},\boldsymbol{B}^{-1}$ 均存在，用 $\boldsymbol{A}^{-1}$ 左乘上式，$\boldsymbol{B}^{-1}$ 右乘上式，有

$$\boldsymbol{A}^{-1}\boldsymbol{AXBB}^{-1}=\boldsymbol{A}^{-1}\boldsymbol{CB}^{-1},$$

即

$$\boldsymbol{X}=\boldsymbol{A}^{-1}\boldsymbol{CB}^{-1}.$$

由于 $|\boldsymbol{A}|=2$, $|\boldsymbol{B}|=1$，故 $\boldsymbol{A}^{-1}$，$\boldsymbol{B}^{-1}$ 存在，且

$$\boldsymbol{A}^{-1}=\begin{pmatrix}1&3&-2\\-\frac{3}{2}&-3&\frac{5}{2}\\1&1&-1\end{pmatrix},\qquad \boldsymbol{B}^{-1}=\begin{pmatrix}3&-1\\-5&2\end{pmatrix},$$

于是

$$\boldsymbol{X}=\boldsymbol{A}^{-1}\boldsymbol{CB}^{-1}=\begin{pmatrix}1&3&-2\\-\frac{3}{2}&-3&\frac{5}{2}\\1&1&-1\end{pmatrix}\begin{pmatrix}1&3\\2&0\\3&1\end{pmatrix}\begin{pmatrix}3&-1\\-5&2\end{pmatrix},$$

$$=\begin{pmatrix}1&1\\0&-2\\0&2\end{pmatrix}\begin{pmatrix}3&-1\\-5&2\end{pmatrix}=\begin{pmatrix}-2&1\\10&-4\\-10&4\end{pmatrix}.$$

例 4 设方阵 $\boldsymbol{A}$ 满足方程 $a\boldsymbol{A}^2+b\boldsymbol{A}+c\boldsymbol{E}=\boldsymbol{O}$，证明 $\boldsymbol{A}$ 为 n 阶可逆矩阵，并求 $\boldsymbol{A}^{-1}$(a, b, c 为常数，$c\neq 0$).

证明 由 $a\boldsymbol{A}^2+b\boldsymbol{A}+c\boldsymbol{E}=\boldsymbol{O}$，得

$$a\boldsymbol{A}^2+b\boldsymbol{A}=-c\boldsymbol{E}.$$

因 $c\neq 0$，故

$$-\frac{a}{c}\boldsymbol{A}^2-\frac{b}{c}\boldsymbol{A}=\boldsymbol{E},\qquad 即\quad \left(-\frac{a}{c}\boldsymbol{A}-\frac{b}{c}\boldsymbol{E}\right)\boldsymbol{A}=\boldsymbol{E}.$$

由推论知，$\boldsymbol{A}$ 为 n 阶可逆矩阵，且

$$\boldsymbol{A}^{-1}=-\frac{a}{c}\boldsymbol{A}-\frac{b}{c}\boldsymbol{E}.$$

五、矩阵多项式

定义 2.15 设 $\varphi(x)=a_0+a_1x+\cdots+a_mx^m$ 为 x 的 m 次多项式，$\boldsymbol{A}$ 为 n 阶矩阵，记

$$\varphi(\boldsymbol{A})=a_0\boldsymbol{E}+a_1\boldsymbol{A}+\cdots+a_m\boldsymbol{A}^m,$$

则称 $\varphi(\boldsymbol{A})$ 为矩阵 $\boldsymbol{A}$ 的 m 次多项式.

易知，对矩阵 $\boldsymbol{A}$ 的任意两个多项式 $f(\boldsymbol{A}), g(\boldsymbol{A})$，总有：

（1）$f(\boldsymbol{A})+g(\boldsymbol{A})=g(\boldsymbol{A})+f(\boldsymbol{A})$；

（2）$f(\boldsymbol{A})g(\boldsymbol{A})=g(\boldsymbol{A})f(\boldsymbol{A})$.

从而有下面的结论：

（1）如果 $\boldsymbol{A}=\boldsymbol{P\Lambda P}^{-1}$，则 $\boldsymbol{A}^k=\boldsymbol{P\Lambda}^k\boldsymbol{P}^{-1}$，从而 $\varphi(\boldsymbol{A})=\boldsymbol{P}\varphi(\boldsymbol{\Lambda})\boldsymbol{P}^{-1}$.

（2）如果 $\boldsymbol{\Lambda}=\mathrm{diag}(\lambda_1,\lambda_2,\cdots,\lambda_n)$ 为对角矩阵，则 $\boldsymbol{\Lambda}^k=\mathrm{diag}(\lambda_1^k,\lambda_2^k,\cdots,\lambda_n^k)$，从而

$$\varphi(\boldsymbol{\Lambda})=\begin{pmatrix}\varphi(\lambda_1) & & & \\ & \varphi(\lambda_2) & & \\ & & \ddots & \\ & & & \varphi(\lambda_n)\end{pmatrix}.$$

习题 2.3

1. 若 $\boldsymbol{A},\boldsymbol{B}$ 均为可逆矩阵，问 $\boldsymbol{A}+\boldsymbol{B}$ 是否可逆？反之，若 $\boldsymbol{A}+\boldsymbol{B}$ 可逆，那么 $\boldsymbol{A}$ 与 $\boldsymbol{B}$ 是否可逆？

2. 证明：若 $\boldsymbol{A}$ 是对称（反对称）矩阵，且可逆，则 $\boldsymbol{A}^{-1}$ 也是对称（反对称）矩阵.

3. 若 $\boldsymbol{A}^k=\boldsymbol{O}$（$k$ 是正整数），则 $\boldsymbol{E}-\boldsymbol{A}$ 可逆，且 $(\boldsymbol{E}-\boldsymbol{A})^{-1}=\boldsymbol{E}+\boldsymbol{A}+\boldsymbol{A}^2+\cdots+\boldsymbol{A}^{k-1}$.

4. 判断下列矩阵是否可逆，若可逆，用公式法求出其逆矩阵.

（1）$\boldsymbol{A}=\begin{pmatrix}1 & 1 & -1\\ 2 & 1 & 0\\ 1 & -1 & 0\end{pmatrix}$；　（2）$\boldsymbol{A}=\begin{pmatrix}\cos\theta & -\sin\theta\\ \sin\theta & \cos\theta\end{pmatrix}$.

5. 用初等变换法求下列矩阵的逆矩阵.

（1）$\boldsymbol{A}=\begin{pmatrix}1 & 1 & 1\\ 1 & 2 & 3\\ 1 & 1 & 3\end{pmatrix}$；　（2）$\boldsymbol{A}=\begin{pmatrix}2 & 2 & 3\\ 1 & -1 & 0\\ -1 & 2 & 1\end{pmatrix}$；

（3）$\boldsymbol{A}=\begin{pmatrix}1 & 2 & 3 & 4\\ 2 & 3 & 1 & 2\\ 1 & 1 & 1 & -1\\ 1 & 0 & -2 & -6\end{pmatrix}$；　（4）$\boldsymbol{A}=\begin{pmatrix}1 & 1 & 1 & 1\\ 1 & 1 & -1 & -1\\ 1 & -1 & 1 & -1\\ 1 & -1 & -1 & 1\end{pmatrix}$.

6. 解下列矩阵方程.

（1）$\begin{pmatrix}2 & 5\\ 1 & 3\end{pmatrix}\boldsymbol{X}=\begin{pmatrix}4 & -6\\ 2 & 1\end{pmatrix}$；

（2）$\begin{pmatrix}1 & 1 & -1\\ 0 & 2 & 2\\ 1 & -1 & 0\end{pmatrix}\boldsymbol{X}=\begin{pmatrix}1 & -1 & 1\\ 1 & 1 & 0\\ 2 & 1 & 1\end{pmatrix}$.

7. 设 $\boldsymbol{AP}=\boldsymbol{P\Lambda}$，其中 $\boldsymbol{P}=\begin{pmatrix}1&1&1\\1&0&-2\\1&-1&1\end{pmatrix}$，$\boldsymbol{\Lambda}=\begin{pmatrix}-1&&\\&1&\\&&5\end{pmatrix}$，求

$$\varphi(\boldsymbol{A})=\boldsymbol{A}^8(5\boldsymbol{E}-6\boldsymbol{A}+\boldsymbol{A}^2).$$

第四节　分块矩阵

一、分块矩阵的概念

对于行数和列数较高的矩阵，为了简化运算，经常采用分块法，以使大矩阵的运算化成若干小矩阵间的运算，同时也使原矩阵的结构显得简单而清晰．具体做法就是：用若干条纵线和横线把 $\boldsymbol{A}$ 分成若干个小块，每一小块构成的小矩阵称为 $\boldsymbol{A}$ 的子块；以子块为元素的矩阵称为 $\boldsymbol{A}$ 的分块矩阵.

矩阵的分块方式很多，可根据具体需要而定．例如，设

$$\boldsymbol{A}=\begin{pmatrix}a_{11}&a_{12}&a_{13}&a_{14}\\a_{21}&a_{22}&a_{23}&a_{24}\\a_{31}&a_{32}&a_{33}&a_{34}\end{pmatrix},$$

可做如下分块：

$$\boldsymbol{A}=\left(\begin{array}{cc:cc}a_{11}&a_{12}&a_{13}&a_{14}\\a_{21}&a_{22}&a_{23}&a_{24}\\\hdashline a_{31}&a_{32}&a_{33}&a_{34}\end{array}\right)=\begin{pmatrix}\boldsymbol{A}_{11}&\boldsymbol{A}_{12}\\\boldsymbol{A}_{21}&\boldsymbol{A}_{22}\end{pmatrix},$$

其中 $\boldsymbol{A}_{11}=\begin{pmatrix}a_{11}&a_{12}\\a_{21}&a_{22}\end{pmatrix}$, $\boldsymbol{A}_{12}=\begin{pmatrix}a_{13}&a_{14}\\a_{23}&a_{24}\end{pmatrix}$, $\boldsymbol{A}_{21}=(a_{31}\quad a_{32})$, $\boldsymbol{A}_{22}=(a_{33}\quad a_{34})$.

对上述矩阵 $\boldsymbol{A}$ 也可做如下分块：

$$\boldsymbol{A}=\left(\begin{array}{cc:c:c}a_{11}&a_{12}&a_{13}&a_{14}\\a_{21}&a_{22}&a_{23}&a_{24}\\\hdashline a_{31}&a_{32}&a_{33}&a_{34}\end{array}\right)=\begin{pmatrix}\boldsymbol{A}_{11}&\boldsymbol{A}_{12}&\boldsymbol{A}_{13}\\\boldsymbol{A}_{21}&\boldsymbol{A}_{22}&\boldsymbol{A}_{23}\end{pmatrix},$$

其中 $\boldsymbol{A}_{11}=\begin{pmatrix}a_{11}&a_{12}\\a_{21}&a_{22}\end{pmatrix}$, $\boldsymbol{A}_{12}=\begin{pmatrix}a_{13}\\a_{23}\end{pmatrix}$, $\boldsymbol{A}_{13}=\begin{pmatrix}a_{14}\\a_{24}\end{pmatrix}$, $\boldsymbol{A}_{21}=(a_{31}\quad a_{32})$, $\boldsymbol{A}_{22}=(\boldsymbol{A}_{33})$, $\boldsymbol{A}_{23}=(a_{34})$.

又如，设 $\boldsymbol{A}=(a_{ij})_{m\times n}$，若按行分块得

$$\boldsymbol{A}=\begin{pmatrix}a_{11}&a_{12}&\cdots&a_{1n}\\a_{21}&a_{22}&\cdots&a_{2n}\\\vdots&\vdots&&\vdots\\a_{m1}&a_{m2}&\cdots&a_{mn}\end{pmatrix}=\begin{pmatrix}\boldsymbol{A}_1\\\boldsymbol{A}_2\\\vdots\\\boldsymbol{A}_m\end{pmatrix},$$

其中 $\boldsymbol{A}_i=(a_{i1},a_{i2},\cdots,a_{in})$, $i=1,2,\cdots,m$；若按列分块为

$$\boldsymbol{A}=\begin{pmatrix} a_{11} & a_{12} & \cdots & a_{1n} \\ a_{21} & a_{22} & \cdots & a_{2n} \\ \vdots & \vdots & & \vdots \\ a_{m1} & a_{m2} & \cdots & a_{mn} \end{pmatrix}=(\boldsymbol{B}_1,\boldsymbol{B}_2,\cdots,\boldsymbol{B}_n)\ ,$$

其中 $\boldsymbol{B}_j=(a_{1j},a_{2j},\cdots,a_{mj})^{\mathrm{T}}$，$j=1,2,\cdots,n$.

二、分块矩阵的运算

对分块后的矩阵，可把小矩阵当作元素，按普通的矩阵运算法则进行运算.

（1）设 $\boldsymbol{A},\boldsymbol{B}$ 是两个 $m\times n$ 矩阵，用相同的分块法对其分别分块得

$$\boldsymbol{A}=\begin{pmatrix} \boldsymbol{A}_{11} & \cdots & \boldsymbol{A}_{1r} \\ \vdots & & \vdots \\ \boldsymbol{A}_{s1} & \cdots & \boldsymbol{A}_{sr} \end{pmatrix},\ \boldsymbol{B}=\begin{pmatrix} \boldsymbol{B}_{11} & \cdots & \boldsymbol{B}_{1r} \\ \vdots & & \vdots \\ \boldsymbol{B}_{s1} & \cdots & \boldsymbol{B}_{sr} \end{pmatrix},$$

其中各对应的子块 $\boldsymbol{A}_{ij}$ 与 $\boldsymbol{B}_{ij}$ 也有相同的行数和列数，则

$$\boldsymbol{A}\pm\boldsymbol{B}=\begin{pmatrix} \boldsymbol{A}_{11}\pm\boldsymbol{B}_{11} & \cdots & \boldsymbol{A}_{1r}\pm\boldsymbol{B}_{1r} \\ \vdots & & \vdots \\ \boldsymbol{A}_{s1}\pm\boldsymbol{B}_{s1} & \cdots & \boldsymbol{A}_{sr}\pm\boldsymbol{B}_{sr} \end{pmatrix};$$

设 λ 为数，则

$$\lambda\boldsymbol{A}=\boldsymbol{A}\lambda=\begin{pmatrix} \lambda\boldsymbol{A}_{11} & \cdots & \lambda\boldsymbol{A}_{1r} \\ \vdots & & \vdots \\ \lambda\boldsymbol{A}_{s1} & \cdots & \lambda\boldsymbol{A}_{sr} \end{pmatrix}.$$

（2）设 $\boldsymbol{A}$ 为 $m\times l$ 矩阵，$\boldsymbol{B}$ 为 $l\times n$ 矩阵，对其分别分块得

$$\boldsymbol{A}=\begin{pmatrix} \boldsymbol{A}_{11} & \cdots & \boldsymbol{A}_{1t} \\ \vdots & & \vdots \\ \boldsymbol{A}_{s1} & \cdots & \boldsymbol{A}_{st} \end{pmatrix},\ \boldsymbol{B}=\begin{pmatrix} \boldsymbol{B}_{11} & \cdots & \boldsymbol{B}_{1r} \\ \vdots & & \vdots \\ \boldsymbol{B}_{t1} & \cdots & \boldsymbol{B}_{tr} \end{pmatrix},$$

此处 $\boldsymbol{A}$ 的列数的分法与 $\boldsymbol{B}$ 的行数的分法一致，即 $\boldsymbol{A}_{i1},\boldsymbol{A}_{i2},\cdots,\boldsymbol{A}_{it}$ 的列数分别等于 $\boldsymbol{B}_{1j},\boldsymbol{B}_{2j},\cdots,\boldsymbol{B}_{tj}$ 的行数，则

$$\boldsymbol{AB}=\boldsymbol{C}=\begin{pmatrix} \boldsymbol{C}_{11} & \cdots & \boldsymbol{C}_{1r} \\ \vdots & & \vdots \\ \boldsymbol{C}_{s1} & \cdots & \boldsymbol{C}_{sr} \end{pmatrix},$$

其中 $\boldsymbol{C}_{ij}=\sum\limits_{k=1}^{t}\boldsymbol{A}_{ik}\boldsymbol{B}_{kj}\,(i=1,2,\cdots,s；\ j=1,2,\cdots,r)$.

（3）设 $\boldsymbol{A}$ 分块为

$$\boldsymbol{A}=\begin{pmatrix} \boldsymbol{A}_{11} & \cdots & \boldsymbol{A}_{1r} \\ \vdots & & \vdots \\ \boldsymbol{A}_{s1} & \cdots & \boldsymbol{A}_{sr} \end{pmatrix},$$

则

$$\boldsymbol{A}^{\mathrm{T}}=\begin{pmatrix} \boldsymbol{A}_{11}^{\mathrm{T}} & \cdots & \boldsymbol{A}_{s1}^{\mathrm{T}} \\ \vdots & & \vdots \\ \boldsymbol{A}_{1r}^{\mathrm{T}} & \cdots & \boldsymbol{A}_{sr}^{\mathrm{T}} \end{pmatrix}.$$

（4）若方阵 $\boldsymbol{A}$ 分块为

$$\boldsymbol{A}=\begin{pmatrix} \boldsymbol{A}_1 & & & \\ & \boldsymbol{A}_2 & & \\ & & \ddots & \\ & & & \boldsymbol{A}_s \end{pmatrix} \text{（未写出的子块都是零矩阵）},$$

其中只有对角线上的子块是非零子块，其余的子块都为零矩阵，而且对角线上的子块都是方阵，此时称 $\boldsymbol{A}$ 为**分块对角矩阵**.

关于分块对角矩阵，有以下性质：

（1）若

$$\boldsymbol{A}=\begin{pmatrix} \boldsymbol{A}_1 & & & \\ & \boldsymbol{A}_2 & & \\ & & \ddots & \\ & & & \boldsymbol{A}_s \end{pmatrix}, \quad \boldsymbol{B}=\begin{pmatrix} \boldsymbol{B}_1 & & & \\ & \boldsymbol{B}_2 & & \\ & & \ddots & \\ & & & \boldsymbol{B}_s \end{pmatrix}$$

是两个分块对角矩阵，其中 $\boldsymbol{A}_i$ 与 $\boldsymbol{B}_i$ 是同阶方阵，则

$$\boldsymbol{A}\pm\boldsymbol{B}=\begin{pmatrix} \boldsymbol{A}_1\pm\boldsymbol{B}_1 & & & \\ & \boldsymbol{A}_2\pm\boldsymbol{B}_2 & & \\ & & \ddots & \\ & & & \boldsymbol{A}_s\pm\boldsymbol{B}_s \end{pmatrix};$$

$$\boldsymbol{A}\boldsymbol{B}=\begin{pmatrix} \boldsymbol{A}_1\boldsymbol{B}_1 & & & \\ & \boldsymbol{A}_2\boldsymbol{B}_2 & & \\ & & \ddots & \\ & & & \boldsymbol{A}_s\boldsymbol{B}_s \end{pmatrix}.$$

由以上可看出，对于能划分为分块对角矩阵的矩阵，如果采用分块来求逆矩阵或进行运算将是十分方便的.

（2）$|\boldsymbol{A}|=|\boldsymbol{A}_1||\boldsymbol{A}_2|\cdots|\boldsymbol{A}_s|$.

（3）当 $|\boldsymbol{A}_i|\neq\boldsymbol{O}$ 时，$\boldsymbol{A}$ 可逆，且

$$A^{-1}=\begin{pmatrix} A_1^{-1} & & & \\ & A_2^{-1} & & \\ & & \ddots & \\ & & & A_s^{-1} \end{pmatrix}.$$

例 1　设

$$A=\begin{pmatrix} 1 & 0 & 0 & 0 & 0 \\ 0 & 1 & 0 & 0 & 0 \\ 0 & 0 & 1 & 0 & 0 \\ 1 & 2 & 0 & 1 & 0 \\ -2 & 0 & 0 & 0 & 1 \end{pmatrix},\ B=\begin{pmatrix} -1 & 2 & 1 & 0 \\ 4 & 0 & 0 & 1 \\ 0 & 1 & 0 & 0 \\ -2 & 0 & 0 & 0 \\ 2 & -1 & 0 & 0 \end{pmatrix},$$

求 AB.

解　对 A, B 分别做如下分块：

$$A=\left(\begin{array}{cc:ccc} 1 & 0 & 0 & 0 & 0 \\ 0 & 1 & 0 & 0 & 0 \\ \hdashline 0 & 0 & 1 & 0 & 0 \\ 1 & 2 & 0 & 1 & 0 \\ -2 & 0 & 0 & 0 & 1 \end{array}\right)=\begin{pmatrix} E_2 & O \\ A_1 & E_3 \end{pmatrix},$$

$$B=\left(\begin{array}{cc:cc} -1 & 2 & 1 & 0 \\ 4 & 0 & 0 & 1 \\ \hdashline 0 & 1 & 0 & 0 \\ -2 & 0 & 0 & 0 \\ 2 & -1 & 0 & 0 \end{array}\right)=\begin{pmatrix} B_1 & E_2 \\ B_2 & O \end{pmatrix},$$

则

$$AB=\begin{pmatrix} E_2 & O \\ A_1 & E_3 \end{pmatrix}\begin{pmatrix} B_1 & E_2 \\ B_2 & O \end{pmatrix}=\begin{pmatrix} B_1 & E_2 \\ A_1B_1+B_2 & A_1 \end{pmatrix},$$

其中

$$A_1B_1+B_2=\begin{pmatrix} 0 & 1 \\ 1 & 2 \\ -2 & 0 \end{pmatrix}\begin{pmatrix} -1 & 2 \\ 4 & 0 \end{pmatrix}+\begin{pmatrix} 0 & 1 \\ -2 & 0 \\ 2 & -1 \end{pmatrix}=\begin{pmatrix} 4 & 1 \\ 5 & 2 \\ 4 & -5 \end{pmatrix}.$$

所以

$$AB=\begin{pmatrix} -1 & 2 & 1 & 0 \\ 4 & 0 & 0 & 1 \\ 4 & 1 & 0 & 1 \\ 5 & 2 & 1 & 2 \\ 4 & -5 & -2 & 0 \end{pmatrix}.$$

例 2 设

$$A=\begin{pmatrix}3&0&0&0&0\\0&0&1&0&0\\0&2&5&0&0\\0&0&0&1&0\\0&0&0&0&1\end{pmatrix},$$

求 A^{-1}.

解 将 A 分块如下：

$$A=\left(\begin{array}{c:cc:cc}3&0&0&0&0\\\hdashline 0&0&1&0&0\\0&2&5&0&0\\\hdashline 0&0&0&1&0\\0&0&0&0&1\end{array}\right)=\begin{pmatrix}A_1&&\\&A_2&\\&&E_2\end{pmatrix},$$

其中

$$A_1=(3),\ A_2=\begin{pmatrix}0&1\\2&5\end{pmatrix},\ E_2=\begin{pmatrix}1&0\\0&1\end{pmatrix}.$$

由于

$$A_1^{-1}=\left(\frac{1}{3}\right),\ A_2^{-1}=-\frac{1}{2}\begin{pmatrix}5&-1\\-2&0\end{pmatrix}=\begin{pmatrix}-\frac{5}{2}&\frac{1}{2}\\1&0\end{pmatrix},\ E_2^{-1}=E_2,$$

所以

$$A^{-1}=\begin{pmatrix}A_1^{-1}&&\\&A_2^{-1}&\\&&E_2^{-1}\end{pmatrix}=\begin{pmatrix}\frac{1}{3}&0&0&0&0\\0&-\frac{5}{2}&\frac{1}{2}&0&0\\0&1&0&0&0\\0&0&0&1&0\\0&0&0&0&1\end{pmatrix}.$$

例 3 设 A, C 分别为 r 阶和 s 阶可逆矩阵，求分块矩阵 $X=\begin{pmatrix}A&B\\O&C\end{pmatrix}$ 的逆矩阵.

解 对 X 的逆矩阵分块为

$$X^{-1}=\begin{pmatrix}X_{11}&X_{12}\\X_{21}&X_{22}\end{pmatrix},$$

则

$$XX^{-1}=\begin{pmatrix}A&B\\O&C\end{pmatrix}\begin{pmatrix}X_{11}&X_{12}\\X_{21}&X_{22}\end{pmatrix}=E,$$

即

$$\begin{pmatrix} AX_{11}+BX_{21} & AX_{12}+BX_{22} \\ CX_{21} & CX_{22} \end{pmatrix} = \begin{pmatrix} E_r & O \\ O & E_s \end{pmatrix}.$$

比较等式两边对应的子块，有

$$\begin{cases} AX_{11}+BX_{21}=E_r, \\ AX_{12}+BX_{22}=O, \\ CX_{21}=O, \\ CX_{22}=E_s. \end{cases}$$

注意到 A, C 可逆，可解得

$$X_{11}=A^{-1},\ X_{12}=-A^{-1}BC^{-1},\ X_{22}=C^{-1},\ X_{21}=O.$$

所以
$$X^{-1}=\begin{pmatrix} A^{-1} & -A^{-1}BC^{-1} \\ O & C^{-1} \end{pmatrix}.$$

习题 2.4

1. 设 A 为三阶方阵，$|A|=2$，把 A 按列分块为 $A=(A_1,A_2,A_3)$，其中 $A_j\ (j=1,2,3)$ 是 A 的第 j 列，求下列行列式.

（1）$D_1=|A_1,\ 2A_2,\ A_3|$；　　（2）$D_2=|A_3-3A_1,\ 3A_2,\ A_1|$.

2. 用分块矩阵求下列矩阵的逆矩阵.

（1）$\begin{pmatrix} 2 & 1 & 0 & 0 \\ 1 & 1 & 0 & 0 \\ 0 & 0 & 2 & 5 \\ 0 & 0 & 1 & 3 \end{pmatrix}$；　　（2）$\begin{pmatrix} 1 & -1 & 2 & -1 \\ -2 & -1 & -2 & 1 \\ 4 & 3 & 3 & 1 \\ 0 & 0 & 0 & 2 \end{pmatrix}$.

3. 设 m 阶矩阵 A 及 n 阶矩阵 B 都可逆，试证：

（1）$\begin{pmatrix} O & A \\ B & O \end{pmatrix}^{-1}=\begin{pmatrix} O & B^{-1} \\ A^{-1} & O \end{pmatrix}$；　　（2）$\begin{pmatrix} A & C \\ O & B \end{pmatrix}^{-1}=\begin{pmatrix} A^{-1} & -A^{-1}CB^{-1} \\ O & B^{-1} \end{pmatrix}$.

4. 设 A, B 为 n 阶方阵，试证：

$$\begin{vmatrix} A & B \\ B & A \end{vmatrix}=|A+B|\cdot|A-B|.$$

第五节　矩阵的秩

一、矩阵的秩的概念

定义 2.16　在 $m\times n$ 矩阵 A 中任选 k 行 k 列（$k\leqslant \min(m,n)$），位于这些选定的行和列的交叉点上的 k^2 个元素按原来的相对位置构成的 k 阶行列式，称为矩阵 A 的一个 k 阶子式.

定义 2.17　非零矩阵 A 的不等于零的子式的最高阶数称为 A 的秩，记作秩 A 或 $R(A)$.

规定：零矩阵的秩为零.

显然，（1）$0 \leqslant R(\boldsymbol{A}_{mn}) \leqslant \min(m,n)$.

（2）$R(\boldsymbol{A}^{\mathrm{T}}) = R(\boldsymbol{A})$，$R(k\boldsymbol{A}) = R(\boldsymbol{A})\ (k \neq 0)$.

二、矩阵的秩的求法

定理 2.5 $m \times n$ 矩阵 $\boldsymbol{A}$ 的秩为 r 的充分必要条件是 $\boldsymbol{A}$ 中存在一个 r 阶子式不为零，且在 $r < \min(m,n)$ 时，$\boldsymbol{A}$ 中所有 $r+1$ 阶子式都等于零.

证明 必要性是显然的，下证充分性.

若有 $r+2$ 阶子式，则按行（列）展开公式，将其按照任何一行或一列展开，各代数余子式为 $r+1$ 阶子式，故等于 0，从而这个 $r+2$ 阶子式等于 0．于是所有 $r+2$ 子式都等于 0.

对于更高阶子式，同样可证它们也都等于 0.

因此，不等于 0 的子式的最高阶数为 r，故 $R(\boldsymbol{A}) = r$.

定理 2.5 包含两个充要条件:

（1）$R(\boldsymbol{A}) \geqslant r \Leftrightarrow \boldsymbol{A}$ 中存在一个 r 阶子式不等于零.

（2）$R(\boldsymbol{A}) \leqslant r \Leftrightarrow \boldsymbol{A}$ 的所有 $r+1$ 阶子式都等于零.

推论 1 n 阶矩阵 $\boldsymbol{A}$ 的秩为 n 的充分必要条件为 $\boldsymbol{A}$ 可逆.

推论 2 阶梯形矩阵的秩等于它的非零行的行数.

例 1 求矩阵 $\boldsymbol{A} = \begin{pmatrix} 1 & 2 & 3 \\ 2 & 3 & -5 \\ 4 & 7 & 1 \end{pmatrix}$ 的秩.

解 在 $\boldsymbol{A}$ 中，存在一个 2 阶子式 $A_2 = \begin{vmatrix} 1 & 3 \\ 2 & -5 \end{vmatrix} \neq 0$．又 $\boldsymbol{A}$ 的 3 阶子式只有一个 $|\boldsymbol{A}|$，且 $|\boldsymbol{A}| = \begin{vmatrix} 1 & 2 & 3 \\ 2 & 3 & -5 \\ 4 & 7 & 1 \end{vmatrix} = 0$．故 $R(\boldsymbol{A}) = 2$.

例 2 已知矩阵 $\boldsymbol{A} = \begin{pmatrix} a & 1 & 1 & 1 \\ 1 & a & 1 & 1 \\ 1 & 1 & a & 1 \\ 1 & 1 & 1 & a \end{pmatrix}$ 的秩为 3，求 a 的值.

解 由于 $R(\boldsymbol{A}) = 3$，则 $|\boldsymbol{A}| = 0$，即

$$\begin{vmatrix} a & 1 & 1 & 1 \\ 1 & a & 1 & 1 \\ 1 & 1 & a & 1 \\ 1 & 1 & 1 & a \end{vmatrix} = (a+3)\begin{vmatrix} 1 & 1 & 1 & 1 \\ 1 & a & 1 & 1 \\ 1 & 1 & a & 1 \\ 1 & 1 & 1 & a \end{vmatrix}$$

$$= (a+3)\begin{vmatrix} 1 & 1 & 1 & 1 \\ 0 & a-1 & 0 & 0 \\ 0 & 0 & a-1 & 0 \\ 0 & 0 & 0 & a-1 \end{vmatrix} = (a+3)(a-1)^3 = 0.$$

由此得 $a=-3$ 或 $a=1$.

当 $a=1$ 时，显然有 $R(\boldsymbol{A})=1$；

当 $a=-3$ 时，$\boldsymbol{A}$ 的左上角的 3 阶子式 $\begin{vmatrix}-3 & 1 & 1\\ 1 & -3 & 1\\ 1 & 1 & -3\end{vmatrix}=-16\neq 0$. 故当且仅当 $a=-3$ 时，$R(\boldsymbol{A})=3$.

由上述方法求矩阵的秩，需计算各阶子式的秩，这给计算带来极大不便，尤其对行、列数较多的矩阵，更是如此. 为求简便方法，先给出如下定理.

定理 2.6　初等变换不改变矩阵的秩.

证明　我们只需证明，若 $\boldsymbol{A}$ 经过一次初等变换得到 $\boldsymbol{B}$，有 $R(\boldsymbol{A})=R(\boldsymbol{B})$.

下面只对行的第三种倍加变换加以证明，其余情形留给读者自证.

设 $R(\boldsymbol{A})=r,\ \boldsymbol{E}(i,j(k))\boldsymbol{A}=\boldsymbol{B}$.

如果 $r=0$，那么 $\boldsymbol{B}$ 的秩显然等于 0，故定理得证.

如果 $r>0$，且 $\boldsymbol{A}$ 不含 $r+1$ 阶子式，那么 $\boldsymbol{B}$ 也不含 $r+1$ 阶子式，此时显然有

$$R(\boldsymbol{B})\leqslant R(\boldsymbol{A}).$$

如果 $r>0$，且 $\boldsymbol{A}$ 含有 $r+1$ 阶子式，由 $R(\boldsymbol{A})=r$ 可知，$\boldsymbol{A}$ 中所有 $r+1$ 阶子式都等于零. 现在 $\boldsymbol{B}$ 中任取 $r+1$ 阶子式 $\overline{D}_{r+1}$，则有下列三种情形：

（1）若 $\overline{D}_{r+1}$ 不含 $\boldsymbol{B}$ 的第 i 行元素，则 $\overline{D}_{r+1}$ 为 $\boldsymbol{A}$ 的 $r+1$ 阶子式，故 $\overline{D}_{r+1}=0$；

（2）若 $\overline{D}_{r+1}$ 同时含有 $\boldsymbol{B}$ 的第 $i,\ j$ 两行，那么 $\overline{D}_{r+1}$ 与 $\boldsymbol{A}$ 中对应的子式相同，故 $\overline{D}_{r+1}=0$；

（3）若 $\overline{D}_{r+1}$ 含有 $\boldsymbol{B}$ 的第 i 行但不含 $\boldsymbol{B}$ 的第 j 行，则

$$\begin{aligned}\overline{D}_{r+1}&=\begin{vmatrix}\cdots\cdots\cdots\cdots\cdots\\ a_{is_1}+ka_{js_1} & a_{is_2}+ka_{js_2} & \cdots & a_{is_{r+1}}+ka_{js_{r+1}}\\ \cdots\cdots\cdots\cdots\cdots\end{vmatrix}\\ &=\begin{vmatrix}\cdots\cdots\cdots\cdots\\ a_{is_1} & a_{is_2} & \cdots & a_{is_{r+1}}\\ \cdots\cdots\cdots\cdots\end{vmatrix}+\begin{vmatrix}\cdots\cdots\cdots\cdots\\ ka_{js_1} & ka_{js_2} & \cdots & ka_{js_{r+1}}\\ \cdots\cdots\cdots\cdots\end{vmatrix}\\ &=D_1+kD_2,\end{aligned}$$

其中，D_1 是 $\boldsymbol{A}$ 的 $r+1$ 阶子式，故 $D_1=0$；D_2 与 $\boldsymbol{A}$ 中也含有这些行的某个 $r+1$ 阶子式最多相差一个符号，于是 $D_2=0$. 所以 $\overline{D}_{r+1}=0$.

综上所述，$\boldsymbol{B}$ 的 $r+1$ 阶子式都等于 0. 由定理 2.5 知，

$$R(\boldsymbol{B})\leqslant r=R(\boldsymbol{A}).$$

而 $\boldsymbol{E}(i,j(-k))\boldsymbol{B}=\boldsymbol{A}$，同理有

$$R(\boldsymbol{A})\leqslant R(\boldsymbol{B}).$$

所以 $R(\boldsymbol{A})=R(\boldsymbol{B})$.

推论 1　等价矩阵的秩相等.

推论 2　任一 $m\times n$ 矩阵 $\boldsymbol{A}$ 的等价标准形是由 $\boldsymbol{A}$ 唯一确定的.

定理 2.7 $A_{m\times n} \cong B_{m\times n} \Leftrightarrow R(A)=R(B)$.

例 3 求矩阵 $A=\begin{pmatrix} 1 & -2 & -1 & 0 & 2 \\ -2 & 4 & 2 & 6 & -6 \\ 2 & -1 & 0 & 2 & 3 \\ 3 & 3 & 3 & 3 & 4 \end{pmatrix}$ 的秩.

解 将 A 经过一系列行初等变换化为行阶梯形矩阵 B.

$$A=\begin{pmatrix} 1 & -2 & -1 & 0 & 2 \\ -2 & 4 & 2 & 6 & -6 \\ 2 & -1 & 0 & 2 & 3 \\ 3 & 3 & 3 & 3 & 4 \end{pmatrix} \to \begin{pmatrix} 1 & -2 & -1 & 0 & 2 \\ 0 & 3 & 2 & 2 & -1 \\ 0 & 0 & 0 & -3 & 1 \\ 0 & 0 & 0 & 0 & 0 \end{pmatrix}=B.$$

由于 A 的行阶梯形矩阵 B 共有三个非零行，所以 $R(A)=R(B)=3$.

例 4 设 $A=\begin{pmatrix} 1 & -1 & 1 & 2 \\ 3 & \lambda & -1 & 2 \\ 5 & 3 & \mu & 6 \end{pmatrix}$，已知 $R(A)=2$，求 λ 与 μ 的值.

解 $A=\begin{pmatrix} 1 & -1 & 1 & 2 \\ 3 & \lambda & -1 & 2 \\ 5 & 3 & \mu & 6 \end{pmatrix} \xrightarrow[r_3-5r_1]{r_2-3r_1} \begin{pmatrix} 1 & -1 & 1 & 2 \\ 0 & \lambda+3 & -4 & -4 \\ 0 & 8 & \mu-5 & -4 \end{pmatrix}$

$$\xrightarrow{r_3-r_2} \begin{pmatrix} 1 & -1 & 1 & 2 \\ 0 & \lambda+3 & -4 & -4 \\ 0 & 5-\lambda & \mu-1 & 0 \end{pmatrix}.$$

由于 $R(A)=2$，则

$$5-\lambda=0,\ \mu-1=0.$$

所以 $\lambda=5$，$\mu=1$.

习题 2.5

1. 设 $R(A)=r$，判断下列结论是否正确.

（1）A 中不存在不等于零的 r 阶子式.

（2）A 中不存在不等于零的 $r+1$ 阶子式.

（3）A 中不存在不等于零的 $r-1$ 阶子式.

（4）A 中至少有一个 $r-1$ 阶子式不等于零.

2. 求下列矩阵的秩.

（1）$A=\begin{pmatrix} 1 & 1 & 2 & 2 & 0 \\ 0 & 2 & 1 & 5 & 4 \\ 2 & 0 & 3 & -1 & -4 \\ 1 & 1 & 0 & 4 & 4 \end{pmatrix}$；（2）$B=\begin{pmatrix} 1 & 0 & 3 & 2 & 4 \\ -1 & 2 & 1 & 3 & 1 \\ 1 & 1 & -1 & 0 & 1 \\ 1 & -2 & -1 & -3 & -1 \end{pmatrix}$.

3. 证明：一个秩为 r 的矩阵，总可以表成 r 个秩为 1 的矩阵之和.

*综合应用

1. 生产成本计算

在生产管理中经常要对生产过程中产生的数据进行统计、处理和分析，但是得到的原始数据往往纷繁杂乱，这时，就需要用一些方法对数据进行处理，以生成简洁、明了的结果. 在计算中引入矩阵可以对数据进行处理，这种方法比较简单快捷.

例 1　某工厂生产三种产品 A, B, C，每种产品的原料费用、支付员工工资、管理费用和其他费用如表 1 所示，每季度生产每种产品的数量如表 2 所示. 财务人员需要用表格形式直观地向部门经理展示以下数据：每一季度每一类成本的数量、每一季度三类成本的总数量、四个季度每类成本的总数量.

表 1　生产单位产品的成本　　　单位：元

成本	产品		
	A	B	C
原料费用	10	20	15
支付员工工资	30	40	20
管理费用及其他费用	10	15	10

表 2　每种产品各季度产量　　　单位：件

产品	春季	夏季	秋季	冬季
A	2000	3000	2500	2000
B	2800	4800	3700	3000
C	2500	3500	4000	2000

解　我们用矩阵的方法考虑这个问题. 两张表格的数据都可以表示成一个矩阵，如下所示：

$$\boldsymbol{M}=\begin{pmatrix}10&20&15\\30&40&20\\10&15&10\end{pmatrix},\quad \boldsymbol{N}=\begin{pmatrix}2000&3000&2500&2000\\2800&4800&3700&3000\\2500&3500&4000&2000\end{pmatrix}.$$

通过矩阵的乘法运算得到

$$\boldsymbol{MN}=\begin{pmatrix}113500&178500&159000&110000\\222000&352000&303000&220000\\87000&110000&120500&85000\end{pmatrix}.$$

其中 $\boldsymbol{MN}$ 的第一行元素表示四个季度中每个季度的原料总成本；

$\boldsymbol{MN}$ 的第二行元素表示四个季度中每个季度的支付工资总成本；

$\boldsymbol{MN}$ 的第三行元素表示四个季度中每个季度的管理及其他总成本；

$\boldsymbol{MN}$ 的第一列表示春季生产三种产品的总成本；

$\boldsymbol{MN}$ 的第二列表示夏季生产三种产品的总成本；

$\boldsymbol{MN}$ 的第三列表示秋季生产三种产品的总成本；

$\boldsymbol{MN}$ 的第四列表示冬季生产三种产品的总成本.

对总成本进行汇总，每一类成本的年度总成本由矩阵的每一行元素相加得到，每一季度的总成本可由每一列元素相加得到. 如表 3 所示：

表 3　总成本汇总表　　　　单位：元

	季度				
	春季	夏季	秋季	冬季	全年
原料费用	113500	178500	159000	110000	561000
支付员工工资	222000	352000	303000	220000	1097000
管理费用及其他费用	87000	110000	120500	85000	402500
合计	422500	640500	582500	415000	2060500

这样，我们就利用矩阵的乘法把多个数据表汇总成一个数据表，比较直观地反映了该工厂进行生产的成本.

2. 人口流动问题

例 2　假设某城市及其郊区乡镇共有 40 万人从事农、工、商工作，假定这个总人数在若干年内保持不变，而社会调查表明：

（1）在这 40 万就业人员中，目前约有 25 万人从事农业，10 万人从事工业，5 万人经商；

（2）在务农人员中，每年约有 10% 的人改为务工，10% 的人改为经商；

（3）在务工人员中，每年约有 10% 的人改为务农，20% 的人改为经商；

（4）在经商人员中，每年约有 10% 的人改为务农，20% 的人改为务工.

现欲预测一年、二年后从事各业人员的人数，以及多年之后，从事各业人员总数之发展趋势.

解　若用三维向量 $(x_i, y_i, z_i)^{\mathrm{T}}$ 表示第 i 年后从事这三种职业的人员总数，则已知 $(x_0, y_0, z_0)^{\mathrm{T}} = (25, 10, 5)^{\mathrm{T}}$，而欲求 $(x_1, y_1, z_1)^{\mathrm{T}}$，$(x_2, y_2, z_2)^{\mathrm{T}}$，并考察在 $n \to \infty$ 时，$(x_n, y_n, z_n)^{\mathrm{T}}$ 的发展趋势.

依题意，一年后，从事农、工、商业的人员总数应为：

$$\begin{cases} x_1 = 0.8x_0 + 0.1y_0 + 0.1z_0, \\ y_1 = 0.1x_0 + 0.7y_0 + 0.2z_0, \\ z_1 = 0.1x_0 + 0.2y_0 + 0.7z_0, \end{cases}$$

即

$$\begin{pmatrix} x_1 \\ y_1 \\ z_1 \end{pmatrix} = \begin{pmatrix} 0.8 & 0.1 & 0.1 \\ 0.1 & 0.7 & 0.2 \\ 0.1 & 0.2 & 0.7 \end{pmatrix} \begin{pmatrix} x_0 \\ y_0 \\ z_0 \end{pmatrix} = \boldsymbol{A} \begin{pmatrix} x_0 \\ y_0 \\ z_0 \end{pmatrix}.$$

以 $(x_0, y_0, z_0)^{\mathrm{T}} = (25, 10, 5)^{\mathrm{T}}$ 代入上式，即得

$$\begin{pmatrix} x_1 \\ y_1 \\ z_1 \end{pmatrix} = \begin{pmatrix} 21.5 \\ 10.5 \\ 8 \end{pmatrix}.$$

即一年后从事农、工、商业人员的人数分别为 21.5 万人、10.5 万人、8 万人.

二年后，从事农、工、商的人员总数应为：

$$\begin{pmatrix} x_2 \\ y_2 \\ z_2 \end{pmatrix} = \boldsymbol{A}\begin{pmatrix} x_1 \\ y_1 \\ z_1 \end{pmatrix} = \boldsymbol{A}^2\begin{pmatrix} x_0 \\ y_0 \\ z_0 \end{pmatrix} = \begin{pmatrix} 19.05 \\ 11.1 \\ 9.85 \end{pmatrix},$$

即二年后从事农、工、商业人员的人数分别为 19.05 万人、11.1 万人、9.85 万人.

进而推得：

$$\begin{pmatrix} x_n \\ y_n \\ z_n \end{pmatrix} = \boldsymbol{A}\begin{pmatrix} x_{n-1} \\ y_{n-1} \\ z_{n-1} \end{pmatrix} = \boldsymbol{A}^n\begin{pmatrix} x_0 \\ y_0 \\ z_0 \end{pmatrix},$$

即 n 年之后从事各业人员的人数完全由 $\boldsymbol{A}^n$ 决定.

在这个问题的求解过程中，我们应用了矩阵的乘法、转置等，也就是，将一个实际问题数学化，从而解决了实际生活中的人口流动问题. 所以，不得不说，矩阵是我们解决实际问题的重要工具.

3. 应用矩阵编制 Hill 密码

密码学在经济和军事方面都发挥着极其重要的作用. 1929 年，希尔（Hill）通过矩阵理论对传输信息进行加密处理，提出了在密码学史上有重要地位的希尔加密算法. 下面介绍这种算法的基本思想.

假设我们要发出“attack”这个消息. 首先把每个字母 a, b, c, d, …, x, y, z 映射到数字 1, 2, 3, 4, …, 24, 25, 26 上. 例如，1 表示 a，3 表示 c，20 表示 t，11 表示 k；另外，用 0 表示空格，用 27 表示句号等. 于是可以用以下数集来表示消息“attack”：

$$\{1, 20, 20, 1, 3, 11\}.$$

把这个消息按列写成矩阵的形式：

$$M = \begin{pmatrix} 1 & 1 \\ 20 & 3 \\ 20 & 11 \end{pmatrix}.$$

第一步：“加密”工作. 现在任选一个三阶可逆矩阵，例如：

$$\boldsymbol{A} = \begin{pmatrix} 1 & 2 & 3 \\ 1 & 1 & 2 \\ 0 & 1 & 2 \end{pmatrix},$$

于是可以把将要发出的消息或者矩阵经乘以 $\boldsymbol{A}$ 变成“密码”（$\boldsymbol{B}$）后发出.

$$\boldsymbol{AM}=\begin{pmatrix}1&2&3\\1&1&2\\0&1&2\end{pmatrix}\begin{pmatrix}1&1\\20&3\\20&11\end{pmatrix}=\begin{pmatrix}101&40\\61&26\\60&25\end{pmatrix}=\boldsymbol{B}.$$

第二步：“解密”. 解密是加密的逆过程，这里要用到矩阵 $\boldsymbol{A}$ 的逆矩阵 $\boldsymbol{A}^{-1}$，这个逆矩阵称为解密的钥匙，或称为“密钥”. 当然，矩阵 $\boldsymbol{A}$ 是通信双方都知道的. 即用

$$\boldsymbol{A}^{-1}=\begin{pmatrix}0&1&-1\\2&-2&-1\\-1&1&1\end{pmatrix}$$

从密码中解出明码：

$$\boldsymbol{A}^{-1}\boldsymbol{B}=\begin{pmatrix}0&1&-1\\2&-2&-1\\-1&1&1\end{pmatrix}\begin{pmatrix}101&40\\61&26\\60&25\end{pmatrix}=\begin{pmatrix}1&1\\20&3\\20&11\end{pmatrix}=\boldsymbol{M}.$$

通过反查字母与数字的映射，即可得到消息“attack”.

在实际应用时，可以选择不同的可逆矩阵、不同的映射关系，也可以把与字母对应的数字进行不同的排列得到不同的矩阵，这样就有多种加密和解密的方式，从而保证了传递信息的秘密性. 上述例子是矩阵乘法与逆矩阵的应用，它将高等代数与密码学紧密结合起来. 运用数学知识破译密码，可以运用到军事等方面. 可见，矩阵的作用是何其强大.

*数学实验

通过实验达到以下两个目的：

（1）会创建矩阵.

（2）会计算矩阵.

实验一　矩阵建立

创建矩阵有如下三种方法：直接输入法、利用 MATLAB 内置函数、矩阵的特殊操作等.

1. 直接输入法

最简单的建立矩阵的方法是从键盘直接输入矩阵的元素：将矩阵的元素用方括号括起来，按矩阵的行的顺序输入每个元素，同一行的元素之间用空格或逗号分隔，不同行的元素之间用分号分隔. 如果只输入一行，则形成一个数组（又称为向量）. 矩阵或数组中的元素可以是任何 MATLAB 表达式，也可以是实数，还可以是复数.

注意以下规则：

（1）矩阵元素必须在“[ ]”内；

（2）矩阵的同行元素之间用空格（或“,”）隔开；

（3）矩阵的行与行之间用“;”隔开．如：

A = [1 2 3; 4 5 6; 7 8 9]

B = [1,2,3; 4,5,6; 7,8,9]

2. 利用 MATLAB 内置函数

在 MATLAB 中，系统内置的特殊函数可以用于创建矩阵，而且通过这些函数，可以很方便地得到想要的特殊矩阵．如表 4 所示．

表 4 MATLAB 内置函数

函数名	功能介绍
ones( )	产生全为 1 的矩阵
zeros( )	产生全为 0 的矩阵
eye( )	产生单位阵
rand( )	产生在(0, 1)区间均匀分布的随机阵
randn( )	产生均值为 0，方差为 1 的标准正态分布随机矩阵
compan	伴随矩阵
gallery	Higham 检验矩阵
hadamard	Hadamard 阵
hankel	Hankel 阵
hilb	Hilbert 阵
invhilb	逆 Hilbert 阵
magic	魔方阵
pascal	Pascal 阵
rosser	经典对称特征值
toeplitz	Toeplitz 阵
vander	Vander 阵
wilknsion	wilknsion 特征值检验矩阵

利用几个内置函数来创建矩阵：

```
Z1 = zeros(5,4)     %产生 5*4 全为 0 的矩阵
Z2 = ones(5,4)      %产生 5*4 全为 1 的矩阵
Z3 = eye(5,4)       %产生 5*4 单位矩阵
Z4 = rand(5,4)      %产生 5*4 且元素在(0, 1)区间均匀分布的随机阵
Z5 = randn(5,4)     %产生 5*4 的均值为 0，方差为 1 的标准正态分布随机矩阵
Z6 = hilb(3)        %产生 3 维 Hilbert 阵
Z7 = magic(3)       %产生 3 阶魔方阵
```

3. 矩阵的特殊操作

表 5 给出了 MATLAB 中一些矩阵的特殊操作．

表 5　矩阵结构变化产生新矩阵的特殊操作

L = tril(A)	***L*** 主对角线及其以下元素取矩阵 ***A*** 的元素，其余为 0
L = tril(A,k)	***L*** 的第 *k* 条对角线及其以下元素取矩阵 ***A*** 的元素，其余为 0
U = triu(A)	***U*** 主对角线及其以上元素取矩阵 ***A*** 的元素，其余为 0
U = triu(A,k)	***U*** 的第 *k* 条对角线及其以上元素取矩阵 ***A*** 的元素，其余为 0
B = rot90(A)	矩阵 ***A*** 逆时针旋转 90°得到 ***B***
B = rot90(A,k)	矩阵 ***A*** 逆时针旋转 *k**90°得到 ***B***
B = fliplr(A)	矩阵 ***A*** 左右翻转得到 ***B***
B = flipud(A)	矩阵 ***A*** 上下翻转得到 ***B***
B = reshape(A,m,n)	将矩阵 ***A*** 的元素重新排列，得到 *m***n* 的新矩阵（*m***n* 就等于 ***A*** 的行列式之积）. 若 ***A*** 为 3*4，则 *m*, *n* 可为 2, 6 或 4, 3 等

实验二　矩阵运算

1. 在 MATLAB 中输入矩阵 $\boldsymbol{A}=\begin{pmatrix} 3 & 6 & 8 & 1 \\ -5 & 7 & 22 & 17 \\ 6 & 9 & 16 & -12 \\ 15 & 13 & -21 & 0 \end{pmatrix}$，并使用 MATLAB 回答以下问题：

```
>> A = [3,6,8,1;-5,7,22,17;6,9,16,-12;15,13,-21,0]
A =
     3     6     8     1
    -5     7    22    17
     6     9    16   -12
    15    13   -21     0
```

（1）创建一个由 ***A*** 中第二列到第四列所有元素组成的 4 × 3 数组.

```
>> A=[3,6,8,1;-5,7,22,17;6,9,16,-12;15,13,-21,0]
A =
     3     6     8     1
    -5     7    22    17
     6     9    16   -12
    15    13   -21     0
>> A(:,2:4)
ans =
     6     8     1
     7    22    17
     9    16   -12
    13   -21     0
```

（2）创建一个由 $\boldsymbol{A}$ 中第三行到第四行所有元素组成的 2×4 数组.

```
>> A(3:4,:)
ans =
     6     9    16   -12
    15    13   -21     0
```

（3）创建一个由 $\boldsymbol{A}$ 中前两行和后三列所有元素组成的 2×3 数组.

```
>> A(1:2,2:4)
ans =
     6     8     1
     7    22    17
```

（4）根据 $\boldsymbol{A}$，利用单下标方法和双下标方法分别创建向量 $\boldsymbol{a}=(-5\ 6\ 15)$和向量 $\boldsymbol{b}=(6\ 8\ 1)$，并利用向量 $\boldsymbol{a}$ 和 $\boldsymbol{b}$ 生成矩阵 $\boldsymbol{B}=\begin{pmatrix}-5 & 6\\ 6 & 8\\ 15 & 1\end{pmatrix}$.

单下标：

```
>> a=A([2,3,4])
a =
    -5     6    15
>> b=A([5,9,13])
b =
     6     8     1
```

双下标：

```
>> a=A(2:4,1)
a =
    -5
     6
    15
>> b=A(1,2:4)
b =
     6     8     1
>> A=[3,6,8,1;-5,7,22,17;6,9,16,-12;15,13,-21,0];
>> a=A(2:4,1);      %双下标
>> b=A(1,2:4);      %双下标
>> c=transpose(b);
>> B=[a,c]
B =
    -5     6
     6     8
    15     1
```

```
>> A=[3,6,8,1;-5,7,22,17;6,9,16,-12;15,13,-21,0];
>> a=A([2,3,4]);        %单下标
>> b=A([5,9,13]);       %单下标
```

（5）利用“[]”删除矩阵 $\boldsymbol{A}$ 的第二行和第三列.

```
>> A=[3,6,8,1;-5,7,22,17;6,9,16,-12;15,13,-21,0]
A =
     3     6     8     1
    -5     7    22    17
     6     9    16   -12
    15    13   -21     0
>> A(2,:)=[]
A =
     3     6     8     1
     6     9    16   -12
    15    13   -21     0
>> A(:,3)=[]
A =
     3     6     1
     6     9   -12
    15    13     0
```

2. 利用 ones()函数和 zero()函数生成如下矩阵：

$$\boldsymbol{A}=\begin{pmatrix}0&0&0&0&0\\0&1&1&1&0\\0&1&3&1&0\\0&1&1&1&0\\0&0&0&0&0\end{pmatrix}.$$

```
>> A=zeros(5);
>> A(2:4,2:4)=1*ones(3);
>> A(3,3)=3
A=
     0     0     0     0     0
     0     1     1     1     0
     0     1     3     1     0
     0     1     1     1     0
     0     0     0     0     0
```

3. 已知

$$A=\begin{pmatrix}1 & 3 & 4\\5 & 12 & 44\\7 & 8 & 27\end{pmatrix},\ B=\begin{pmatrix}-7 & 8 & 4\\12 & 24 & 38\\68 & -5 & 3\end{pmatrix},$$

（1）求 $\boldsymbol{A}+\boldsymbol{B}$, $\boldsymbol{A}*\boldsymbol{B}$, $\boldsymbol{A}.*\boldsymbol{B}$, $\boldsymbol{A}/\boldsymbol{B}$, $\boldsymbol{A}./\boldsymbol{B}$, $\boldsymbol{A}$^2, $\boldsymbol{A}$.^2 的结果，并观察运算结果。

```
>> A=[1,3,4;5,12,44;7,8,27];
>> B=[-7,8,4;12,24,38;68,-5,3];
>> A+B
ans =
    -6    11     8
    17    36    82
    75     3    30
>> A*B
ans =
   301    60   130
  3101   108   608
  1883   113   413
>> A.*B
ans =
    -7    24    16
    60   288  1672
   476   -40    81
>> A/B
ans =
    0.0966    0.0945    0.0080
   -3.6125    1.5838   -0.5778
   -1.9917    0.9414   -0.2682
>> A./B
ans =
   -0.1429    0.3750    1.0000
    0.4167    0.5000    1.1579
    0.1029   -1.6000    9.0000
>> A^2
ans =
    44    71   244
   373   511  1736
   236   333  1109
>> A.^2
```

```
ans =
     1     9    16
    25   144  1936
    49    64   729
```

4. 已知 $\boldsymbol{A}=\begin{pmatrix} 7 & 2 & 1 & -2 \\ 9 & 15 & 3 & -2 \\ -2 & -2 & 11 & 5 \\ 1 & 3 & 2 & 13 \end{pmatrix}$,

（1）求矩阵 $\boldsymbol{A}$ 的秩(rank)；

（2）求矩阵 $\boldsymbol{A}$ 的行列式(determinant)；

（3）求矩阵 $\boldsymbol{A}$ 的逆(inverse)；

（4）求矩阵 $\boldsymbol{A}$ 的特征值及特征向量(eigenvalue and eigenvector).

```
>> A=[7,2,1,-2;9,15,3,-2;-2,-2,11,5;1,3,2,13];
>> rank(A)
ans =
     4
>> det(A)
ans =
     1.2568e+004
>> inv(A)
ans =
     0.1744   -0.0303   -0.0125    0.0270
    -0.1050    0.0789   -0.0121    0.0006
     0.0083    0.0173    0.0911   -0.0311
     0.0095   -0.0185   -0.0103    0.0795
>> [c,d]=eig(A)
c =
    -0.7629    0.0919 + 0.0640i    0.0919 - 0.0640i   -0.0299
     0.6223    0.6087 + 0.0276i    0.6087 - 0.0276i    0.2637
     0.0807   -0.7474             -0.7474              0.6434
    -0.1554    0.0342 - 0.2374i    0.0342 + 0.2374i    0.7180
d =
    4.8554          0                    0                    0
         0    12.6460 + 1.8333i          0                    0
         0          0              12.6460 - 1.8333i          0
         0          0                    0              15.8526
```

*拓展阅读

矩阵论的发展

矩阵是数学中一个重要的基本概念，是代数学的一个主要研究对象，也是数学研究和应用的一个重要工具．“矩阵”这个词是由西尔维斯特首先使用的，他是为了将数字的矩形阵列区别于行列式而发明的．然而实际上，矩阵这个课题在其诞生之前就已经发展得很好了，这从行列式的大量工作中可以显现出来．但是，不管行列式的值与问题是否有关，方阵本身都可以被研究和使用，矩阵的许多基本性质也都是在行列式的发展中建立起来的．在逻辑上，矩阵概念应先于行列式概念，然而在发展过程中两者的次序却正好相反．

英国数学家凯莱（A. Cayley，1821—1895），一般被公认为是矩阵论的创立者，因为他首先把矩阵作为一个独立的数学概念提出来，并首先发表了关于这个题目的一系列文章．凯莱同线性变换下的不变量研究相结合，首先引进矩阵概念以简化记号．1858 年，他发表了关于这一课题的第一篇论文《矩阵论的研究报告》，文中系统地阐述了关于矩阵的理论，即定义了矩阵的相等、矩阵的运算法则、矩阵的转置以及矩阵的逆等一系列基本概念，并指出矩阵加法的可交换性与可结合性．另外，凯莱还给出了方阵的特征方程和特征根（特征值）以及有关矩阵的一些基本结果．凯莱出生于一个古老而有才能的英国家庭，他在剑桥大学三一学院大学毕业后留校讲授数学，三年后转从律师职业，其工作卓有成效．他是利用业余时间研究数学的，发表了大量的学术论文．

1855 年，埃米特（C. Hermite，1822—1901）证明了其他数学家发现的一些矩阵类的特征根的特殊性质，如现在称为埃米特矩阵的特征根性质等．后来，克莱伯施（A. Clebsch，1831—1872）、布克海姆（A. Buchheim）等证明了对称矩阵的特征根性质．泰伯（H. Taber）引入了矩阵的迹的概念，并给出了一些有关的结论．

在矩阵论的发展史上，弗罗伯纽斯（G. Frobenius，1849—1917）的贡献是不可磨灭的．他讨论了最小多项式问题，引进了矩阵的秩、不变因子和初等因子、正交矩阵、矩阵的相似变换、合同矩阵等概念，并以合乎逻辑的形式整理了不变因子和初等因子的理论，讨论了正交矩阵与合同矩阵的一些重要性质．1854 年，约当研究了把矩阵化为标准形的问题．1892 年，梅茨勒（H. Metzler）引进了矩阵的超越函数概念，并将其写成矩阵的幂级数形式．傅立叶、西尔和庞加莱等在其著作中还讨论了无限阶矩阵问题，这主要是出于方程发展的需要进行的．

矩阵本身所具有的性质依赖于元素的性质，经过两个多世纪的发展，矩阵已由最初作为一种工具而发展为一门独立的数学分支——矩阵论，而矩阵论又可分为矩阵方程论、矩阵分解论和广义逆矩阵论等矩阵的现代理论．矩阵及其理论现已广泛地应用于现代科技的各个领域．

第三章　n 维向量空间

第一节　n 维向量空间及其子空间概念

一、n 维向量空间概念

在空间，平面向量可以用二元有序数组 (a_1,a_2) 表示，空间向量可以用三元有序数组 (a_1,a_2,a_3) 表示. 然而在实际中，我们经常遇到所研究的对象需用更多个数构成的有序数组来描述的问题，为此，我们将三元有序数组推广到 n 元有序数组，由此得到 n 维向量的定义.

定义 3.1　由 n 个数 $a_1,a_2,\cdots,a_n$ 所组成的有序数组称为 **n 维向量**，记作

$$(a_1,a_2,\cdots,a_n) \quad 或 \quad \begin{pmatrix} a_1 \\ a_2 \\ \vdots \\ a_n \end{pmatrix},$$

其中 a_i 称为向量的**第 i 个分量（坐标）**，$i=1,2,\cdots,n$，向量所含分量的个数 n 称为向量的**维数**. 其中，前一个表示式称为**行向量**，后一个表示式称为**列向量**. 向量一般用黑体小写字母 $\boldsymbol{a}, \boldsymbol{b}, \boldsymbol{c}$ 或者希腊字母 $\boldsymbol{\alpha}, \boldsymbol{\beta}, \boldsymbol{\gamma}$ 等表示.

一个向量用行向量还是用列向量表示，需根据具体情况而定.

分量为实数的向量称为**实向量**，分量为复数的向量称为**复向量**. 今后若无特别说明，本书所指向量均为实向量.

分量全为零的向量称为**零向量**，记为 $\mathbf{0}$，即 $\mathbf{0}=(0,0,\cdots,0)$.

设 $\boldsymbol{\alpha}=(a_1,a_2,\cdots,a_n)$，称 $(-a_1,-a_2,\cdots,-a_n)$ 为 $\boldsymbol{\alpha}$ 的**负向量**，记为 $-\boldsymbol{\alpha}$.

设 $\boldsymbol{\alpha}=(a_1,a_2,\cdots,a_n), \boldsymbol{\beta}=(b_1,b_2,\cdots,b_n)$ 均为 n 维向量，若 $a_i=b_i, i=1,2,\cdots,n$，即它们的各个分量对应相等，则称**向量 $\boldsymbol{\alpha}$ 与 $\boldsymbol{\beta}$ 相等**，记为 $\boldsymbol{\alpha}=\boldsymbol{\beta}$.

一切 n 维实向量的全体记为 $\mathbf{R}^n$. 即有

$$\mathbf{R}^n=\{\boldsymbol{\alpha}=(a_1,a_2,\cdots,a_n) \mid a_i \in \mathbf{R},\ i=1,2,\cdots,n\}.$$

在 $\mathbf{R}^n$ 中可以定义加法和数乘运算：

设 $\boldsymbol{\alpha}=(a_1,a_2,\cdots,a_n), \boldsymbol{\beta}=(b_1,b_2,\cdots,b_n), k\in\mathbf{R}$，则

$$\boldsymbol{\alpha}+\boldsymbol{\beta}=(a_1+b_1,a_2+b_2,\cdots,a_n+b_n),$$
$$k\boldsymbol{\alpha}=(ka_1,ka_2,\cdots,ka_n).$$

向量的加法和数乘统称为向量的线性运算．向量的线性运算满足以下八条运算规律：

设 $\boldsymbol{\alpha},\boldsymbol{\beta},\boldsymbol{\gamma}$ 都是 n 维向量，λ,μ 是实数，则有：

（1）$\boldsymbol{\alpha}+\boldsymbol{\beta}=\boldsymbol{\beta}+\boldsymbol{\alpha}$；

（2）$(\boldsymbol{\alpha}+\boldsymbol{\beta})+\boldsymbol{\gamma}=\boldsymbol{\alpha}+(\boldsymbol{\beta}+\boldsymbol{\gamma})$；

（3）$\boldsymbol{\alpha}+\mathbf{0}=\boldsymbol{\alpha}$；

（4）$\boldsymbol{\alpha}+(-\boldsymbol{\alpha})=\mathbf{0}$

（5）$1\boldsymbol{\alpha}=\boldsymbol{\alpha}$；

（6）$\lambda(\mu\boldsymbol{\alpha})=(\lambda\mu)\boldsymbol{\alpha}$；

（7）$\lambda(\boldsymbol{\alpha}+\boldsymbol{\beta})=\lambda\boldsymbol{\alpha}+\lambda\boldsymbol{\beta}$；

（8）$(\lambda+\mu)\boldsymbol{\alpha}=\lambda\boldsymbol{\alpha}+\mu\boldsymbol{\alpha}$．

称 $\mathbf{R}^n$ 为 n 维**实向量空间**．

二、$\mathbf{R}^n$ 的子空间概念

设 $\varnothing\neq V\subset\mathbf{R}^n$，对于 $\mathbf{R}^n$ 的运算，V 也常常构成一个 n 维向量空间，因此必然有 V 中向量经过线性运算后仍在 V 中．

定义 3.2　若 $\varnothing\neq V\subset\mathbf{R}^n$，且对任意 $\boldsymbol{\alpha},\boldsymbol{\beta}\in V,\lambda\in\mathbf{R}$，有

$$\boldsymbol{\alpha}+\boldsymbol{\beta}\in V,\ \lambda\boldsymbol{\alpha}\in V,$$

则称 V 是 $\mathbf{R}^n$ 的一个子空间．

由定义，$\mathbf{R}^n$ 的子空间 V 也是在 $\mathbf{R}^n$ 的运算下封闭的非空子集．易知，所有八条运算规律对新数学系统 V 也是成立的．因而，$\mathbf{R}^n$ 的每一个子空间本身也是一个向量空间．

例 1　集合 $V=\{(x_1,x_2)\,|\,x_1=4x_2\}\subset\mathbf{R}^2$ 是 $\mathbf{R}^2$ 的一个子空间．

解　因为对任意 $\boldsymbol{\alpha}=(x_1,x_2)=(4x_2,x_2)\in V,\ \boldsymbol{\beta}=(y_1,y_2)=(4y_2,y_2)\in V,\ \lambda\in\mathbf{R}$，有

$$\boldsymbol{\alpha}+\boldsymbol{\beta}=(4(x_2+y_2),x_2+y_2)=(x_1+y_1,x_2+y_2)\in V,\ \lambda\boldsymbol{\alpha}=(4\lambda x_2,\lambda x_2)=(\lambda x_1,\lambda x_2)\in V.$$

所以集合 V 是 $\mathbf{R}^2$ 的一个子空间．

例 2　集合 $V=\{(0,0,x_3,\cdots,x_n)\,|\,x_i\in\mathbf{R},i=3,4,\cdots,n\}$ 是 $\mathbf{R}^n$ 的一个子空间．

解　因为对任意 $\boldsymbol{\alpha}=(0,0,a_3,\cdots,a_n)\in V,\boldsymbol{\beta}=(0,0,b_3,\cdots,b_n)\in V,\ \lambda\in\mathbf{R}$，有

$$\boldsymbol{\alpha}+\boldsymbol{\beta}=(0,0,a_3+b_3,\cdots,a_n+b_n)\in V,\ \lambda\boldsymbol{\alpha}=(0,0,\lambda a_3,\cdots,\lambda a_n)\in V.$$

所以集合 $V=\{(0,0,x_3,\cdots,x_n)\,|\,x_i\in\mathbf{R},i=3,4,\cdots,n\}$ 是 $\mathbf{R}^n$ 的一个子空间．

例 3　设 $V=\{(x_1,x_2,1)\,|\,x_1,x_2\in\mathbf{R}\}$ 不是 $\mathbf{R}^3$ 的一个子空间．

解　因为对任意 $\boldsymbol{\alpha}=(x_1,x_2,1)\in V,\ \boldsymbol{\beta}=(y_1,y_2,1)\in V$，总有

$$\boldsymbol{\alpha}+\boldsymbol{\beta}=(x_1+y_1,x_2+y_2,2)\notin V.$$

故集合 V 不是 $\mathbf{R}^3$ 的一个子空间．

习题 3.1

1. 设 $\boldsymbol{\alpha}=(2,1,0,-9)$, $\boldsymbol{\beta}=(1,-2,7,0)$, $\boldsymbol{\gamma}=(1,1,1,1)$,

（1）求 $4\boldsymbol{\alpha}-\boldsymbol{\beta}+5\boldsymbol{\gamma}$；

（2）若 $2\boldsymbol{\alpha}+\boldsymbol{\xi}=\boldsymbol{\beta}+\boldsymbol{\gamma}$，求 $\boldsymbol{\xi}$.

2. 判断下列集合是不是 $\mathbf{R}^n$ 的子空间.

（1）$V_1=\{(x_1,0,\cdots,0)\mid x_1\in\mathbf{R}\}$；

（2）$V_2=\{(x_1,x_2,\cdots,x_n)\mid x_1+x_2+\cdots+x_n=1\}$；

（3）$V_3=\{(x_1,x_2,\cdots,x_n)\mid x_1+x_2+\cdots+x_n=0\}$；

（4）$V_4=\{(x_1,x_2,\cdots,x_n)\mid x_i\in\mathbf{N},\ i=1,2,\cdots,n\}$.

第二节　向量组及其线性相关性

我们知道，在空间向量中，任意向量 $\boldsymbol{\alpha}$ 都可以由基向量 $\boldsymbol{i},\boldsymbol{j},\boldsymbol{k}$ 表示出来，即 $\boldsymbol{\alpha}=a_1\boldsymbol{i}+a_2\boldsymbol{j}+a_3\boldsymbol{k}$. 我们可以把向量间的这种关系推广到 n 维向量中，为此，需引入以下很重要的概念：线性相关与线性无关，并给出线性相关性的相关定理.

一、向量组的线性组合

若干个同维数的向量所组成的集合称为**向量组**.

两个向量 $\boldsymbol{\alpha},\boldsymbol{\beta}$ 之间的线性关系就是它们的分量对应成比例，即存在一个非零常数 k，使得

$$\boldsymbol{\alpha}=k\boldsymbol{\beta}\ （或\ \boldsymbol{\beta}=k\boldsymbol{\alpha}\ ）.$$

我们可以把这种关系推广到多个向量之间，称之为线性组合.

定义 3.3　设有向量组 $\boldsymbol{\beta},\boldsymbol{\alpha}_1,\boldsymbol{\alpha}_2,\cdots,\boldsymbol{\alpha}_m$，若存在一组不全为零的常数 $k_1,k_2,\cdots,k_m$，使得

$$\boldsymbol{\beta}=k_1\boldsymbol{\alpha}_1+k_2\boldsymbol{\alpha}_2+\cdots+k_m\boldsymbol{\alpha}_m,$$

则称向量 $\boldsymbol{\beta}$ 是**向量组 $\boldsymbol{\alpha}_1,\boldsymbol{\alpha}_2,\cdots,\boldsymbol{\alpha}_m$ 的线性组合**，或者称向量 $\boldsymbol{\beta}$ 可以由向量组 $\boldsymbol{\alpha}_1,\boldsymbol{\alpha}_2,\cdots,\boldsymbol{\alpha}_m$ **线性表示**（或**线性表出**）. 向量组 $\boldsymbol{\alpha}_1,\boldsymbol{\alpha}_2,\cdots,\boldsymbol{\alpha}_m$ 的所有线性组合组成的集合用 $L(\boldsymbol{\alpha}_1,\boldsymbol{\alpha}_2,\cdots,\boldsymbol{\alpha}_m)$ 表示，即

$$L(\boldsymbol{\alpha}_1,\boldsymbol{\alpha}_2,\cdots,\boldsymbol{\alpha}_m)=\{\boldsymbol{\alpha}\mid\boldsymbol{\alpha}=k_1\boldsymbol{\alpha}_1+k_2\boldsymbol{\alpha}_2+\cdots+k_m\boldsymbol{\alpha}_m,\ k_i\ 是数,\ i=1,2,\cdots,m\}.$$

容易知道，如果 $\boldsymbol{\alpha}_1,\boldsymbol{\alpha}_2,\cdots,\boldsymbol{\alpha}_m$ 是 n 维向量组，则

$$L(\boldsymbol{\alpha}_1,\boldsymbol{\alpha}_2,\cdots,\boldsymbol{\alpha}_m)=\{\boldsymbol{\alpha}\mid\boldsymbol{\alpha}=k_1\boldsymbol{\alpha}_1+k_2\boldsymbol{\alpha}_2+\cdots+k_m\boldsymbol{\alpha}_m,\ k_i\ 是数,\ i=1,2,\cdots,m\}$$

是 $\mathbf{R}^n$ 的一个子空间，称之为**由 $\boldsymbol{\alpha}_1,\boldsymbol{\alpha}_2,\cdots,\boldsymbol{\alpha}_m$ 生成的子空间**.

例如,设 $\boldsymbol{\varepsilon}_1=(1,0,\cdots,0)$, $\boldsymbol{\varepsilon}_2=(0,1,\cdots,0),\cdots$, $\boldsymbol{\varepsilon}_n=(0,0,\cdots,1)$,对于任意 n 维向量 $\boldsymbol{\alpha}=(a_1,a_2,\cdots,a_n)$ ，有

$$\boldsymbol{\alpha}=a_1\boldsymbol{\varepsilon}_1+a_2\boldsymbol{\varepsilon}_2+\cdots+a_n\boldsymbol{\varepsilon}_n.$$

我们称$\boldsymbol{\varepsilon}_1=(1,0,\cdots,0),\ \boldsymbol{\varepsilon}_2=(0,1,\cdots,0),\cdots,\ \boldsymbol{\varepsilon}_n=(0,0,\cdots,1)$为 n 维单位向量组．也就是说，任意 n 维向量都是 n 维单位向量组的线性组合，且有$\mathbf{R}^n=L(\boldsymbol{\varepsilon}_1,\boldsymbol{\varepsilon}_2,\cdots,\boldsymbol{\varepsilon}_n)$．

又如，设$\boldsymbol{\beta}=(1,2,3,4),\ \boldsymbol{\alpha}_1=(3,4,5,6),\ \boldsymbol{\alpha}_2=(1,1,1,1)$，则有

$$\boldsymbol{\beta}=\boldsymbol{\alpha}_1-2\boldsymbol{\alpha}_2,$$

所以向量$\boldsymbol{\beta}$是向量组$\boldsymbol{\alpha}_1,\boldsymbol{\alpha}_2$的线性组合．

由线性组合的定义易知：

（1）零向量可以由任一向量组线性表示．

事实上，$\mathbf{0}=0\boldsymbol{\alpha}_1+0\boldsymbol{\alpha}_2+\cdots+0\boldsymbol{\alpha}_m$，这里$\boldsymbol{\alpha}_1,\boldsymbol{\alpha}_2,\cdots,\boldsymbol{\alpha}_m$是任一向量组．

（2）向量组$\boldsymbol{\alpha}_1,\boldsymbol{\alpha}_2,\cdots,\boldsymbol{\alpha}_m$中的任一向量都可以由这个向量组线性表示．

事实上，$\boldsymbol{\alpha}_i=0\boldsymbol{\alpha}_1+\cdots+0\boldsymbol{\alpha}_{i-1}+1\boldsymbol{\alpha}_i+0\boldsymbol{\alpha}_{i+1}+\cdots+0\boldsymbol{\alpha}_m\ (i=1,2,\cdots,m)$．

二、向量组的等价

定义 3.4　设有两个向量组：

$$\text{I}:\boldsymbol{\alpha}_1,\boldsymbol{\alpha}_2,\cdots,\boldsymbol{\alpha}_m,\qquad \text{II}:\boldsymbol{\beta}_1,\boldsymbol{\beta}_2,\cdots,\boldsymbol{\beta}_n,$$

如果向量组Ⅰ中的每一个向量都可以由向量组Ⅱ线性表示，则称向量组Ⅰ可由向量组Ⅱ线性表示．如果向量组Ⅰ与向量组Ⅱ可以相互线性表示，则称这两个**向量组等价**，记为Ⅰ∽Ⅱ．

关于向量组等价，有下面三个性质：

（1）反身性：每个向量组与它自己等价，即Ⅰ∽Ⅰ．

（2）对称性：若向量组Ⅰ与向量组Ⅱ等价，则向量组Ⅱ与向量组Ⅰ等价，即若Ⅰ∽Ⅱ，则Ⅱ∽Ⅰ．

（3）传递性：若向量组Ⅰ与向量组Ⅱ等价，向量组Ⅱ与向量组Ⅲ等价，则向量组Ⅰ与向量组Ⅲ等价，即若Ⅰ∽Ⅱ，Ⅱ∽Ⅲ，则Ⅰ∽Ⅲ．

例 1　证明：向量组Ⅰ：$\boldsymbol{\alpha}_1=(1,0,0),\ \boldsymbol{\alpha}_2=(0,1,0)$与向量组Ⅱ：$\boldsymbol{\beta}_1=(1,1,0),\ \boldsymbol{\beta}_2=(1,-1,0)$等价．

证明　因为$\boldsymbol{\alpha}_1=\frac{1}{2}\boldsymbol{\beta}_1+\frac{1}{2}\boldsymbol{\beta}_2,\ \boldsymbol{\alpha}_2=\frac{1}{2}\boldsymbol{\beta}_1-\frac{1}{2}\boldsymbol{\beta}_2$，所以向量组Ⅰ可以由向量组Ⅱ线性表示．

又因为$\boldsymbol{\beta}_1=\boldsymbol{\alpha}_1+\boldsymbol{\alpha}_2,\ \boldsymbol{\beta}_2=\boldsymbol{\alpha}_1-\boldsymbol{\alpha}_2$，所以向量组Ⅱ可以由向量组Ⅰ线性表示．

因此，由向量组等价的定义知，向量组Ⅰ与向量组Ⅱ等价．

三、向量组的线性相关性

1．基本概念

向量组的线性相关性是线性代数中极为重要的基本概念，它是向量在线性运算下的一种性质．下面先讨论它在三维空间中的几何背景．

情形 1：如果两个向量$\boldsymbol{\alpha},\boldsymbol{\beta}$共线，则$\boldsymbol{\alpha}=l\boldsymbol{\beta}(l\in\mathbf{R})$或者$\boldsymbol{\beta}=k\boldsymbol{\alpha}(k\in\mathbf{R})$．无论哪种情形，它都等价于存在不全为零的数$k_1,k_2$，使得$k_1\boldsymbol{\alpha}+k_2\boldsymbol{\beta}=\mathbf{0}$．

如果两个向量$\boldsymbol{\alpha},\boldsymbol{\beta}$不共线，则对任意$l\in\mathbf{R}$，有$\boldsymbol{\alpha}\neq l\boldsymbol{\beta}$．它等价于只有当$k_1,k_2$全为零时，才有$k_1\boldsymbol{\alpha}+k_2\boldsymbol{\beta}=\mathbf{0}$．

情形 2：如果三个向量$\boldsymbol{\alpha}_1,\boldsymbol{\alpha}_2,\boldsymbol{\alpha}_3$共面，则其中至少有一个向量可以用另外两个向量线性表示．如图 3.1，有：$\boldsymbol{\alpha}_2=k_1\boldsymbol{\alpha}_1+k_3\boldsymbol{\alpha}_3$；图 3.2，有：$\boldsymbol{\alpha}_1=0\boldsymbol{\alpha}_2+k_3\boldsymbol{\alpha}_3$，两者都等价于存在不全为零的数$k_1,k_2,k_3$，使得$k_1\boldsymbol{\alpha}_1+k_2\boldsymbol{\alpha}_2+k_3\boldsymbol{\alpha}_3=\mathbf{0}$．

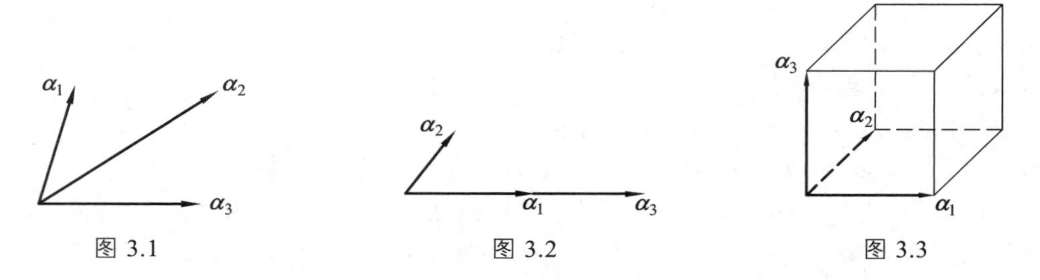

图 3.1　　图 3.2　　图 3.3

如果三个向量$\boldsymbol{\alpha}_1,\boldsymbol{\alpha}_2,\boldsymbol{\alpha}_3$不共面，如图 3.3，则其中任何一个向量都不能用另外两个向量线性表示，即只有当k_1,k_2,k_3全为零时，才有$k_1\boldsymbol{\alpha}_1+k_2\boldsymbol{\alpha}_2+k_3\boldsymbol{\alpha}_3=\mathbf{0}$．

上述三维向量在线性运算下的性质，即一组向量中是否存在一个向量能由其余向量线性表示，或者是否存在不全为零的数使得向量组的线性组合为零，就是向量组的线性相关性．我们可以将三维情形推广到n维．

定义 3.5　设$\boldsymbol{\alpha}_1,\boldsymbol{\alpha}_2,\cdots,\boldsymbol{\alpha}_m$为$n$维向量组，若存在不全为零的数$k_1,k_2,\cdots,k_m$，使得

$$k_1\boldsymbol{\alpha}_1+k_2\boldsymbol{\alpha}_2+\cdots+k_m\boldsymbol{\alpha}_m=\mathbf{0}, \tag{3.1}$$

则称$\boldsymbol{\alpha}_1,\boldsymbol{\alpha}_2,\cdots,\boldsymbol{\alpha}_m$线性相关；否则，称$\boldsymbol{\alpha}_1,\boldsymbol{\alpha}_2,\cdots,\boldsymbol{\alpha}_m$线性无关．即仅当$k_1,k_2,\cdots,k_m$全为零时，（3.1）式才成立．

由向量组线性相关性的定义，容易得到下列结论：

（1）单独一个向量$\boldsymbol{\alpha}$线性相关的充要条件是$\boldsymbol{\alpha}=\mathbf{0}$，线性无关的充要条件是$\boldsymbol{\alpha}\neq\mathbf{0}$．

（2）含有零向量的向量组必线性相关．

（3）两个向量构成的向量组线性相关（无关）的充要条件是它们的分量对应成（不成）比例．

（4）n维单位向量组$\boldsymbol{\varepsilon}_1=(1,0,\cdots,0),\ \boldsymbol{\varepsilon}_2=(0,1,\cdots,0),\cdots,\ \boldsymbol{\varepsilon}_n=(0,0,\cdots,1)$线性无关．

事实上，考察

$$k_1\boldsymbol{\varepsilon}_1+k_2\boldsymbol{\varepsilon}_2+\cdots+k_n\boldsymbol{\varepsilon}_n=\mathbf{0},$$

即

$$(k_1,k_2,\cdots,k_n)=\mathbf{0},$$

于是$k_1=k_2=\cdots=k_n=0$，即$\boldsymbol{\varepsilon}_1,\boldsymbol{\varepsilon}_2,\cdots,\boldsymbol{\varepsilon}_n$线性无关．

特别地，在$\mathbf{R}^2$中，$\boldsymbol{i},\boldsymbol{j}$线性无关；在$\mathbf{R}^3$中，$\boldsymbol{i},\boldsymbol{j},\boldsymbol{k}$线性无关．

例 2　已知向量组$\boldsymbol{\alpha}_1,\boldsymbol{\alpha}_2,\boldsymbol{\alpha}_3$线性无关，证明向量组$\boldsymbol{\alpha}_1+\boldsymbol{\alpha}_2,\boldsymbol{\alpha}_2+\boldsymbol{\alpha}_3,\boldsymbol{\alpha}_3+\boldsymbol{\alpha}_1$也线性无关．

证明　令$\boldsymbol{\beta}_1=\boldsymbol{\alpha}_1+\boldsymbol{\alpha}_2,\boldsymbol{\beta}_2=\boldsymbol{\alpha}_2+\boldsymbol{\alpha}_3,\boldsymbol{\beta}_3=\boldsymbol{\alpha}_3+\boldsymbol{\alpha}_1$，并设有数$k_1,k_2,k_3$，使得

$$k_1\boldsymbol{\beta}_1+k_2\boldsymbol{\beta}_2+k_3\boldsymbol{\beta}_3=\mathbf{0},$$

即
$$k_1(\boldsymbol{\alpha}_1+\boldsymbol{\alpha}_2)+k_2(\boldsymbol{\alpha}_2+\boldsymbol{\alpha}_3)+k_3(\boldsymbol{\alpha}_3+\boldsymbol{\alpha}_1)=\mathbf{0}.$$
整理得
$$(k_1+k_3)\boldsymbol{\alpha}_1+(k_1+k_2)\boldsymbol{\alpha}_2+(k_2+k_3)\boldsymbol{\alpha}_3=\mathbf{0}.$$
因为$\boldsymbol{\alpha}_1,\boldsymbol{\alpha}_2,\boldsymbol{\alpha}_3$线性无关，故仅有
$$\begin{cases}k_1+k_3=0,\\k_1+k_2=0,\\k_2+k_3=0.\end{cases}$$
解之得方程组只有零解$k_1=k_2=k_3=0$，故向量组$\boldsymbol{\alpha}_1+\boldsymbol{\alpha}_2,\boldsymbol{\alpha}_2+\boldsymbol{\alpha}_3,\boldsymbol{\alpha}_3+\boldsymbol{\alpha}_1$线性无关.

2. 线性相关性的有关定理

定理 3.1　向量组$\boldsymbol{\alpha}_1,\boldsymbol{\alpha}_2,\cdots,\boldsymbol{\alpha}_m$（当$m\geqslant 2$时）线性相关的充分必要条件是$\boldsymbol{\alpha}_1,\boldsymbol{\alpha}_2,\cdots,\boldsymbol{\alpha}_m$中至少有一个向量可由其余$m-1$个向量线性表示.

证明　必要性：设向量组$\boldsymbol{\alpha}_1,\boldsymbol{\alpha}_2,\cdots,\boldsymbol{\alpha}_m$（当$m\geqslant 2$时）线性相关，则存在不全为零的数$k_1,k_2,\cdots,k_m$，使得
$$k_1\boldsymbol{\alpha}_1+k_2\boldsymbol{\alpha}_2+\cdots+k_m\boldsymbol{\alpha}_m=\mathbf{0}.$$
因为$k_1,k_2,\cdots,k_m$不全为零，不妨假设$k_1\neq 0$，则有
$$\boldsymbol{\alpha}_1=\left(-\frac{k_2}{k_1}\right)\boldsymbol{\alpha}_2+\left(-\frac{k_3}{k_1}\right)\boldsymbol{\alpha}_3+\cdots+\left(-\frac{k_m}{k_1}\right)\boldsymbol{\alpha}_m.$$
即$\boldsymbol{\alpha}_1$可由其余$m-1$个向量线性表示.

充分性：设$\boldsymbol{\alpha}_1,\boldsymbol{\alpha}_2,\cdots,\boldsymbol{\alpha}_m$中至少有一个向量可由其余$m-1$个向量线性表示，不妨设$\boldsymbol{\alpha}_1$可由其余$m-1$个向量线性表示，即存在一组数$l_2,l_3,\cdots,l_m$使得
$$\boldsymbol{\alpha}_1=l_2\boldsymbol{\alpha}_2+l_3\boldsymbol{\alpha}_3+\cdots+l_m\boldsymbol{\alpha}_m,$$
即
$$(-1)\boldsymbol{\alpha}_1+l_2\boldsymbol{\alpha}_2+l_3\boldsymbol{\alpha}_3+\cdots+l_m\boldsymbol{\alpha}_m=\mathbf{0}.$$
由于系数$-1,l_2,l_3,\cdots,l_m$不全为零，所以向量组$\boldsymbol{\alpha}_1,\boldsymbol{\alpha}_2,\cdots,\boldsymbol{\alpha}_m$线性相关.

定理 3.1 的等价说法：

向量组$\boldsymbol{\alpha}_1,\boldsymbol{\alpha}_2,\cdots,\boldsymbol{\alpha}_m$（当$m\geqslant 2$时）线性无关的充分必要条件是$\boldsymbol{\alpha}_1,\boldsymbol{\alpha}_2,\cdots,\boldsymbol{\alpha}_m$中任何一个向量都不能由其余$m-1$个向量线性表示.

定理 3.2　向量组中有一部分向量（称为部分组）线性相关，则整个向量组线性相关.

证明　设向量组$\boldsymbol{\alpha}_1,\boldsymbol{\alpha}_2,\cdots,\boldsymbol{\alpha}_m$（当$m\geqslant 2$时）中有$s(s\leqslant m)$个向量线性相关，不妨设为$\boldsymbol{\alpha}_1,\boldsymbol{\alpha}_2,\cdots,\boldsymbol{\alpha}_s$，则存在不全为零的数$k_1,k_2,\cdots,k_s$使得
$$k_1\boldsymbol{\alpha}_1+k_2\boldsymbol{\alpha}_2+\cdots+k_s\boldsymbol{\alpha}_s=\mathbf{0}.$$
上式可以写成
$$k_1\boldsymbol{\alpha}_1+k_2\boldsymbol{\alpha}_2+\cdots+k_s\boldsymbol{\alpha}_s+0\boldsymbol{\alpha}_{s+1}+\cdots+0\boldsymbol{\alpha}_m=\mathbf{0}.$$
显然$k_1,k_2,\cdots,k_s,0,\cdots,0$不全为零，所以$\boldsymbol{\alpha}_1,\boldsymbol{\alpha}_2,\cdots,\boldsymbol{\alpha}_m$线性相关.

定理 3.2 的等价说法：

线性无关的向量组的任何部分组都线性无关.

定理 3.3 若向量组 A: $\boldsymbol{\alpha}_1,\boldsymbol{\alpha}_2,\cdots,\boldsymbol{\alpha}_m$ 线性无关，而向量组 B: $\boldsymbol{\alpha}_1,\boldsymbol{\alpha}_2,\cdots,\boldsymbol{\alpha}_m,\boldsymbol{\beta}$ 线性相关，则向量 $\boldsymbol{\beta}$ 可由向量组 A 线性表示，且表示法唯一.

证明 由于向量组 B: $\boldsymbol{\alpha}_1,\boldsymbol{\alpha}_2,\cdots,\boldsymbol{\alpha}_m,\boldsymbol{\beta}$ 线性相关，则存在不全为零的数 $k_1,k_2,\cdots,k_m,k$，使得

$$k_1\boldsymbol{\alpha}_1+k_2\boldsymbol{\alpha}_2+\cdots+k_m\boldsymbol{\alpha}_m+k\boldsymbol{\beta}=\mathbf{0}.$$

我们可以肯定，$k\neq 0$. 否则，若 $k=0$，则存在不全为零的数 $k_1,k_2,\cdots,k_m$，使得

$$k_1\boldsymbol{\alpha}_1+k_2\boldsymbol{\alpha}_2+\cdots+k_m\boldsymbol{\alpha}_m=\mathbf{0}.$$

这与 $\boldsymbol{\alpha}_1,\boldsymbol{\alpha}_2,\cdots,\boldsymbol{\alpha}_m$ 线性无关矛盾. 于是

$$\boldsymbol{\beta}=\left(-\frac{k_1}{k}\right)\boldsymbol{\alpha}_1+\left(-\frac{k_2}{k}\right)\boldsymbol{\alpha}_2+\cdots+\left(-\frac{k_m}{k}\right)\boldsymbol{\alpha}_m,$$

即向量 $\boldsymbol{\beta}$ 可由向量组 A 线性表示.

下面证明表示法唯一. 设有两种表示式：

$$\boldsymbol{\beta}=k_1\boldsymbol{\alpha}_1+k_2\boldsymbol{\alpha}_2+\cdots+k_m\boldsymbol{\alpha}_m,$$

$$\boldsymbol{\beta}=l_1\boldsymbol{\alpha}_1+l_2\boldsymbol{\alpha}_2+\cdots+l_m\boldsymbol{\alpha}_m,$$

两式相减得到

$$(k_1-l_1)\boldsymbol{\alpha}_1+(k_2-l_2)\boldsymbol{\alpha}_2+\cdots+(k_m-l_m)\boldsymbol{\alpha}_m=\mathbf{0}.$$

由于 $\boldsymbol{\alpha}_1,\boldsymbol{\alpha}_2,\cdots,\boldsymbol{\alpha}_m$ 线性无关，所以

$$k_1-l_1=k_2-l_2=\cdots=k_m-l_m=0,$$

即 $k_i=l_i(i=1,2,\cdots,m)$，故向量 $\boldsymbol{\beta}$ 可由向量组 A 唯一线性表示 .

定理 3.4 设 $\boldsymbol{\alpha}_j=(a_{1j},a_{2j},\cdots,a_{mj})^{\mathrm{T}}$，$\boldsymbol{\beta}_j=(a_{1j},a_{2j},\cdots,a_{mj},a_{m+1,j})^{\mathrm{T}}$，$j=1,2,\cdots,r$，即 $\boldsymbol{\alpha}_j$ 添上一个分量后得向量 $\boldsymbol{\beta}_j$. 若向量组 A: $\boldsymbol{\alpha}_1,\boldsymbol{\alpha}_2,\cdots,\boldsymbol{\alpha}_r$ 线性无关，则向量组 B: $\boldsymbol{\beta}_1,\boldsymbol{\beta}_2,\cdots,\boldsymbol{\beta}_r$ 也线性无关；反之，若向量组 B 线性相关，则向量组 A 也线性相关.

证明 设有一组数使得

$$x_1\boldsymbol{\beta}_1+x_2\boldsymbol{\beta}_2+\cdots+x_r\boldsymbol{\beta}_r=\mathbf{0},$$

得到方程组：

$$\begin{cases}a_{11}x_1+a_{12}x_2+\cdots+a_{1r}x_r=0,\\ a_{21}x_1+a_{22}x_2+\cdots+a_{2r}x_r=0,\\ \cdots\cdots\cdots\cdots\\ a_{m+1,1}x_1+a_{m+1,2}x_2+\cdots+a_{m+1,r}x_r=0.\end{cases}\tag{3.2}$$

而由 $x_1\boldsymbol{\alpha}_1+x_2\boldsymbol{\alpha}_2+\cdots+x_r\boldsymbol{\alpha}_r=\mathbf{0}$ 得到的方程组为

$$\begin{cases}a_{11}x_1+a_{12}x_2+\cdots+a_{1r}x_r=0,\\ a_{21}x_1+a_{22}x_2+\cdots+a_{2r}x_r=0,\\ \cdots\cdots\cdots\cdots\\ a_{m1}x_1+a_{m2}x_2+\cdots+a_{mr}x_r=0,\end{cases} \tag{3.3}$$

即方程组（3.3）是由方程组（3.2）的前 m 个方程构成的，因此，方程组（3.2）的解均为方程组（3.3）的解. 由向量组 A: $\boldsymbol{\alpha}_1,\boldsymbol{\alpha}_2,\cdots,\boldsymbol{\alpha}_r$ 线性无关可得方程组（3.3）只有零解，从而方程组（3.2）也只有零解，所以向量组 B: $\boldsymbol{\beta}_1,\boldsymbol{\beta}_2,\cdots,\boldsymbol{\beta}_r$ 也线性无关.

注意： 定理 3.4 是在向量的最后一个分量后面添加一个分量得到的结论，可以将之推广到添加有限个分量的情形，而且还可以推广到在任何位置上添加有限个分量的情形.

由向量组的线性无关定义和克莱姆法则的推论，可以得到以下定理：

定理 3.5　设 $\boldsymbol{\alpha}_1,\boldsymbol{\alpha}_2,\cdots,\boldsymbol{\alpha}_n$ 是 n 个 n 维列向量，$\boldsymbol{\alpha}_j=(a_{1j},a_{2j},\cdots,a_{nj})^{\mathrm{T}},j=1,2,\cdots,n$，那么向量组 $\boldsymbol{\alpha}_1,\boldsymbol{\alpha}_2,\cdots,\boldsymbol{\alpha}_n$ 线性无关的充要条件是以 $\boldsymbol{\alpha}_1,\boldsymbol{\alpha}_2,\cdots,\boldsymbol{\alpha}_n$ 为列做成的行列式不等于零，即

$$D=\begin{vmatrix}a_{11} & a_{12} & \cdots & a_{1n}\\ a_{21} & a_{22} & \cdots & a_{2n}\\ \vdots & \vdots & & \vdots\\ a_{n1} & a_{n2} & \cdots & a_{nn}\end{vmatrix}\neq 0.$$

定理 3.5 的等价说法：

n 个 n 维列向量构成的向量组线性相关的充要条件是以它们为列做成的行列式等于零.

注意： 定理 3.5 对于行向量也是成立的.

推论　当 $m>n$ 时，m 个 n 维向量构成的向量组必然线性相关.

进一步，向量组 $\mathbf{R}^n$ 中，存在且最多存在 n 个线性无关的向量.

定理 3.6　设

$$\begin{aligned}\boldsymbol{\alpha}_j&=(a_{1j},\cdots,a_{sj},\cdots,a_{tj},\cdots,a_{mj}),\\ \boldsymbol{\beta}_j&=(a_{1j},\cdots,a_{tj},\cdots,a_{sj},\cdots,a_{mj}),\ j=1,2,\cdots,r,\end{aligned}$$

则向量组 $\boldsymbol{\alpha}_1,\boldsymbol{\alpha}_2,\cdots,\boldsymbol{\alpha}_r$ 与向量组 $\boldsymbol{\beta}_1,\boldsymbol{\beta}_2,\cdots,\boldsymbol{\beta}_r$ 有相同的线性相关性.

证明留作练习.

推论　同时交换一个向量组的多个位置上的分量，向量组的线性相关性不变.

例 3　设 $\boldsymbol{\alpha}_1=(a,0,0)^{\mathrm{T}}$，$\boldsymbol{\alpha}_2=(b,d,0)^{\mathrm{T}}$，$\boldsymbol{\alpha}_3=(c,e,f)^{\mathrm{T}}$，$a,d,f$ 中至少一个为零，证明 $\boldsymbol{\alpha}_1,\boldsymbol{\alpha}_2,\boldsymbol{\alpha}_3$ 线性相关.

证明　因为行列式

$$|\boldsymbol{\alpha}_1,\boldsymbol{\alpha}_2,\boldsymbol{\alpha}_3|=\begin{vmatrix}a & b & c\\ 0 & d & e\\ 0 & 0 & f\end{vmatrix}=adf,$$

而 a,d,f 中至少一个为零，即 $adf=0$，所以 $\boldsymbol{\alpha}_1,\boldsymbol{\alpha}_2,\boldsymbol{\alpha}_3$ 线性相关.

例 4 设向量组$\boldsymbol{\alpha}_1,\boldsymbol{\alpha}_2,\boldsymbol{\alpha}_3$线性相关，而$\boldsymbol{\alpha}_2,\boldsymbol{\alpha}_3,\boldsymbol{\alpha}_4$线性无关，证明：

（1）$\boldsymbol{\alpha}_1$可由$\boldsymbol{\alpha}_2,\boldsymbol{\alpha}_3$线性表示；

（2）$\boldsymbol{\alpha}_4$不能由$\boldsymbol{\alpha}_1,\boldsymbol{\alpha}_2,\boldsymbol{\alpha}_3$线性表示.

证明 （1）已知$\boldsymbol{\alpha}_2,\boldsymbol{\alpha}_3,\boldsymbol{\alpha}_4$线性无关，由定理 3.2 的等价说法知，$\boldsymbol{\alpha}_2,\boldsymbol{\alpha}_3$线性无关. 又向量组$\boldsymbol{\alpha}_1,\boldsymbol{\alpha}_2,\boldsymbol{\alpha}_3$线性相关，由定理 3.3 知，$\boldsymbol{\alpha}_1$可由$\boldsymbol{\alpha}_2,\boldsymbol{\alpha}_3$线性表示.

（2）用反证法. 设$\boldsymbol{\alpha}_4$能由$\boldsymbol{\alpha}_1,\boldsymbol{\alpha}_2,\boldsymbol{\alpha}_3$线性表示，即存在不全为零的常数$k_1,k_2,k_3$，使得

$$\boldsymbol{\alpha}_4 = k_1\boldsymbol{\alpha}_1 + k_2\boldsymbol{\alpha}_2 + k_3\boldsymbol{\alpha}_3 .$$

由（1）知道，$\boldsymbol{\alpha}_1$可由$\boldsymbol{\alpha}_2,\boldsymbol{\alpha}_3$线性表示，即存在数$l_2,l_3$，使得

$$\boldsymbol{\alpha}_1 = l_2\boldsymbol{\alpha}_2 + l_3\boldsymbol{\alpha}_3 .$$

代入上式得

$$\boldsymbol{\alpha}_4 = (k_2 + k_1 l_2)\boldsymbol{\alpha}_2 + (k_3 + k_1 l_3)\boldsymbol{\alpha}_3 ,$$

即$\boldsymbol{\alpha}_4$可由$\boldsymbol{\alpha}_2,\boldsymbol{\alpha}_3$线性表示. 这与$\boldsymbol{\alpha}_2,\boldsymbol{\alpha}_3,\boldsymbol{\alpha}_4$线性无关矛盾，所以$\boldsymbol{\alpha}_4$不能由$\boldsymbol{\alpha}_1,\boldsymbol{\alpha}_2,\boldsymbol{\alpha}_3$线性表示.

习题 3.2

1. 设$\boldsymbol{\alpha}_1 = (1,1,1,1), \boldsymbol{\alpha}_2 = (1,1,1,0), \boldsymbol{\alpha}_3 = (1,1,0,0), \boldsymbol{\alpha}_4 = (1,0,0,0)$，

（1）求$-\boldsymbol{\alpha}_1 + \boldsymbol{\alpha}_2 + 2\boldsymbol{\alpha}_3 - 2\boldsymbol{\alpha}_4$.

（2）若$3(\boldsymbol{\alpha}_1 - \boldsymbol{\alpha}) + 2(\boldsymbol{\alpha}_2 + \boldsymbol{\alpha}) = 5(\boldsymbol{\alpha}_3 + \boldsymbol{\alpha}_4)$，求$\boldsymbol{\alpha}$.

2. 判断下列向量组的线性相关性.

（1）$\boldsymbol{\alpha}_1 = (1,2,3), \boldsymbol{\alpha}_2 = (1,1,1), \boldsymbol{\alpha}_3 = (0,0,0)$；

（2）$\boldsymbol{\alpha}_1 = (1,2,3), \boldsymbol{\alpha}_2 = (1,1,1), \boldsymbol{\alpha}_3 = (1,6,3)$；

（3）$\boldsymbol{\alpha}_1 = (2,3), \boldsymbol{\alpha}_2 = (1,1), \boldsymbol{\alpha}_3 = (6,3)$；

（4）$\boldsymbol{\alpha}_1 = (1,2,3,4), \boldsymbol{\alpha}_2 = (4,-5,-8,9)$.

3. 对任意向量组$\boldsymbol{\alpha}_1,\boldsymbol{\alpha}_2,\boldsymbol{\alpha}_3,\boldsymbol{\alpha}_4$，证明向量组$\boldsymbol{\alpha}_1+\boldsymbol{\alpha}_2,\boldsymbol{\alpha}_2+\boldsymbol{\alpha}_3,\boldsymbol{\alpha}_3+\boldsymbol{\alpha}_4,\boldsymbol{\alpha}_4+\boldsymbol{\alpha}_1$线性相关.

4. 若向量组$\boldsymbol{\alpha}_1,\boldsymbol{\alpha}_2$线性无关，$\boldsymbol{\beta}_1 = \boldsymbol{\alpha}_1 + \boldsymbol{\alpha}_2, \boldsymbol{\beta}_2 = \boldsymbol{\alpha}_1 - \boldsymbol{\alpha}_2$，证明向量组$\boldsymbol{\beta}_1,\boldsymbol{\beta}_2$线性无关.

5. 若向量组$\boldsymbol{\alpha}_1,\boldsymbol{\alpha}_2,\cdots,\boldsymbol{\alpha}_m$线性无关，$\boldsymbol{\beta}_1 = \boldsymbol{\alpha}_1 + \boldsymbol{\alpha}_2, \boldsymbol{\beta}_2 = \boldsymbol{\alpha}_2 + \boldsymbol{\alpha}_3, \cdots, \boldsymbol{\beta}_m = \boldsymbol{\alpha}_m + \boldsymbol{\alpha}_1$，试问向量组$\boldsymbol{\beta}_1,\boldsymbol{\beta}_2,\cdots,\boldsymbol{\beta}_m$的线性相关性是什么？证明你的结论.

6. 若向量组$\boldsymbol{\alpha}_1,\boldsymbol{\alpha}_2,\cdots,\boldsymbol{\alpha}_m$线性无关，而向量组$\boldsymbol{\alpha}_1,\boldsymbol{\alpha}_2,\cdots,\boldsymbol{\alpha}_m,\boldsymbol{\beta},\boldsymbol{\gamma}$线性相关，则$\boldsymbol{\beta},\boldsymbol{\gamma}$中至少有一个能由向量组$\boldsymbol{\alpha}_1,\boldsymbol{\alpha}_2,\cdots,\boldsymbol{\alpha}_m$线性表示或者向量组$\boldsymbol{\alpha}_1,\boldsymbol{\alpha}_2,\cdots,\boldsymbol{\alpha}_m,\boldsymbol{\beta}$与向量组$\boldsymbol{\alpha}_1,\boldsymbol{\alpha}_2,\cdots,\boldsymbol{\alpha}_m,\boldsymbol{\gamma}$等价.

第三节　向量组的秩及向量的坐标表示

一、向量组的极大无关组和秩

通过前面的学习，我们已经知道在向量组 $\mathbf{R}^n$ 中，存在且最多存在 n 个线性无关的向量. 那么，对于 m 个 n 维向量来讲，最多又存在多少个向量是线性无关的呢？又该如何求出这些线性无关的部分向量组？

例如，向量组 $\boldsymbol{\alpha}_1=(0,1,0)^{\mathrm{T}},\boldsymbol{\alpha}_2=(0,-1,1)^{\mathrm{T}},\boldsymbol{\alpha}_3=(0,1,1)^{\mathrm{T}}$ 是线性相关的，但是任意一个含有两个向量的部分组 $\boldsymbol{\alpha}_1,\boldsymbol{\alpha}_2;\boldsymbol{\alpha}_1,\boldsymbol{\alpha}_3;\boldsymbol{\alpha}_2,\boldsymbol{\alpha}_3$ 都是线性无关的，并且这样的线性无关的部分向量组具有这样的特点：

（1）向量组本身线性无关；

（2）若增加一个向量，该向量组就线性相关了.

此例中，线性无关的部分组最多含有两个向量，由此引入向量组的极大无关组和秩的概念.

1. 向量组的极大无关组

定义 3.6　设向量组 A 满足：

（1）在 A 中存在 r 个线性无关的向量 $\boldsymbol{\alpha}_1,\boldsymbol{\alpha}_2,\cdots,\boldsymbol{\alpha}_r$；

（2）A 中任意 $r+1$ 个向量（如果有的话）都线性相关，

则称向量组 $\boldsymbol{\alpha}_1,\boldsymbol{\alpha}_2,\cdots,\boldsymbol{\alpha}_r$ 为向量组 A 的一个**极大线性无关组**，简称**极大无关组**.

一般地，一个向量组的极大无关组不是唯一的.

由极大无关组的定义知道：

（1）线性无关的向量组的极大无关组还是它本身.

（2）一个向量组与它的极大无关组是等价的，进而，一个向量组的任意两个极大无关组都是等价的.

注意：零向量组没有极大无关组.

2. 向量组的秩

为了给出向量组的秩的概念及性质，我们不加证明地给出下面的定理.

定理 3.7　设有两个向量组：

$$\text{I}:\ \boldsymbol{\alpha}_1,\boldsymbol{\alpha}_2,\cdots,\boldsymbol{\alpha}_r;\quad \text{II}:\ \boldsymbol{\beta}_1,\boldsymbol{\beta}_2,\cdots,\boldsymbol{\beta}_s,$$

如果向量组Ⅰ线性无关且可以由向量组Ⅱ线性表示，则 $r\leqslant s$.

定理 3.7 可以用来比较两个向量组所含向量的个数，即线性无关的向量组Ⅰ可以由向量组Ⅱ线性表示，则向量组Ⅰ所含向量的个数不超过向量组Ⅱ所含向量的个数.

推论 1 设有两个向量组：

$$\text{I}: \boldsymbol{\alpha}_1,\boldsymbol{\alpha}_2,\cdots,\boldsymbol{\alpha}_r;\quad \text{II}: \boldsymbol{\beta}_1,\boldsymbol{\beta}_2,\cdots,\boldsymbol{\beta}_s,$$

如果向量组Ⅰ可以由向量组Ⅱ线性表示，且$r>s$，则向量组Ⅰ线性相关.

推论 2 若两个向量组

$$\text{I}: \boldsymbol{\alpha}_1,\boldsymbol{\alpha}_2,\cdots,\boldsymbol{\alpha}_r;\quad \text{II}: \boldsymbol{\beta}_1,\boldsymbol{\beta}_2,\cdots,\boldsymbol{\beta}_s$$

都是线性无关的向量组，且Ⅰ$\backsim$Ⅱ，则$r=s$.

由此可以得到，一个向量组的极大无关组所含向量的个数是唯一的. 为此给出向量组的秩的概念.

定义 3.7 向量组的极大无关组所含向量的个数称为**向量组的秩**. 向量组A的秩记为$R(A)$.

规定：只有零向量的向量组的秩为零.

例如，向量组$\mathbf{R}^n$的秩等于n.

向量组的秩有以下几个**性质**：

（1）向量组$\boldsymbol{\alpha}_1,\boldsymbol{\alpha}_2,\cdots,\boldsymbol{\alpha}_r$线性无关的充要条件是它的秩等于它所含向量的个数$r$.

（2）如果一个向量组的秩为r，则该向量组中任意含有r个向量的线性无关部分组都是它的一个极大无关组.

（3）如果向量组Ⅰ可以由向量组Ⅱ线性表示，则$R(\text{I})\leqslant R(\text{II})$.

证明 设$R(\text{I})=r$，$R(\text{II})=s$，如果向量组Ⅰ可以由向量组Ⅱ线性表示，那么向量组Ⅰ的极大无关组Ⅰ′: $\boldsymbol{\alpha}_1,\boldsymbol{\alpha}_2,\cdots,\boldsymbol{\alpha}_r$也可以由向量组Ⅱ的极大无关组Ⅱ″: $\boldsymbol{\beta}_1,\boldsymbol{\beta}_2,\cdots,\boldsymbol{\beta}_s$线性表示，因此$r\leqslant s$，即$R(\text{I})\leqslant R(\text{II})$.

推论 等价的向量组有相同的秩.

3. 向量组的秩与矩阵的秩

首先，向量组与矩阵有以下关系：

含有有限个向量的有序向量组与矩阵一一对应.

这是因为，一方面，若给定一个矩阵$\boldsymbol{A}$，则$\boldsymbol{A}$可以唯一地确定一个列（行）向量组. 不妨设矩阵

$$\boldsymbol{A}=\begin{pmatrix} a_{11} & a_{12} & \cdots & a_{1n} \\ a_{21} & a_{22} & \cdots & a_{2n} \\ \vdots & \vdots & & \vdots \\ a_{m1} & a_{m2} & \cdots & a_{mn} \end{pmatrix},$$

则$\boldsymbol{A}$的每一列（行）均是一个m（n）维列（行）向量，从而$\boldsymbol{A}$的所有列（行）构成一个含有n（m）个向量的m（n）维列（行）向量组.

另一方面，给定一个含有n（m）个向量的m（n）维列（行）向量组：

$$\boldsymbol{\alpha}_1=\begin{pmatrix} a_{11} \\ a_{21} \\ \vdots \\ a_{m1} \end{pmatrix},\ \boldsymbol{\alpha}_2=\begin{pmatrix} a_{12} \\ a_{22} \\ \vdots \\ a_{m2} \end{pmatrix},\cdots,\ \boldsymbol{\alpha}_n=\begin{pmatrix} a_{1n} \\ a_{2n} \\ \vdots \\ a_{mn} \end{pmatrix},$$

（或 $\boldsymbol{\beta}_1=(a_{11},a_{12},\cdots,a_{1n}),\boldsymbol{\beta}_2=(a_{21},a_{22},\cdots,a_{2n}),\cdots,\boldsymbol{\beta}_m=(a_{m1},a_{m2},\cdots,a_{mn})$），

可以得到一个矩阵：

$$\boldsymbol{A}=\begin{pmatrix} a_{11} & a_{12} & \cdots & a_{1n} \\ a_{21} & a_{22} & \cdots & a_{2n} \\ \vdots & \vdots & & \vdots \\ a_{m1} & a_{m2} & \cdots & a_{mn} \end{pmatrix} \triangleq (\boldsymbol{\alpha}_1,\boldsymbol{\alpha}_2,\cdots,\boldsymbol{\alpha}_n).$$

（或 $\boldsymbol{A}=\begin{pmatrix} a_{11} & a_{12} & \cdots & a_{1n} \\ a_{21} & a_{22} & \cdots & a_{2n} \\ \vdots & \vdots & & \vdots \\ a_{m1} & a_{m2} & \cdots & a_{mn} \end{pmatrix} \triangleq \begin{pmatrix} \boldsymbol{\beta}_1 \\ \boldsymbol{\beta}_2 \\ \vdots \\ \boldsymbol{\beta}_m \end{pmatrix}$）.

其次，若向量 $\boldsymbol{\alpha}$ 可以由向量组 $\boldsymbol{\beta}_1,\boldsymbol{\beta}_2,\cdots,\boldsymbol{\beta}_m$ 线性表示，即

$$\boldsymbol{\alpha}=k_1\boldsymbol{\beta}_1+k_2\boldsymbol{\beta}_2+\cdots+k_m\boldsymbol{\beta}_m,$$

可以将其写成矩阵形式：

$$\boldsymbol{\alpha}=(\boldsymbol{\beta}_1,\boldsymbol{\beta}_2,\cdots,\boldsymbol{\beta}_m)\begin{pmatrix} k_1 \\ k_2 \\ \vdots \\ k_m \end{pmatrix}.$$

于是，如果列向量组 A: $\boldsymbol{\alpha}_1,\boldsymbol{\alpha}_2,\cdots,\boldsymbol{\alpha}_s$ 可由列向量组 B: $\boldsymbol{\beta}_1,\boldsymbol{\beta}_2,\cdots,\boldsymbol{\beta}_t$ 线性表示，则将表示式写成矩阵形式为

$$(\boldsymbol{\alpha}_1,\boldsymbol{\alpha}_2,\cdots,\boldsymbol{\alpha}_s)=(\boldsymbol{\beta}_1,\boldsymbol{\beta}_2,\cdots,\boldsymbol{\beta}_t)\begin{pmatrix} k_{11} & k_{12} & \cdots & k_{1s} \\ k_{21} & k_{22} & \cdots & k_{2s} \\ \vdots & \vdots & & \vdots \\ k_{t1} & k_{t2} & \cdots & k_{ts} \end{pmatrix},$$

即 $\boldsymbol{A}=\boldsymbol{BK}$，这里

$$\boldsymbol{K}=\begin{pmatrix} k_{11} & k_{12} & \cdots & k_{1s} \\ k_{21} & k_{22} & \cdots & k_{2s} \\ \vdots & \vdots & & \vdots \\ k_{t1} & k_{t2} & \cdots & k_{ts} \end{pmatrix}.$$

反之，若存在矩阵 $\boldsymbol{K}$，使得 $\boldsymbol{A}=\boldsymbol{BK}$，则列向量组 $A:\boldsymbol{\alpha}_1,\boldsymbol{\alpha}_2,\cdots,\boldsymbol{\alpha}_s$ 可由列向量组 $B:\boldsymbol{\beta}_1,\boldsymbol{\beta}_2,\cdots,\boldsymbol{\beta}_t$ 线性表示.

综上可得下述定理：

定理 3.8　列向量组 $A:\boldsymbol{\alpha}_1,\boldsymbol{\alpha}_2,\cdots,\boldsymbol{\alpha}_s$ 可由列向量组 $B:\boldsymbol{\beta}_1,\boldsymbol{\beta}_2,\cdots,\boldsymbol{\beta}_t$ 线性表示的充要条件是存在矩阵 $\boldsymbol{K}=(k_{ij})_{t\times s}$，使得 $\boldsymbol{A}=\boldsymbol{BK}$，其中

$$\boldsymbol{A}=(\boldsymbol{\alpha}_1,\boldsymbol{\alpha}_2,\cdots,\boldsymbol{\alpha}_s),\quad \boldsymbol{B}=(\boldsymbol{\beta}_1,\boldsymbol{\beta}_2,\cdots,\boldsymbol{\beta}_t).$$

同理，行向量组 $A:\boldsymbol{\alpha}_1,\boldsymbol{\alpha}_2,\cdots,\boldsymbol{\alpha}_s$ 可由行向量组 $B:\boldsymbol{\beta}_1,\boldsymbol{\beta}_2,\cdots,\boldsymbol{\beta}_t$ 线性表示的充要条件是存在矩阵 $\boldsymbol{K}=(k_{ij})_{s\times t}$，使得 $\boldsymbol{A}=\boldsymbol{KB}$，其中

$$\boldsymbol{A}=\begin{pmatrix}\boldsymbol{\alpha}_1\\ \boldsymbol{\alpha}_2\\ \vdots\\ \boldsymbol{\alpha}_s\end{pmatrix},\quad \boldsymbol{B}=\begin{pmatrix}\boldsymbol{\beta}_1\\ \boldsymbol{\beta}_2\\ \vdots\\ \boldsymbol{\beta}_t\end{pmatrix}.$$

推论 若矩阵 $\boldsymbol{A}$ 经过有限次的初等列（行）变换化为矩阵 $\boldsymbol{B}$，则矩阵 $\boldsymbol{A}$ 的列（行）向量组与矩阵 $\boldsymbol{B}$ 的列（行）向量组等价.

定理 3.9 设矩阵 $\boldsymbol{A}=(a_{ij})_{n\times m}$，则 $\boldsymbol{A}$ 的列向量组：

$$\boldsymbol{\alpha}_1=\begin{pmatrix}a_{11}\\ a_{21}\\ \vdots\\ a_{n1}\end{pmatrix},\boldsymbol{\alpha}_2=\begin{pmatrix}a_{12}\\ a_{22}\\ \vdots\\ a_{n2}\end{pmatrix},\cdots,\boldsymbol{\alpha}_m=\begin{pmatrix}a_{1m}\\ a_{2m}\\ \vdots\\ a_{nm}\end{pmatrix}$$

线性无关的充要条件是 $R(\boldsymbol{A})=m$，即矩阵 $\boldsymbol{A}$ 的秩等于 $\boldsymbol{A}$ 的列向量的个数.

证明 充分性. 用反证法. 已知 $R(\boldsymbol{A})=m$，假设向量组 $\boldsymbol{\alpha}_1,\boldsymbol{\alpha}_2,\cdots,\boldsymbol{\alpha}_m$ 线性相关.

若 $m=1$，设向量组 $\boldsymbol{\alpha}_1$ 线性相关，则 $\boldsymbol{\alpha}_1=\boldsymbol{0},\ \boldsymbol{A}=\boldsymbol{O}$，所以 $R(\boldsymbol{A})=0$，这与 $R(\boldsymbol{A})=1$ 矛盾，因此 $\boldsymbol{\alpha}_1$ 线性无关.

若 $m>1$，假设向量组 $\boldsymbol{\alpha}_1,\boldsymbol{\alpha}_2,\cdots,\boldsymbol{\alpha}_m$ 线性相关，则 $\boldsymbol{\alpha}_1,\boldsymbol{\alpha}_2,\cdots,\boldsymbol{\alpha}_m$ 中至少存在一个向量可以由其余向量线性表示. 不妨假设 $\boldsymbol{\alpha}_m$ 可以由 $\boldsymbol{\alpha}_1,\boldsymbol{\alpha}_2,\cdots,\boldsymbol{\alpha}_{m-1}$ 线性表示，即存在一组不全为零的常数 $k_1,k_2,\cdots,k_{m-1}$，使得

$$\boldsymbol{\alpha}_m=k_1\boldsymbol{\alpha}_1+k_2\boldsymbol{\alpha}_2+\cdots+k_{m-1}\boldsymbol{\alpha}_{m-1},$$

则矩阵

$$\boldsymbol{A}=(\boldsymbol{\alpha}_1,\boldsymbol{\alpha}_2,\cdots,\boldsymbol{\alpha}_{m-1},\boldsymbol{\alpha}_m)=(\boldsymbol{\alpha}_1,\boldsymbol{\alpha}_2,\cdots,\boldsymbol{\alpha}_{m-1},k_1\boldsymbol{\alpha}_1+k_2\boldsymbol{\alpha}_2+\cdots+k_{m-1}\boldsymbol{\alpha}_{m-1}).$$

对 $\boldsymbol{A}$ 进行初等列变换得

$$\begin{aligned}\boldsymbol{A}&=(\boldsymbol{\alpha}_1,\boldsymbol{\alpha}_2,\cdots,\boldsymbol{\alpha}_{m-1},k_1\boldsymbol{\alpha}_1+k_2\boldsymbol{\alpha}_2+\cdots+k_{m-1}\boldsymbol{\alpha}_{m-1})\\ &\xrightarrow{c_m-k_1\boldsymbol{\alpha}_1-k_2\boldsymbol{\alpha}_2-\cdots-k_{m-1}\boldsymbol{\alpha}_{m-1}}(\boldsymbol{\alpha}_1,\boldsymbol{\alpha}_2,\cdots,\boldsymbol{\alpha}_{m-1},\boldsymbol{0})\triangleq\boldsymbol{B}.\end{aligned}$$

因此 $R(\boldsymbol{A})=R(\boldsymbol{B})\leqslant m-1$，这与 $R(\boldsymbol{A})=m$ 矛盾，所以向量组 $\boldsymbol{\alpha}_1,\boldsymbol{\alpha}_2,\cdots,\boldsymbol{\alpha}_m$ 线性无关.

必要性. 用反证法. 已知向量组 $\boldsymbol{\alpha}_1,\boldsymbol{\alpha}_2,\cdots,\boldsymbol{\alpha}_m$ 线性无关，假设 $R(\boldsymbol{A})<m$，令 $R(\boldsymbol{A})=r<m$，则存在可逆矩阵 $\boldsymbol{P}_{n\times n},\boldsymbol{Q}_{m\times m}$，使得

$$\boldsymbol{PAQ}=\begin{pmatrix}\boldsymbol{E}_r & \boldsymbol{O}_{r,m-r}\\ \boldsymbol{O}_{n-r,r} & \boldsymbol{O}_{n-r,m-r}\end{pmatrix},$$

令 $\boldsymbol{\alpha}=(0,0,\cdots,1)^{\mathrm{T}}$ 是一个 m 维向量，则

$$PAQ\boldsymbol{\alpha}=\begin{pmatrix}\boldsymbol{E}_r & \boldsymbol{O}_{r,m-r}\\ \boldsymbol{O}_{n-r,r} & \boldsymbol{O}_{n-r,m-r}\end{pmatrix}\begin{pmatrix}\boldsymbol{O}_{r\times1}\\ \boldsymbol{B}_1\end{pmatrix}=\begin{pmatrix}0\\0\\ \vdots\\0\end{pmatrix},$$

其中 $\boldsymbol{B}_1=(0,0,\cdots,1)^{\mathrm{T}}$ 表示 $m-r$ 维向量．于是，

$$\boldsymbol{AQ\alpha}=\boldsymbol{P}^{-1}\begin{pmatrix}\boldsymbol{E}_r & \boldsymbol{O}_{r,m-r}\\ \boldsymbol{O}_{n-r,r} & \boldsymbol{O}_{n-r,m-r}\end{pmatrix}\begin{pmatrix}\boldsymbol{O}_{r\times1}\\ \boldsymbol{B}_1\end{pmatrix}=\boldsymbol{P}^{-1}\begin{pmatrix}0\\0\\ \vdots\\0\end{pmatrix}=\begin{pmatrix}0\\0\\ \vdots\\0\end{pmatrix}.$$

设 $\boldsymbol{Q\alpha}=(k_1,k_2,\cdots,k_m)^{\mathrm{T}}$，则 $(k_1,k_2,\cdots,k_m)^{\mathrm{T}}\neq\boldsymbol{0}$，即 $k_1,k_2,\cdots,k_m$ 不全为零；否则，若 $k_1,k_2,\cdots,k_m$ 全为零，则

$$\boldsymbol{Q\alpha}=\boldsymbol{0}.$$

将上式两边左乘 $\boldsymbol{Q}^{-1}$ 得 $\boldsymbol{\alpha}=\boldsymbol{0}$，产生矛盾，因此有 $k_1,k_2,\cdots,k_m$ 不全为零．于是

$$\boldsymbol{AQ\alpha}=\boldsymbol{A}\begin{pmatrix}k_1\\k_2\\ \vdots\\k_m\end{pmatrix}=(\boldsymbol{\alpha}_1,\boldsymbol{\alpha}_2,\cdots,\boldsymbol{\alpha}_m)\begin{pmatrix}k_1\\k_2\\ \vdots\\k_m\end{pmatrix}=\boldsymbol{0},$$

即

$$k_1\boldsymbol{\alpha}_1+k_2\boldsymbol{\alpha}_2+\cdots+k_m\boldsymbol{\alpha}_m=\boldsymbol{0},$$

从而 $\boldsymbol{\alpha}_1,\boldsymbol{\alpha}_2,\cdots,\boldsymbol{\alpha}_m$ 线性相关，这与已知条件矛盾，因此 $R(\boldsymbol{A})=m$．

推论 1　设矩阵 $\boldsymbol{A}=(\boldsymbol{\alpha}_1,\boldsymbol{\alpha}_2,\cdots,\boldsymbol{\alpha}_m)$，则向量组 $\boldsymbol{\alpha}_1,\boldsymbol{\alpha}_2,\cdots,\boldsymbol{\alpha}_m$ 线性相关的充要条件是 $R(\boldsymbol{A})<m$，即矩阵 $\boldsymbol{A}$ 的秩小于 $\boldsymbol{A}$ 的列向量的个数，即 $\boldsymbol{A}$ 的列数．

这又给出了一种判断向量组线性相关性的方法．

推论 2　设有矩阵 $\boldsymbol{A}_{n\times m}=(\boldsymbol{\alpha}_1,\boldsymbol{\alpha}_2,\cdots,\boldsymbol{\alpha}_m)$, $\boldsymbol{B}_{n\times m}=(\boldsymbol{\beta}_1,\boldsymbol{\beta}_2,\cdots,\boldsymbol{\beta}_m)$，且 $R(\boldsymbol{A})=R(\boldsymbol{B})$，则向量组 $\boldsymbol{\alpha}_1,\boldsymbol{\alpha}_2,\cdots,\boldsymbol{\alpha}_m$ 与向量组 $\boldsymbol{\beta}_1,\boldsymbol{\beta}_2,\cdots,\boldsymbol{\beta}_m$ 有相同的线性相关性．其中两个向量组有相同的线性相关性是指：若 $\boldsymbol{\alpha}_1,\boldsymbol{\alpha}_2,\cdots,\boldsymbol{\alpha}_m$ 线性相关（或线性无关），则向量组 $\boldsymbol{\beta}_1,\boldsymbol{\beta}_2,\cdots,\boldsymbol{\beta}_m$ 也线性相关（或线性无关），反之亦然．

推论 3　若矩阵 $\boldsymbol{A}$ 经过有限次的初等行（列）变换化为矩阵 $\boldsymbol{B}$，则 $\boldsymbol{A}$ 和 $\boldsymbol{B}$ 中对应的列（行）向量组有相同的线性相关性．

证明　设矩阵 $\boldsymbol{A}_{n\times m}=(\boldsymbol{\alpha}_1,\boldsymbol{\alpha}_2,\cdots,\boldsymbol{\alpha}_m)$, $\boldsymbol{B}_{n\times m}=(\boldsymbol{\beta}_1,\boldsymbol{\beta}_2,\cdots,\boldsymbol{\beta}_m)$，由已知条件，存在 n 阶可逆矩阵 $\boldsymbol{P}$，使得 $\boldsymbol{B}=\boldsymbol{PA}$，即

$$(\boldsymbol{\beta}_1,\boldsymbol{\beta}_2,\cdots,\boldsymbol{\beta}_m)=\boldsymbol{P}(\boldsymbol{\alpha}_1,\boldsymbol{\alpha}_2,\cdots,\boldsymbol{\alpha}_m),$$

因此，$\boldsymbol{\beta}_i=\boldsymbol{P\alpha}_i$, $i=1,2,\cdots,m$．

记 $\boldsymbol{A}_1=(\boldsymbol{\alpha}_{i_1},\boldsymbol{\alpha}_{i_2},\cdots,\boldsymbol{\alpha}_{i_r})$, $\boldsymbol{B}_1=(\boldsymbol{\beta}_{i_1},\boldsymbol{\beta}_{i_2},\cdots,\boldsymbol{\beta}_{i_r})$，其中 $\boldsymbol{\alpha}_{i_1},\boldsymbol{\alpha}_{i_2},\cdots,\boldsymbol{\alpha}_{i_r}$ 与 $\boldsymbol{\beta}_{i_1},\boldsymbol{\beta}_{i_2},\cdots,\boldsymbol{\beta}_{i_r}$ $(1\leqslant i_1\leqslant i_2\leqslant\cdots\leqslant i_r)$ 分别是矩阵 $\boldsymbol{A}$ 和 $\boldsymbol{B}$ 中的 r 个列向量．于是

$$B_1=(\beta_{i_1},\beta_{i_2},\cdots,\beta_{i_r})=(P\alpha_{i_1},P\alpha_{i_2},\cdots,P\alpha_{i_r})=P(\alpha_{i_1},\alpha_{i_2},\cdots,\alpha_{i_r})=PA_1 .$$

所以 $R(A_1)=R(B_1)$，从而 $\alpha_{i_1},\alpha_{i_2},\cdots,\alpha_{i_r}$ 与 $\beta_{i_1},\beta_{i_2},\cdots,\beta_{i_r}$ 有相同的线性相关性.

例 1 判断向量组

$$\alpha_1=(1,3,1,4)^{\mathrm{T}},\ \alpha_2=(2,12,-2,12)^{\mathrm{T}},\ \alpha_3=(2,-3,8,2)^{\mathrm{T}}$$

的线性相关性.

解 以 $\alpha_1,\alpha_2,\alpha_3$ 为列构造矩阵 A，并对 A 进行行初等变换得

$$A=\begin{pmatrix}1&2&2\\3&12&-3\\1&-2&8\\4&12&2\end{pmatrix}\xrightarrow{\text{行初等变换}}\begin{pmatrix}1&2&2\\0&2&-3\\0&0&0\\0&0&0\end{pmatrix}.$$

所以 $R(A)=2<3$，故 $\alpha_1,\alpha_2,\alpha_3$ 线性相关.

我们称矩阵的列（行）向量组的秩为矩阵的列（行）秩. 关于矩阵的秩、矩阵的行秩和列秩，有下列结论.

定理 3.10 矩阵 A 的秩 = A 的列秩 = A 的行秩.

证明 设矩阵 $A_{n\times m}=(\alpha_1,\alpha_2,\cdots,\alpha_m)$，$R(A)=r$，则 A 中至少有一个 r 阶子式 $D_r\neq 0$. 设 D_r 位于 A 的第 $k_1,k_2,\cdots,k_r$ 列，这里 $k_1<k_2<\cdots<k_r$，下面证明 $\alpha_{k_1},\alpha_{k_2},\cdots,\alpha_{k_r}$ 是 A 的列向量组 $\alpha_1,\alpha_2,\cdots,\alpha_m$ 的一个极大无关组.

记 $A_1=(\alpha_{k_1},\alpha_{k_2},\cdots,\alpha_{k_r})$，则 $R(A_1)=r$，由定理 3.9 知道向量组 $\alpha_{k_1},\alpha_{k_2},\cdots,\alpha_{k_r}$ 线性无关. 任取 A 的一个列向量 α_j，则有：

（1）若 α_j 就是某一个 $\alpha_{k_i},i=1,2,\cdots,r$，显然 α_j 可以由向量组 $\alpha_{k_1},\alpha_{k_2},\cdots,\alpha_{k_r}$ 线性表示；

（2）若 α_j 不是向量组 $\alpha_{k_1},\alpha_{k_2},\cdots,\alpha_{k_r}$ 中的任何向量，且

$$k_1<\cdots<k_i<j<k_{i+1}<\cdots<k_r,\ 1\leqslant i\leqslant r ,$$

记 $A_2=(\alpha_{k_1},\cdots,\alpha_{k_i},\alpha_j,\alpha_{k_{i+1}},\cdots,\alpha_{k_r})$，因为 A_2 是 A 的子矩阵，所以

$$R(A_2)\leqslant R(A)=r<r+1 ,$$

从而 A_2 的列向量组 $\alpha_{k_1},\cdots,\alpha_{k_i},\alpha_j,\alpha_{k_{i+1}},\cdots,\alpha_{k_r}$ 线性相关，进而 α_j 可以由向量组 $\alpha_{k_1},\alpha_{k_2},\cdots,\alpha_{k_r}$ 线性表示.

综上可知，$\alpha_{k_1},\alpha_{k_2},\cdots,\alpha_{k_r}$ 是 A 的列向量组 $\alpha_1,\alpha_2,\cdots,\alpha_m$ 的一个极大无关组，从而 $\alpha_1,\alpha_2,\cdots,\alpha_m$ 的秩为 r，即 A 的列秩为 r，等于 $R(A)$.

利用刚才的结论，我们有

$$R(A^{\mathrm{T}}) = A^{\mathrm{T}}\text{的列向量组的秩} = A\text{的行向量组的秩}.$$

又因为 $R(A)=R(A^{\mathrm{T}})$. 所以

$$\text{矩阵}A\text{的秩}R(A) = A\text{的列秩} = A\text{的行秩}.$$

由定理 3.10 可得，若 $R(\boldsymbol{A})=r$，D_r 是 $\boldsymbol{A}$ 的一个 r 阶非零子式，则 D_r 所在的 r 个列（行）向量组就是 $\boldsymbol{A}$ 的列（行）向量组的一个极大无关组.

由推论 3 知道，若矩阵 $\boldsymbol{A}$ 经有限次行初等变换化为 $\boldsymbol{B}$，则 $\boldsymbol{A}$ 与 $\boldsymbol{B}$ 的任何对应的列向量组有相同的线性相关性，于是 $\boldsymbol{B}$ 的列向量组的极大无关组与 $\boldsymbol{A}$ 的列向量组的极大无关组相对应. 易证：若 $\boldsymbol{B}$ 为行阶梯形矩阵，则 $\boldsymbol{B}$ 的所有首非零元所在的列恰为 $\boldsymbol{B}$ 的列向量组的一个极大无关组. 由此可得求向量组 $\boldsymbol{\alpha}_1,\boldsymbol{\alpha}_2,\cdots,\boldsymbol{\alpha}_m$ 的极大无关组的方法，此方法的步骤为：

（1）以 $\boldsymbol{\alpha}_1,\boldsymbol{\alpha}_2,\cdots,\boldsymbol{\alpha}_m$ 为列做矩阵 $\boldsymbol{A}=(\boldsymbol{\alpha}_1,\boldsymbol{\alpha}_2,\cdots,\boldsymbol{\alpha}_m)$；

（2）对矩阵 $\boldsymbol{A}$ 进行行初等变换化为行阶梯形矩阵 $\boldsymbol{B}$；

（3）与 $\boldsymbol{B}$ 的所有首非零元所在的列对应的 $\boldsymbol{A}$ 的列向量就是 $\boldsymbol{A}$ 的列向量组的一个极大无关组.

例 2　求出例 1 中向量组的极大无关组，并将其余向量用这个极大无关组表示出来.

解　由例 1 知道，

$$\boldsymbol{A}=\begin{pmatrix}1&2&2\\3&12&-3\\1&-2&8\\4&12&2\end{pmatrix}\xrightarrow{\text{行初等变换}}\begin{pmatrix}1&2&2\\0&2&-3\\0&0&0\\0&0&0\end{pmatrix}\triangleq\boldsymbol{B},$$

其中 $\boldsymbol{\alpha}_1,\boldsymbol{\alpha}_2$ 是向量组 $\boldsymbol{\alpha}_1,\boldsymbol{\alpha}_2,\boldsymbol{\alpha}_3$ 的极大无关组. 再对 $\boldsymbol{B}$ 进行行初等变换得

$$\boldsymbol{B}=\begin{pmatrix}1&2&2\\0&2&-3\\0&0&0\\0&0&0\end{pmatrix}\xrightarrow{\text{行初等变换}}\begin{pmatrix}1&0&5\\0&1&-\dfrac{3}{2}\\0&0&0\\0&0&0\end{pmatrix},$$

所以 $\boldsymbol{\alpha}_3=5\boldsymbol{\alpha}_1-\dfrac{3}{2}\boldsymbol{\alpha}_2$.

注意： $\boldsymbol{\alpha}_1,\boldsymbol{\alpha}_3;\boldsymbol{\alpha}_2,\boldsymbol{\alpha}_3$ 也是向量组 $\boldsymbol{\alpha}_1,\boldsymbol{\alpha}_2,\boldsymbol{\alpha}_3$ 的极大无关组.

例 3　已知 $\boldsymbol{A}=(a_{ij})_{m\times s},\boldsymbol{B}=(b_{ij})_{s\times n}$，证明 $R(\boldsymbol{AB})\leqslant\min\{R(\boldsymbol{A}),R(\boldsymbol{B})\}$.

证明　令 $\boldsymbol{A}=(\boldsymbol{\alpha}_1,\boldsymbol{\alpha}_2,\cdots,\boldsymbol{\alpha}_s),\boldsymbol{AB}=(\boldsymbol{\gamma}_1,\boldsymbol{\gamma}_2,\cdots,\boldsymbol{\gamma}_n)$，则

$$\boldsymbol{AB}=(\boldsymbol{\gamma}_1,\boldsymbol{\gamma}_2,\cdots,\boldsymbol{\gamma}_n)=(\boldsymbol{\alpha}_1,\boldsymbol{\alpha}_2,\cdots,\boldsymbol{\alpha}_s)\boldsymbol{B}.$$

由本节定理 3.9 知道，矩阵 $\boldsymbol{AB}$ 的列向量组 $\boldsymbol{\gamma}_1,\boldsymbol{\gamma}_2,\cdots,\boldsymbol{\gamma}_n$ 可由矩阵 $\boldsymbol{A}$ 的列向量组 $\boldsymbol{\alpha}_1,\boldsymbol{\alpha}_2,\cdots,\boldsymbol{\alpha}_s$ 线性表示，由向量组的秩的性质知

$$\boldsymbol{\gamma}_1,\boldsymbol{\gamma}_2,\cdots,\boldsymbol{\gamma}_n \text{ 的秩}\leqslant\boldsymbol{\alpha}_1,\boldsymbol{\alpha}_2,\cdots,\boldsymbol{\alpha}_s \text{ 的秩}.$$

因此 $R(\boldsymbol{AB})\leqslant R(\boldsymbol{A})$.

又
$$R(\boldsymbol{AB})=R((\boldsymbol{AB})^{\mathrm{T}})=R(\boldsymbol{B}^{\mathrm{T}}\boldsymbol{A}^{\mathrm{T}})\leqslant R(\boldsymbol{B}^{\mathrm{T}})=R(\boldsymbol{B}),$$

所以 $R(\boldsymbol{AB})\leqslant\min\{R(\boldsymbol{A}),R(\boldsymbol{B})\}$.

二、$\mathbf{R}^n$的基、维数与坐标

n维向量全体$\mathbf{R}^n$的一个极大无关组也称为n**维向量空间**$\mathbf{R}^n$**的**一组基．其任一极大无关组所含向量的个数又称为n维向量空间$\mathbf{R}^n$的维数，记为$\dim\mathbf{R}^n$．显然，$\dim\mathbf{R}^n=n$．单位向量组$\boldsymbol{\varepsilon}_1,\boldsymbol{\varepsilon}_2,\cdots,\boldsymbol{\varepsilon}_n$称为$\mathbf{R}^n$的一个标准基．$\boldsymbol{i},\boldsymbol{j},\boldsymbol{k}$是$\mathbf{R}^3$的一个标准基．可见，$\mathbf{R}^n$中任一向量均为其基的线性组合，即设$\boldsymbol{\alpha}_1,\boldsymbol{\alpha}_2,\cdots,\boldsymbol{\alpha}_n$为$\mathbf{R}^n$的一组基，则$\mathbf{R}^n=L(\boldsymbol{\alpha}_1,\boldsymbol{\alpha}_2,\cdots,\boldsymbol{\alpha}_n)$．

设$\boldsymbol{\alpha}\in\mathbf{R}^n$，则$\boldsymbol{\alpha}$可以唯一地表示为

$$\boldsymbol{\alpha}=x_1\boldsymbol{\alpha}_1+x_2\boldsymbol{\alpha}_2+\cdots+x_n\boldsymbol{\alpha}_n,$$

则称$x_1,x_2,\cdots,x_n$为向量$\boldsymbol{\alpha}$在基$\boldsymbol{\alpha}_1,\boldsymbol{\alpha}_2,\cdots,\boldsymbol{\alpha}_n$下的**坐标**，记为$(x_1,x_2,\cdots,x_n)^{\mathrm{T}}$．

对于$\mathbf{R}^n$的子空间V，可以类似地定义基、维数（记为$\dim V$）和坐标．

例 4 设$\boldsymbol{A}=(\boldsymbol{\alpha}_1,\boldsymbol{\alpha}_2,\boldsymbol{\alpha}_3)=\begin{pmatrix}1&1&1\\1&0&0\\1&-1&1\end{pmatrix},\boldsymbol{B}=(\boldsymbol{\beta}_1,\boldsymbol{\beta}_2)=\begin{pmatrix}1&2\\2&3\\1&4\end{pmatrix}$，验证$\boldsymbol{\alpha}_1,\boldsymbol{\alpha}_2,\boldsymbol{\alpha}_3$为$\mathbf{R}^3$的一个基，并求$\boldsymbol{\beta}_1$和$\boldsymbol{\beta}_2$在这个基之下的坐标．

解 因为$|\boldsymbol{A}|=-2\neq0$，所以$\boldsymbol{\alpha}_1,\boldsymbol{\alpha}_2,\boldsymbol{\alpha}_3$线性无关，因此$\boldsymbol{\alpha}_1,\boldsymbol{\alpha}_2,\boldsymbol{\alpha}_3$为$\mathbf{R}^3$的一个基．

设

$$\boldsymbol{\beta}_1=x_1\boldsymbol{\alpha}_1+x_2\boldsymbol{\alpha}_2+x_3\boldsymbol{\alpha}_3,\ \boldsymbol{\beta}_2=y_1\boldsymbol{\alpha}_1+y_2\boldsymbol{\alpha}_2+y_3\boldsymbol{\alpha}_3.$$

写成矩阵形式为

$$(\boldsymbol{\beta}_1,\boldsymbol{\beta}_2)=(\boldsymbol{\alpha}_1,\boldsymbol{\alpha}_2,\boldsymbol{\alpha}_3)\begin{pmatrix}x_1&y_1\\x_2&y_2\\x_3&y_3\end{pmatrix},$$

即$\boldsymbol{B}=\boldsymbol{AC}$，这里

$$\boldsymbol{C}=\begin{pmatrix}x_1&y_1\\x_2&y_2\\x_3&y_3\end{pmatrix}.$$

由$\boldsymbol{A}=(\boldsymbol{\alpha}_1,\boldsymbol{\alpha}_2,\boldsymbol{\alpha}_3)=\begin{pmatrix}1&1&1\\1&0&0\\1&-1&1\end{pmatrix}$可得到

$$\boldsymbol{A}^{-1}=\begin{pmatrix}0&1&0\\\frac{1}{2}&0&-\frac{1}{2}\\\frac{1}{2}&-1&\frac{1}{2}\end{pmatrix},$$

所以

$$\boldsymbol{C}=\boldsymbol{A}^{-1}\boldsymbol{B}=\begin{pmatrix}2&3\\0&-1\\-1&0\end{pmatrix}.$$

从而$\boldsymbol{\beta}_1=2\boldsymbol{\alpha}_1-\boldsymbol{\alpha}_3,\boldsymbol{\beta}_2=3\boldsymbol{\alpha}_1-\boldsymbol{\alpha}_2$，即$\boldsymbol{\beta}_1$和$\boldsymbol{\beta}_2$在这个基之下的坐标分别为：$(2,0,-1)^{\mathrm{T}}$和$(3,-1,0)^{\mathrm{T}}$．

习题 3.3

1. 已知向量组$\boldsymbol{\alpha}_1=(\lambda,0,1)^{\mathrm{T}},\boldsymbol{\alpha}_2=(0,1,\lambda)^{\mathrm{T}},\boldsymbol{\alpha}_3=(1,\lambda,0)^{\mathrm{T}}$线性无关，求$\lambda$的值.

2. 已知a,b,c,d各不相同，判断向量组

$$\boldsymbol{\alpha}_1=(1,a,a^2,a^3)^{\mathrm{T}},\boldsymbol{\alpha}_2=(1,b,b^2,b^3)^{\mathrm{T}},\boldsymbol{\alpha}_3=(1,c,c^2,c^3)^{\mathrm{T}},\boldsymbol{\alpha}_4=(1,d,d^2,d^3)^{\mathrm{T}}$$

的线性相关性.

3. 求下列向量组的秩，判断向量组的线性相关性，求其一个极大无关组，并将其余向量用极大无关组表示出来.

（1）$\boldsymbol{\alpha}_1=(1,1,0)^{\mathrm{T}},\boldsymbol{\alpha}_2=(0,2,0)^{\mathrm{T}},\boldsymbol{\alpha}_3=(0,0,3)^{\mathrm{T}}$；

（2）$\boldsymbol{\alpha}_1=(1,0,0,1)^{\mathrm{T}},\boldsymbol{\alpha}_2=(0,1,0,1)^{\mathrm{T}},\boldsymbol{\alpha}_3=(0,1,0,-1)^{\mathrm{T}},\boldsymbol{\alpha}_4=(1,2,0,1)^{\mathrm{T}}$；

（3）$\boldsymbol{\alpha}_1=(1,2,1,3)^{\mathrm{T}},\boldsymbol{\alpha}_2=(4,-1,-5,-6)^{\mathrm{T}},\boldsymbol{\alpha}_3=(1,-3,-4,-7)^{\mathrm{T}}$.

4. 已知向量组$\boldsymbol{\alpha}_1,\boldsymbol{\alpha}_2,\boldsymbol{\alpha}_3$线性无关，求向量组

$$\boldsymbol{\beta}_1=\boldsymbol{\alpha}_1-\boldsymbol{\alpha}_2,\boldsymbol{\beta}_2=\boldsymbol{\alpha}_2-\boldsymbol{\alpha}_3,\boldsymbol{\beta}_3=\boldsymbol{\alpha}_3-\boldsymbol{\alpha}_1$$

的极大无关组.

5. 已知$\boldsymbol{A},\boldsymbol{B}$为同型矩阵，证明：$R(\boldsymbol{A}+\boldsymbol{B})\leqslant R(\boldsymbol{A})+R(\boldsymbol{B})$.

6. 已知$\boldsymbol{A},\boldsymbol{B}$为$m$行$n$列矩阵，证明：

$$\max\{R(\boldsymbol{A}),R(\boldsymbol{B})\}\leqslant R[(\boldsymbol{A},\boldsymbol{B})]\leqslant R(\boldsymbol{A})+R(\boldsymbol{B}).$$

7. 证明向量组$\boldsymbol{\alpha}_1=(1,0,1)^{\mathrm{T}},\boldsymbol{\alpha}_2=(2,1,1)^{\mathrm{T}},\boldsymbol{\alpha}_3=(1,-1,0)^{\mathrm{T}}$是$\mathbf{R}^3$的一个基，并求向量$\boldsymbol{\alpha}=(3,2,1)^{\mathrm{T}}$在这个基下的坐标.

第四节　线性方程组

在第一章，我们研究了一类特殊的线性方程组（方程的个数等于未知量的个数，且方程的系数行列式不等于零）的解. 但是，在很多实际问题中我们遇到的往往是一般形式的方程组（方程的个数与未知量的个数不等），本节主要研究一般线性方程组的解的问题，包括解的存在性、解的数量以及解的结构等内容.

一、线性方程组的一般形式

对于含有m个方程，n个未知量的n元线性方程组，其一般形式为

$$\begin{cases} a_{11}x_1 + a_{12}x_2 + \cdots + a_{1n}x_n = b_1, \\ a_{21}x_1 + a_{22}x_2 + \cdots + a_{2n}x_n = b_2, \\ \cdots\cdots\cdots\cdots \\ a_{m1}x_1 + a_{m2}x_2 + \cdots + a_{mn}x_n = b_m, \end{cases} \tag{3.4}$$

其中 $x_1, x_2, \cdots, x_n$ 是未知量， m 表示方程的个数， $a_{ij}(i=1,2\cdots,m; j=1,2,\cdots,n)$ 表示第 i 个方程中第 j 个未知量的系数，$b_i(i=1,2,\cdots,m)$ 表示常数项.

注意： 方程的个数 m 不一定等于未知量的个数 n.

当 $b_i = 0\ (i=1,2,\cdots,m)$ 时，有

$$\begin{cases} a_{11}x_1 + a_{12}x_2 + \cdots + a_{1n}x_n = 0, \\ a_{21}x_1 + a_{22}x_2 + \cdots + a_{2n}x_n = 0, \\ \cdots\cdots\cdots\cdots \\ a_{m1}x_1 + a_{m2}x_2 + \cdots + a_{mn}x_n = 0, \end{cases} \tag{3.5}$$

方程组（3.5）称为**齐次线性方程组**；当 $b_i(i=1,2,\cdots,m)$ 不全为零时，方程组（3.4）称为**非齐次线性方程组**.

$\boldsymbol{A} = \begin{pmatrix} a_{11} & a_{12} & \cdots & a_{1n} \\ a_{21} & a_{22} & \cdots & a_{2n} \\ \vdots & \vdots & & \vdots \\ a_{m1} & a_{m2} & \cdots & a_{mn} \end{pmatrix}$ 称为线性方程组（3.4）的系数矩阵；

$\overline{\boldsymbol{A}} = \begin{pmatrix} a_{11} & a_{12} & \cdots & a_{1n} & b_1 \\ a_{21} & a_{22} & \cdots & a_{2n} & b_2 \\ \vdots & \vdots & & \vdots & \vdots \\ a_{m1} & a_{m2} & \cdots & a_{mn} & b_m \end{pmatrix}$ 称为线性方程组（3.4）的增广矩阵.

记 $\boldsymbol{X} = \begin{pmatrix} x_1 \\ x_2 \\ \vdots \\ x_n \end{pmatrix}, \boldsymbol{b} = \begin{pmatrix} b_1 \\ b_2 \\ \vdots \\ b_m \end{pmatrix}$，则线性方程组（3.4）可以表示为

$$\boldsymbol{AX} = \boldsymbol{b}\ , \tag{3.6}$$

称之为线性方程组（3.4）的矩阵形式，其中 $\boldsymbol{X}$ 称为未知量列矩阵，$\boldsymbol{b}$ 称为常数项列矩阵. 齐次线性方程组（3.5）可表示为

$$\boldsymbol{AX} = \boldsymbol{0} \tag{3.7}$$

称之为齐次线性方程组（3.5）的矩阵形式.

若又记 $\boldsymbol{\alpha}_j = \begin{pmatrix} a_{1j} \\ a_{2j} \\ \vdots \\ a_{mj} \end{pmatrix} (j=1,2,\cdots,n)$，则线性方程组（3.4）可以表示为

$$x_1\boldsymbol{\alpha}_1 + x_2\boldsymbol{\alpha}_2 + \cdots + x_n\boldsymbol{\alpha}_n = \boldsymbol{b}\ , \tag{3.8}$$

称之为线性方程组（3.4）的向量形式．齐次线性方程组（3.5）可表示为

$$x_1\boldsymbol{\alpha}_1+x_2\boldsymbol{\alpha}_2+\cdots+x_n\boldsymbol{\alpha}_n=\mathbf{0}, \tag{3.9}$$

称之为齐次线性方程组（3.5）的向量形式.

利用上述线性方程组的三种不同形式，可以从多角度研究线性方程组的问题.

如果存在 n 个数 $c_1,c_2,\cdots,c_n$，当 $x_i=c_i,i=1,2,\cdots,n$ 时，可使方程组（3.4）的 m 个等式成立，则称 $x_i=c_i,i=1,2,\cdots,n$ 为方程组（3.4）的一个解．一般用 n 维向量 $\begin{pmatrix}c_1\\c_2\\\vdots\\c_n\end{pmatrix}$ 或 $(c_1,c_2,\cdots,c_n)^{\mathrm{T}}$ 表示，故也称之为方程组的一个解向量．方程组（3.4）的全部解的集合称为方程组（3.4）的解集.

二、齐次线性方程组

1．齐次线性方程组有非零解的判定

显然，$x_1=0,x_2=0,\cdots,x_n=0$ 是齐次线性方程组（3.5）的解，称为零解；除此以外的解（如果有的话）称为非零解.

由齐次线性方程组的向量形式

$$x_1\boldsymbol{\alpha}_1+x_2\boldsymbol{\alpha}_2+\cdots+x_n\boldsymbol{\alpha}_n=\mathbf{0}$$

可得：

n元齐次线性方程组仅有零解的充要条件是向量组 $\boldsymbol{\alpha}_1,\boldsymbol{\alpha}_2,\cdots,\boldsymbol{\alpha}_n$ 线性无关；有非零解的充要条件是向量组 $\boldsymbol{\alpha}_1,\boldsymbol{\alpha}_2,\cdots,\boldsymbol{\alpha}_n$ 线性相关．因此我们得到：

定理 3.11　n元齐次线性方程组仅有零解的充要条件是系数矩阵的秩 $R(\boldsymbol{A})=n$；有非零解的充要条件是系数矩阵的秩 $R(\boldsymbol{A})<n$.

推论　含有 n 个未知量 n 个方程的齐次线性方程组：

$$\begin{cases}a_{11}x_1+a_{12}x_2+\cdots+a_{1n}x_n=0,\\a_{21}x_1+a_{22}x_2+\cdots+a_{2n}x_n=0,\\\cdots\cdots\cdots\cdots\\a_{n1}x_1+a_{n2}x_2+\cdots+a_{nn}x_n=0\end{cases}$$

有非零解的充要条件是系数矩阵的行列式 $\det\boldsymbol{A}=0$.

若齐次线性方程组 $\boldsymbol{AX}=\mathbf{0}$ 的系数矩阵的秩 $R(\boldsymbol{A})<n$，那么它有非零解；若将其全部解做成一个集合，称之为**齐次线性方程组的解集**.

2．齐次线性方程组的解的结构

下面先给出齐次线性方程组的解的性质.

性质 1　若 $\boldsymbol{\alpha}_1,\boldsymbol{\alpha}_2$ 是齐次线性方程组（3.7）的解，则 $\boldsymbol{\alpha}_1+\boldsymbol{\alpha}_2$ 也是齐次线性方程组（3.7）的解.

证明　因为 $\boldsymbol{A\alpha}_1=\mathbf{0},\boldsymbol{A\alpha}_2=\mathbf{0}$，所以

$$A(\boldsymbol{\alpha}_1+\boldsymbol{\alpha}_2)=A\boldsymbol{\alpha}_1+A\boldsymbol{\alpha}_2=\mathbf{0}+\mathbf{0}=\mathbf{0},$$

即 $\boldsymbol{\alpha}_1+\boldsymbol{\alpha}_2$ 是齐次线性方程组（3.7）的解.

性质 2 若 $\boldsymbol{\alpha}$ 是齐次线性方程组（3.7）的解，k 为任意实数，则 $k\boldsymbol{\alpha}$ 也是齐次线性方程组（3.7）的解.

证明 因为 $A\boldsymbol{\alpha}=\mathbf{0}$，所以

$$A(k\boldsymbol{\alpha})=k(A\boldsymbol{\alpha})=k\cdot\mathbf{0}=\mathbf{0},$$

即 $k\boldsymbol{\alpha}$ 也是齐次线性方程组（3.7）的解.

由性质 1, 2 可得：

性质 3 齐次线性方程组（3.7）的解向量的线性组合也是齐次线性方程组（3.7）的解. 即若 $\boldsymbol{\alpha}_1,\boldsymbol{\alpha}_2,\cdots,\boldsymbol{\alpha}_t$ 是齐次线性方程组（3.7）的解，$k_1,k_2,\cdots,k_t$ 是任意实数，则

$$k_1\boldsymbol{\alpha}_1+k_2\boldsymbol{\alpha}_2+\cdots+k_t\boldsymbol{\alpha}_t$$

也是齐次线性方程组（3.7）的解.

记齐次线性方程组的全部解的集合为 S，则

$$S=\{\boldsymbol{X}\in\mathbf{R}^n \mid A\boldsymbol{X}=\mathbf{0}\}.$$

由性质 1, 2 可知，S 是一个向量空间，它是 $\mathbf{R}^n$ 的子空间，称为齐次线性方程组（3.7）的**解空间**；解空间 S 的任意一组基称为齐次线性方程组（3.7）的一个**基础解系**.

显然，齐次线性方程组（3.7）有非零解时才有基础解系. 基础解系的线性组合称为**齐次线性方程组（3.7）的通解**.

易知，齐次线性方程组（3.7）的解向量组 $\xi_1,\xi_2,\cdots,\xi_t$ 是方程组（3.7）的基础解系的充要条件是 $\xi_1,\xi_2,\cdots,\xi_t$ 线性无关且方程组（3.7）的任意解 $\boldsymbol{X}$ 都可以由 $\xi_1,\xi_2,\cdots,\xi_t$ 线性表示.

下面给出基础解系的求法.

定理 3.12 若齐次线性方程组（3.7）的系数矩阵的秩 $R(A)=r<n$，则方程组（3.7）有基础解系，且基础解系所含解向量的个数为 $n-r$，这里 n 为未知量的个数.

证明 齐次线性方程组（3.7）的系数矩阵的秩 $R(A)=r<n$. 不妨设 A 的左上角的 r 阶子式不为零，则 A 可以经过有限次行初等变换化为行简化阶梯形矩阵：

$$\boldsymbol{B}=\begin{pmatrix}1 & 0 & \cdots & 0 & b_{11} & b_{12} & \cdots & b_{1,n-r}\\ 0 & 1 & \cdots & 0 & b_{21} & b_{22} & \cdots & b_{2,n-r}\\ \vdots & \vdots & & \vdots & \vdots & \vdots & & \vdots\\ 0 & 0 & \cdots & 1 & b_{r1} & b_{r2} & \cdots & b_{r,n-r}\\ 0 & 0 & \cdots & 0 & 0 & 0 & \cdots & 0\\ \vdots & \vdots & & \vdots & \vdots & \vdots & & \vdots\\ 0 & 0 & \cdots & 0 & 0 & 0 & \cdots & 0\end{pmatrix},$$

所以与 $\boldsymbol{B}$ 对应的方程组为

$$\begin{cases}x_1=-b_{11}x_{r+1}-b_{12}x_{r+2}-\cdots-b_{1,n-r}x_n,\\ x_2=-b_{21}x_{r+1}-b_{22}x_{r+2}-\cdots-b_{2,n-r}x_n,\\ \quad\cdots\cdots\cdots\cdots\\ x_r=-b_{r1}x_{r+1}-b_{r2}x_{r+2}-\cdots-b_{r,n-r}x_n,\end{cases}\tag{3.10}$$

且方程组（3.7）与方程组（3.10）同解．在方程组（3.10）中，对自由未知量 $x_{r+1},x_{r+2},\cdots,x_n$ 任取一组值，就可以得到唯一的 $x_1,x_2,\cdots,x_r$，将其合在一起就得到方程组（3.7）的一个解 $\boldsymbol{X}=(x_1,x_2,\cdots,x_n)^{\mathrm{T}}$．下面取自由未知量 $x_{r+1},x_{r+2},\cdots,x_n$ 为以下 $n-r$ 组数：

$$\begin{pmatrix} x_{r+1} \\ x_{r+2} \\ \vdots \\ x_n \end{pmatrix}=\begin{pmatrix} 1 \\ 0 \\ \vdots \\ 0 \end{pmatrix},\begin{pmatrix} 0 \\ 1 \\ \vdots \\ 0 \end{pmatrix},\cdots,\begin{pmatrix} 0 \\ 0 \\ \vdots \\ 1 \end{pmatrix},$$

代入方程组（3.10）得到方程组（3.7）的 $n-r$ 个线性无关的解：

$$\boldsymbol{\xi}_1=\begin{pmatrix} -b_{11} \\ \vdots \\ -b_{r1} \\ 1 \\ 0 \\ \vdots \\ 0 \end{pmatrix},\boldsymbol{\xi}_2=\begin{pmatrix} -b_{12} \\ \vdots \\ -b_{r2} \\ 0 \\ 1 \\ \vdots \\ 0 \end{pmatrix},\cdots,\boldsymbol{\xi}_{n-r}=\begin{pmatrix} -b_{1,n-r} \\ \vdots \\ -b_{r,n-r} \\ 0 \\ 0 \\ \vdots \\ 1 \end{pmatrix}.$$

下面证明方程组（3.7）的任意解均可以由 $\boldsymbol{\xi}_1,\boldsymbol{\xi}_2,\cdots,\boldsymbol{\xi}_{n-r}$ 线性表示．

设 $\boldsymbol{X}=(x_1,\cdots,x_r,k_1,\cdots,k_{n-r})^{\mathrm{T}}$ 是方程组（3.7）的解，则它也是方程组（3.10）的解，即

$$\begin{cases} x_1=-b_{11}k_1-b_{12}k_2-\cdots-b_{1,n-r}k_{n-r}, \\ x_2=-b_{21}k_1-b_{22}k_2-\cdots-b_{2,n-r}k_{n-r}, \\ \cdots\cdots\cdots\cdots \\ x_r=-b_{r1}k_1-b_{r2}k_2-\cdots-b_{r,n-r}k_{n-r}, \end{cases}$$

于是

$$\begin{aligned}\boldsymbol{X}&=\begin{pmatrix} -b_{11}k_1-b_{12}k_2-\cdots-b_{1,n-r}k_{n-r} \\ -b_{21}k_1-b_{22}k_2-\cdots-b_{2,n-r}k_{n-r} \\ \vdots \\ -b_{r1}k_1-b_{r2}k_2-\cdots-b_{r,n-r}k_{n-r} \\ k_1 \\ k_2 \\ \vdots \\ k_{n-r} \end{pmatrix} \\ &=k_1\begin{pmatrix} -b_{11} \\ \vdots \\ -b_{r1} \\ 1 \\ 0 \\ \vdots \\ 0 \end{pmatrix}+k_2\begin{pmatrix} -b_{12} \\ \vdots \\ -b_{r2} \\ 0 \\ 1 \\ \vdots \\ 0 \end{pmatrix}+\cdots+k_{n-r}\begin{pmatrix} -b_{1,n-r} \\ \vdots \\ -b_{r,n-r} \\ 0 \\ 0 \\ \vdots \\ 1 \end{pmatrix} \\ &=k_1\boldsymbol{\xi}_1+k_2\boldsymbol{\xi}_2+\cdots+k_{n-r}\boldsymbol{\xi}_{n-r}.\end{aligned}$$

则方程组（3.7）的任意解均可以由 $\xi_1,\xi_2,\cdots,\xi_{n-r}$ 线性表示.

因此，$\xi_1,\xi_2,\cdots,\xi_{n-r}$ 是方程组（3.7）的一个基础解系，它的任意解 X 均可以表示为

$$X = k_1\xi_1 + k_2\xi_2 + \cdots + k_{n-r}\xi_{n-r}\ , \tag{3.11}$$

其中 $k_1,k_2,\cdots,k_{n-r}$ 为任意常数. 式（3.11）称为 $AX=0$ 的**通解**.

注意：（1）定理 3.12 的证明过程给出了求齐次线性方程组的基础解系的基本方法.

（2）从上述基础解系的求解过程可知，基础解系不唯一.

例 1　求下列齐次线性方程组的解：

$$\begin{cases} x_1+2x_2+3x_3+x_4=0, \\ 2x_1+4x_2-x_4=0, \\ -x_1-2x_2+3x_3+2x_4=0, \\ x_1+2x_2-9x_3-5x_4=0. \end{cases}$$

解　对方程组的系数矩阵 A 进行行初等变换：

$$A=\begin{pmatrix} 1 & 2 & 3 & 1 \\ 2 & 4 & 0 & -1 \\ -1 & -2 & 3 & 2 \\ 1 & 2 & -9 & -5 \end{pmatrix} \xrightarrow[r_4-r_1]{\substack{r_2-2r_1 \\ r_3+r_1}} \begin{pmatrix} 1 & 2 & 3 & 1 \\ 0 & 0 & -6 & -3 \\ 0 & 0 & 6 & 3 \\ 0 & 0 & -12 & -6 \end{pmatrix}$$

$$\xrightarrow[r_4-2r_2]{r_3-r_2} \begin{pmatrix} 1 & 2 & 3 & 1 \\ 0 & 0 & -6 & -3 \\ 0 & 0 & 0 & 0 \\ 0 & 0 & 0 & 0 \end{pmatrix} \xrightarrow{\left(-\frac{1}{6}\right)r_2} \begin{pmatrix} 1 & 2 & 3 & 1 \\ 0 & 0 & 1 & \frac{1}{2} \\ 0 & 0 & 0 & 0 \\ 0 & 0 & 0 & 0 \end{pmatrix}$$

$$\xrightarrow{r_1-3r_2} \begin{pmatrix} 1 & 2 & 0 & -\frac{1}{2} \\ 0 & 0 & 1 & \frac{1}{2} \\ 0 & 0 & 0 & 0 \\ 0 & 0 & 0 & 0 \end{pmatrix}.$$

由此得

$$\begin{cases} x_1=-2x_2+\dfrac{1}{2}x_4, \\ x_3=-\dfrac{1}{2}x_4. \end{cases}$$

取自由未知量 $\begin{pmatrix} x_2 \\ x_4 \end{pmatrix}=\begin{pmatrix} 1 \\ 0 \end{pmatrix},\begin{pmatrix} 0 \\ 1 \end{pmatrix}$，得到方程组的一个基础解系为

$$\xi_1=\begin{pmatrix} -2 \\ 1 \\ 0 \\ 0 \end{pmatrix},\ \xi_2=\begin{pmatrix} \frac{1}{2} \\ 0 \\ -\frac{1}{2} \\ 1 \end{pmatrix}.$$

所以原方程组的通解为

$$\begin{pmatrix}x_1\\x_2\\x_3\\x_4\end{pmatrix}=k_1\boldsymbol{\xi}_1+k_2\boldsymbol{\xi}_2=k_1\begin{pmatrix}-2\\1\\0\\0\end{pmatrix}+k_2\begin{pmatrix}\frac{1}{2}\\0\\-\frac{1}{2}\\1\end{pmatrix}\text{（其中 }k_1,k_2\text{ 为任意实数）.}$$

例 2　求齐次线性方程组的通解：

$$\begin{cases}7x_1-7x_2+3x_3+x_4=0,\\2x_1-5x_2+3x_3+2x_4=0,\\x_1+x_2-x_3-x_4=0.\end{cases}$$

解　将齐次线性方程组的系数矩阵经过一系列行初等变换化为行简化阶梯形矩阵：

$$\boldsymbol{A}=\begin{pmatrix}7&-7&3&1\\2&-5&3&2\\1&1&-1&-1\end{pmatrix}\to\cdots\to\begin{pmatrix}1&0&-\frac{2}{7}&-\frac{3}{7}\\0&1&-\frac{5}{7}&-\frac{4}{7}\\0&0&0&0\end{pmatrix}.$$

于是

$$\begin{cases}x_1=\frac{2}{7}x_3+\frac{3}{7}x_4\\x_2=\frac{5}{7}x_3+\frac{4}{7}x_4\end{cases}\text{（ }x_3,x_4\text{ 为自由未知量），}$$

取$\begin{pmatrix}x_3\\x_4\end{pmatrix}=\begin{pmatrix}7\\0\end{pmatrix},\begin{pmatrix}0\\7\end{pmatrix}$，得原方程组的基础解系：

$$\boldsymbol{\xi}_1=\begin{pmatrix}2\\5\\7\\0\end{pmatrix},\ \boldsymbol{\xi}_2=\begin{pmatrix}3\\4\\0\\7\end{pmatrix}.$$

于是原方程组的通解为

$$\begin{pmatrix}x_1\\x_2\\x_3\\x_4\end{pmatrix}=k_1\boldsymbol{\xi}_1+k_2\boldsymbol{\xi}_2=k_1\begin{pmatrix}2\\5\\7\\0\end{pmatrix}+k_2\begin{pmatrix}3\\4\\0\\7\end{pmatrix}\text{（其中 }k_1,k_2\text{ 为任意实数）.}$$

例 3　下列齐次线性方程组：

$$\begin{cases}ax_1+2x_2+2x_3=0,\\2x_1+ax_2+2x_3=0,\\2x_1+2x_2+ax_3=0,\end{cases}$$

当 a 为何值时，只有零解？有非零解？并求解.

解 考察方程组的系数行列式：

$$D=\begin{vmatrix}a&2&2\\2&a&2\\2&2&a\end{vmatrix}=(a+4)(a-2)^2.$$

（1）当 $D\neq 0$，即 $a\neq -4$ 且 $a\neq 2$ 时，方程组只有零解；

（2）当 $D=0$，即 $a=-4$ 或 $a=2$ 时，方程组有非零解.

情形 1：当 $a=-4$ 时，方程组为

$$\begin{cases}-4x_1+2x_2+2x_3=0,\\2x_1-4x_2+2x_3=0,\\2x_1+2x_2-4x_3=0.\end{cases}$$

将此方程组的系数矩阵进行一系列行初等变换化为行简化阶梯形矩阵

$$\boldsymbol{A}=\begin{pmatrix}-4&2&2\\2&-4&2\\2&2&-4\end{pmatrix}\to\cdots\to\begin{pmatrix}1&0&-1\\0&1&-1\\0&0&0\end{pmatrix}.$$

即有

$$\begin{cases}x_1=x_3,\\x_2=x_3\end{cases}（x_3\text{为自由未知量}）.$$

此时齐次线性方程组的基础解系为

$$\boldsymbol{\xi}=(1,1,1)^{\mathrm{T}}.$$

故方程组的通解为

$$\boldsymbol{X}=k\boldsymbol{\xi}（k\text{为任意实数}）.$$

情形 2：当 $a=2$ 时，方程组为

$$\begin{cases}2x_1+2x_2+2x_3=0,\\2x_1+2x_2+2x_3=0,\\2x_1+2x_2+2x_3=0,\end{cases}$$

即 $$x_1=-x_2-x_3（x_2,x_3\text{为自由未知量}）.$$

此时齐次线性方程组的基础解系为

$$\boldsymbol{\xi}_1=(-1,1,0)^{\mathrm{T}},\ \boldsymbol{\xi}_2=(-1,0,1)^{\mathrm{T}}.$$

故方程组的通解为

$$\boldsymbol{X}=k_1\boldsymbol{\xi}_1+k_2\boldsymbol{\xi}_2（k_1,k_2\text{为任意实数}）.$$

例 4　设 $\boldsymbol{A},\boldsymbol{B}$ 均为 n 阶矩阵，且 $\boldsymbol{AB}=\boldsymbol{O}$，证明：$R(\boldsymbol{A})+R(\boldsymbol{B})\leqslant n$.

证明　令 $\boldsymbol{B}=(\boldsymbol{b}_1,\boldsymbol{b}_2,\cdots,\boldsymbol{b}_n)$，这里 $\boldsymbol{b}_1,\boldsymbol{b}_2,\cdots,\boldsymbol{b}_n$ 为 $\boldsymbol{B}$ 的列向量，则

$$\boldsymbol{AB}=\boldsymbol{A}(\boldsymbol{b}_1,\boldsymbol{b}_2,\cdots,\boldsymbol{b}_n)=(\boldsymbol{Ab}_1,\boldsymbol{Ab}_2,\cdots,\boldsymbol{Ab}_n)=\boldsymbol{0},$$

即

$$\boldsymbol{Ab}_i=\boldsymbol{0}\ (i=1,2,\cdots,n).$$

也就是说，$\boldsymbol{b}_i(i=1,2,\cdots,n)$ 为方程组 $\boldsymbol{AX}=\boldsymbol{0}$ 的解，因而 $\boldsymbol{b}_i(i=1,2,\cdots,n)$ 可由方程组 $\boldsymbol{AX}=\boldsymbol{0}$ 的基础解系 $\boldsymbol{\xi}_1,\boldsymbol{\xi}_1,\cdots,\boldsymbol{\xi}_{n-r}$ 线性表出，这里 $r=R(\boldsymbol{A})$. 于是

$$R(\boldsymbol{B})=R(\boldsymbol{b}_1,\boldsymbol{b}_2,\cdots,\boldsymbol{b}_n)\leqslant R(\boldsymbol{\xi}_1,\boldsymbol{\xi}_2,\cdots,\boldsymbol{\xi}_{n-r})=n-r=n-R(\boldsymbol{A}),$$

即 $R(\boldsymbol{A})+R(\boldsymbol{B})\leqslant n$.

三、非齐次线性方程组

1. 非齐次线性方程组的解的判定

定理 3.13　n 元非齐次线性方程组 $\boldsymbol{AX}=\boldsymbol{b}$ 有解的充要条件是 $R(\boldsymbol{A})=R(\overline{\boldsymbol{A}})$.

证明　充分性. 因为 $R(\boldsymbol{A})=R(\overline{\boldsymbol{A}})$，所以 $\boldsymbol{A}$ 的列向量组 $\boldsymbol{\alpha}_1,\boldsymbol{\alpha}_2,\cdots,\boldsymbol{\alpha}_n$ 的秩等于 $\overline{\boldsymbol{A}}$ 的列向量组 $\boldsymbol{\alpha}_1,\boldsymbol{\alpha}_2,\cdots,\boldsymbol{\alpha}_n,\boldsymbol{b}$ 的秩，$\boldsymbol{A}$ 的列向量组的极大无关组 A_1 也是 $\overline{\boldsymbol{A}}$ 的列向量组 $\boldsymbol{\alpha}_1,\boldsymbol{\alpha}_2,\cdots,\boldsymbol{\alpha}_n,\boldsymbol{b}$ 的极大无关组. 所以向量 $\boldsymbol{b}$ 可以由向量组 A_1 线性表示，进而可以由向量组 $\boldsymbol{\alpha}_1,\boldsymbol{\alpha}_2,\cdots,\boldsymbol{\alpha}_n$ 线性表示. 所以存在不全为零的数 $x_1,x_2,\cdots,x_n$ 使得式（3.8）成立，即方程组 $\boldsymbol{AX}=\boldsymbol{b}$ 有解.

必要性. 设方程组 $\boldsymbol{AX}=\boldsymbol{b}$ 有解，即式（3.8）成立，所以向量 $\boldsymbol{b}$ 可由向量组 $\boldsymbol{\alpha}_1,\boldsymbol{\alpha}_2,\cdots,\boldsymbol{\alpha}_n$ 线性表示. 所以向量组 $\boldsymbol{\alpha}_1,\boldsymbol{\alpha}_2,\cdots,\boldsymbol{\alpha}_n$ 与向量组 $\boldsymbol{\alpha}_1,\boldsymbol{\alpha}_2,\cdots,\boldsymbol{\alpha}_n,\boldsymbol{b}$ 等价，进而有 $R(\boldsymbol{A})=R(\overline{\boldsymbol{A}})$.

定理 3.13 的定价说法：

n 元非齐次线性方程组 $\boldsymbol{AX}=\boldsymbol{b}$ 无解的充要条件是 $R(\boldsymbol{A})\neq R(\overline{\boldsymbol{A}})$.

2. 非齐次线性方程组的解的结构

首先，我们给出非齐次线性方程组的解的性质.

性质 4　设 $\boldsymbol{X}_1,\boldsymbol{X}_2$ 为方程组（3.6）的解，则 $\boldsymbol{X}_1-\boldsymbol{X}_2$ 是方程组（3.7）的解.

性质 5　若 $\boldsymbol{\xi}$ 是方程组（3.7）的解，$\boldsymbol{\eta}$ 是方程组（3.6）的解，则 $\boldsymbol{X}=\boldsymbol{\xi}+\boldsymbol{\eta}$ 是方程组（3.6）的解.

我们称 $\boldsymbol{AX}=\boldsymbol{b}$ 的任一个已知解为它的一个特解. 于是根据性质 4 和性质 5 可得：

性质 6　若 $\boldsymbol{\eta}_0$ 是方程组（3.6）的一个特解，则方程组（3.6）的任一解 $\boldsymbol{\eta}$ 都可以表示成

$$\boldsymbol{\eta}=\boldsymbol{\eta}_0+\boldsymbol{\xi}, \tag{3.12}$$

这里 $\boldsymbol{\xi}$ 是方程组（3.7）的一个解.

因此，对于方程组（3.6）的任一特解 $\boldsymbol{\eta}_0$，当 $\boldsymbol{\xi}$ 取遍方程组（3.7）的全部解时，式（3.12）就给出了方程组（3.6）的全部解.

性质 4、性质 5 和性质 6 的证明留作练习.

性质 6 说明，方程组（3.6）的解的个数依赖于方程组（3.7）的解的个数，于是我们有：

定理 3.14 当 $R(\boldsymbol{A})=R(\overline{\boldsymbol{A}})=n$ 时，方程组（3.6）有唯一解；当 $R(\boldsymbol{A})=R(\overline{\boldsymbol{A}})<n$ 时，方程组（3.6）有无穷多个解，且若 $\boldsymbol{\xi}_1,\boldsymbol{\xi}_2,\cdots,\boldsymbol{\xi}_{n-r}$ 是方程组（3.7）的基础解系，$\boldsymbol{\eta}$ 为方程组（3.6）的一个解，则方程组（3.6）的任一解 $\boldsymbol{X}$ 可表示为

$$\boldsymbol{X}=\boldsymbol{\eta}_0+k_1\boldsymbol{\xi}_1+k_2\boldsymbol{\xi}_2+\cdots+k_{n-r}\boldsymbol{\xi}_{n-r}\text{（}k_1,k_2,\cdots,k_{n-r}\text{是任意常数），}\tag{3.13}$$

这里 $r=R(\boldsymbol{A})$.

式（3.13）称为方程组（3.6）的**通解**.

定理 3.14 说明，要求出方程组（3.6）的通解，只要找到它的一个特解和方程组（3.7）的一个基础解系即可.

一般地，求方程组（3.6）的特解和方程组（3.7）的通解可同时进行.

例 5 解方程组：

$$\begin{cases}x_1+x_2-3x_3-x_4=1,\\3x_1-x_2-3x_3+4x_4=4,\\x_1+5x_2-9x_3-8x_4=0.\end{cases}$$

解 将方程组的增广矩阵进行一系列行初等变换化为行简化阶梯形矩阵：

$$\overline{A}=\begin{pmatrix}1&1&-3&-1&1\\3&-1&-3&4&4\\1&5&-9&-8&0\end{pmatrix}\to\cdots\to\begin{pmatrix}1&0&-\frac{3}{2}&\frac{3}{4}&\frac{5}{4}\\0&1&-\frac{3}{2}&-\frac{7}{4}&-\frac{1}{4}\\0&0&0&0&0\end{pmatrix}.$$

即得

$$\begin{cases}x_1=\frac{3}{2}x_3-\frac{3}{4}x_4+\frac{5}{4},\\x_2=\frac{3}{2}x_3+\frac{7}{4}x_4-\frac{1}{4},\text{（}x_3,x_4\text{是自由未知量）.}\\x_3=x_3,\\x_4=x_4,\end{cases}$$

由此可得原方程组的一个特解和对应的齐次线性方程组的基础解系：

$$\boldsymbol{\eta}_0=\begin{pmatrix}\frac{5}{4}\\-\frac{1}{4}\\0\\0\end{pmatrix},\ \boldsymbol{\xi}_1=\begin{pmatrix}\frac{3}{2}\\\frac{3}{2}\\1\\0\end{pmatrix},\ \boldsymbol{\xi}_2=\begin{pmatrix}-\frac{3}{4}\\\frac{7}{4}\\0\\1\end{pmatrix}.$$

所以原方程组的通解为

$$\boldsymbol{X}=\boldsymbol{\eta}_0+k_1\boldsymbol{\xi}_1+k_2\boldsymbol{\xi}_2\text{（}k_1,k_2\text{为任意实数）.}$$

例 6　已知线性方程组

$$\begin{cases} x_1 + ax_2 + x_3 = 3, \\ x_1 + 2ax_2 + x_3 = 4, \\ bx_1 + x_2 + x_3 = 4, \end{cases}$$

根据 a,b 的不同取值，讨论方程组的解的情况

解　将方程组的增广矩阵进行行初等变换：

$$\overline{A} = \begin{pmatrix} 1 & a & 1 & 3 \\ 1 & 2a & 1 & 4 \\ b & 1 & 1 & 4 \end{pmatrix} \to \begin{pmatrix} 1 & a & 1 & 3 \\ 0 & a & 0 & 1 \\ 0 & 1-ab & 1-b & 4-3b \end{pmatrix}$$

$$\to \begin{pmatrix} 1 & a & 1 & 3 \\ 0 & a & 0 & 1 \\ 0 & 1 & 1-b & 4-2b \end{pmatrix} \to \begin{pmatrix} 1 & a & 1 & 3 \\ 0 & 1 & 1-b & 4-2b \\ 0 & 0 & (b-1)a & 1-4a+2ab \end{pmatrix}.$$

（1）当 $(b-1)a \neq 0$（即 $b \neq 1, a \neq 0$）时，有 $R(A) = R(\overline{A}) = 3$，方程组有唯一解：

$$x_1 = \frac{2a-1}{(b-1)a},\quad x_2 = \frac{1}{a},\quad x_3 = \frac{1-4a+2ab}{(b-1)a}.$$

（2）当 $b=1$，且 $1-4a+2ab = 1-2a = 0$，即 $a = \frac{1}{2}$ 时，有 $R(A) = R(\overline{A}) = 2 < 3$，方程组有无穷多解，此时

$$\overline{A} \to \begin{pmatrix} 1 & \frac{1}{2} & 1 & 3 \\ 0 & 1 & 0 & 2 \\ 0 & 0 & 0 & 0 \end{pmatrix} \to \begin{pmatrix} 1 & 0 & 1 & 2 \\ 0 & 1 & 0 & 2 \\ 0 & 0 & 0 & 0 \end{pmatrix}.$$

于是方程组的一般解为

$$\boldsymbol{x} = \begin{pmatrix} 2 \\ 2 \\ 0 \end{pmatrix} + k\begin{pmatrix} -1 \\ 0 \\ 1 \end{pmatrix}\ (k \text{ 为任意常数}).$$

（3）当 $b=1$，但 $1-4a+2ab = 1-2a \neq 0$，即 $a \neq \frac{1}{2}$ 时，有 $R(A) = 2 \neq R(\overline{A}) = 3$，故方程组无解.

（4）当 $a=0$ 时，此时 $R(A) = 2 \neq R(\overline{A}) = 3$，故方程组也无解.

例 7　设四元非齐次线性方程组 $\boldsymbol{AX} = \boldsymbol{b}$ 的系数矩阵 $\boldsymbol{A}$ 的秩为 3，已知它的三个解 $\boldsymbol{\eta}_1, \boldsymbol{\eta}_2, \boldsymbol{\eta}_3$ 满足以下条件：

$$\boldsymbol{\eta}_1 = (3,-4,1,2)^{\mathrm{T}},\quad \boldsymbol{\eta}_2 + \boldsymbol{\eta}_3 = (4,6,8,0)^{\mathrm{T}},$$

求此方程组的通解.

解　由 $\boldsymbol{AX} = \boldsymbol{b}$ 的系数矩阵 $\boldsymbol{A}$ 的秩为 3 可得对应的 $\boldsymbol{AX} = \boldsymbol{0}$ 的基础解系所含解向量的个数为 1，于是可得 $\boldsymbol{AX} = \boldsymbol{0}$ 的基础解系为

$$\xi=\eta_1-\frac{1}{2}(\eta_1+\eta_2)=(1,-7,-3,2)^{\mathrm{T}}.$$

故方程组 $AX=b$ 的通解为

$$X=\eta_1+k\xi \ (\ k \text{为任意实数}\ ).$$

注： 因为非齐次线性方程组 $AX=b$ 的特解和对应的齐次线性方程组 $AX=0$ 的基础解系的不同选择，此题答案的表达式不唯一.

习题 3.4

1. 求下列线性方程组的解.

（1）$\begin{cases}x_1+2x_2+3x_3=0,\\3x_1+5x_2+7x_3=0,\\2x_1+3x_2+4x_3=0.\end{cases}$

（2）$\begin{cases}x_1-8x_2+10x_3+2x_4=0,\\2x_1+4x_2+5x_3-x_4=0,\\3x_1+8x_2+6x_3-2x_4=0.\end{cases}$

（3）$\begin{cases}3x_1-5x_2+x_3-2x_4=0,\\2x_1+3x_2-5x_3+x_4=0,\\-x_1+7x_2-4x_3+3x_4=0,\\4x_1+15x_2-7x_3+9x_4=0;\end{cases}$

（4）$\begin{cases}2x_1+7x_2+3x_3+x_4=6,\\3x_1+5x_2+2x_3+2x_4=4,\\9x_1+4x_2+x_3+7x_4=2;\end{cases}$

（5）$\begin{cases}x_1-x_2+2x_3=1,\\x_1-2x_2-x_3=2,\\3x_1-x_2+5x_3=3,\\-x_1\quad\ +2x_3=-2;\end{cases}$

（6）$\begin{cases}x_1+x_2+x_3+x_4+x_5=7,\\3x_1+2x_2+x_3+x_4-3x_5=-2,\\\quad x_2+2x_3+2x_4+6x_5=23,\\5x_1+4x_2+3x_3+3x_4-x_5=12.\end{cases}$

2. 当 k 为何值时，下面的齐次线性方程组有非零解？并求出此非零解.

$$\begin{cases}2x_1-x_2+3x_3=0,\\3x_1-4x_2+7x_3=0,\\-x_1+2x_2+kx_3=0.\end{cases}$$

3. 当 k 为何值时，下面的线性方程组无解？有解？在有解时，求出方程组的解.

$$\begin{cases}x_1+2x_2+kx_3=1,\\2x_1+kx_2+8x_3=3.\end{cases}$$

4. 讨论线性方程组：

$$\begin{cases}ax_1+x_2+x_3=4,\\x_1+bx_2+x_3=3,\\x_1+2bx_2+x_3=4,\end{cases}$$

当 a,b 取何值时，有唯一解？无解？有无穷多个解？

5. 设向量组

$$\boldsymbol{\alpha}_1=\begin{pmatrix}a\\2\\10\end{pmatrix},\quad \boldsymbol{\alpha}_2=\begin{pmatrix}-2\\1\\5\end{pmatrix},\quad \boldsymbol{\alpha}_3=\begin{pmatrix}-1\\1\\4\end{pmatrix},\quad \boldsymbol{\beta}=\begin{pmatrix}1\\b\\c\end{pmatrix},$$

试问：当 a, b, c 满足什么条件时，

（1）$\boldsymbol{\beta}$ 可由 $\boldsymbol{\alpha}_1,\boldsymbol{\alpha}_2,\boldsymbol{\alpha}_3$ 线性表示，且表示式唯一；

（2）$\boldsymbol{\beta}$ 不能由 $\boldsymbol{\alpha}_1,\boldsymbol{\alpha}_2,\boldsymbol{\alpha}_3$ 线性表示；

（3）$\boldsymbol{\beta}$ 可由 $\boldsymbol{\alpha}_1,\boldsymbol{\alpha}_2,\boldsymbol{\alpha}_3$ 线性表示，但表示式不唯一？并写出一般的表示式.

6. 设矩阵 $\boldsymbol{A}=\begin{pmatrix}2&-2&1&3\\9&-5&2&8\end{pmatrix}$，求一个 4×2 矩阵 $\boldsymbol{B}$，使 $\boldsymbol{AB}=\boldsymbol{O}$，且 $R(\boldsymbol{B})=2$.

7. 求一个齐次线性方程组，使它的基础解系为

$$\boldsymbol{\xi}_1=(0,1,2,3)^{\mathrm{T}},\quad \boldsymbol{\xi}_2=(3,2,1,0)^{\mathrm{T}}.$$

8. 设四元线性方程组（Ⅰ）：

$$\begin{cases}x_1+x_2=0,\\x_3-x_4=0.\end{cases}$$

又知齐次线性方程组（Ⅱ）的通解为

$$\boldsymbol{X}=k_1\begin{pmatrix}0\\1\\1\\0\end{pmatrix}+k_2\begin{pmatrix}-1\\2\\2\\1\end{pmatrix},$$

问线性方程组（Ⅰ）与（Ⅱ）是否有非零公共解？若有，求出非零公共解；若没有，说明理由.

9. 设 n 阶矩阵 $\boldsymbol{A}$ 各行的元素之和均为零，且 $R(\boldsymbol{A})=n-1$，求齐次线性方程组 $\boldsymbol{AX}=\boldsymbol{0}$ 的通解.

10. 已知四阶方阵 $\boldsymbol{A}=(\boldsymbol{\alpha}_1,\boldsymbol{\alpha}_2,\boldsymbol{\alpha}_3,\boldsymbol{\alpha}_4)$，其中 $\boldsymbol{\alpha}_1,\boldsymbol{\alpha}_2,\boldsymbol{\alpha}_3,\boldsymbol{\alpha}_4$ 均为四维向量，且 $\boldsymbol{\alpha}_2,\boldsymbol{\alpha}_3,\boldsymbol{\alpha}_4$ 线性无关，$\boldsymbol{\alpha}_1=2\boldsymbol{\alpha}_2-\boldsymbol{\alpha}_3$. 如果 $\boldsymbol{\beta}=\boldsymbol{\alpha}_1+\boldsymbol{\alpha}_2+\boldsymbol{\alpha}_3+\boldsymbol{\alpha}_4$，求线性方程组 $\boldsymbol{AX}=\boldsymbol{\beta}$ 的通解.

11. 设 $\boldsymbol{\eta}^*$ 是非齐次线性方程组 $\boldsymbol{AX}=\boldsymbol{\beta}$ 的一个解，$\boldsymbol{\xi}_1,\boldsymbol{\xi}_2,\cdots,\boldsymbol{\xi}_{n-r}$ 是对应的齐次线性方程组的一个基础解系，证明：

（1）$\boldsymbol{\eta}^*,\boldsymbol{\xi}_1,\boldsymbol{\xi}_2,\cdots,\boldsymbol{\xi}_{n-r}$ 线性无关；

（2）$\boldsymbol{\eta}^*,\boldsymbol{\eta}^*+\boldsymbol{\xi}_1,\cdots,\boldsymbol{\eta}^*+\boldsymbol{\xi}_{n-r}$ 线性无关.

12. 设 n 元非齐次线性方程组为 $\boldsymbol{AX}=\boldsymbol{\beta}$，$R(\boldsymbol{A})=r<n$，证明：方程组线性无关解最多有 $n-r+1$ 个.

13. 设非齐次线性方程组 $\boldsymbol{AX}=\boldsymbol{\beta}$ 的系数矩阵的秩为 r，$\boldsymbol{\eta}_1,\boldsymbol{\eta}_2,\cdots,\boldsymbol{\eta}_{n-r+1}$ 是它的 $n-r+1$ 个线性无关的解，试证它的任意一个解可表示为

$$\boldsymbol{X}=k_1\boldsymbol{\eta}_1+k_2\boldsymbol{\eta}_2+\cdots+k_{n-r+1}\boldsymbol{\eta}_{n-r+1},$$

其中 $k_1+k_2+\cdots+k_{n-r+1}=1$.

*综合应用

汽车位置问题

一个卡车货运公司，假如能迅速地改变汽车的行驶路线，来适应新的搭载、货运及其他计划的变化，就能扩大业务，增加收入．位于美国印第安纳州的 Day and Night 运输公司找到了一种为卡车配备接收全球定位系统 GPS 信息的解决方案．这个系统有 24 颗高轨道卫星组成．卡车从其中的 3 颗卫星接收信息，接收器里的软件利用线性代数方法来确定卡车的位置，确定的位置误差只在几尺范围之内，并能自动传递到调度办公室．

当卡车和一颗卫星建立联系时，接收器从信号往返的时间就能确定卡车到卫星的距离．例如，如果这辆卡车距离第一颗卫星 1 万英里，从卫星来看，可以知道，卡车位于以第一颗卫星为球心、1 万英里为半径的球面上的某个地方．如果这辆卡车距离第二颗卫星 1.5 万英里，则它在以第二颗卫星为球心、1.5 万英里为半径的球面上的某个地方．如果这辆卡车距离第三颗卫星 1.3 万英里，则它在以第三颗卫星为球心、1.3 万英里为半径的球面上的某个地方．

适当建立空间直角坐标系，假设卡车位于 (x, y, z)，三颗卫星分别位于 $(a_1,b_1,c_1),(a_2,b_2,c_2),(a_3,b_3,c_3)$，则从卡车到三颗卫星的距离 r_1,r_2,r_3 分别满足

$$(x-a_1)^2+(y-b_1)^2+(z-c_1)^2=r_1^2, \quad ①$$

$$(x-a_2)^2+(y-b_2)^2+(z-c_2)^2=r_2^2, \quad ②$$

$$(x-a_3)^2+(y-b_3)^2+(z-c_3)^2=r_3^2. \quad ③$$

由①式减去②式，得

$$(2a_2-2a_1)x+(2b_2-2b_1)y+(2c_2-2c_1)z=d,$$

其中 $d=r_1^2-r_2^2+a_2^2-a_1^2+c_2^2-c_1^2$ 是可以知道的．

同样由①式减去③式，得

$$(2a_3-2a_1)x+(2b_3-2b_1)y+(2c_3-2c_1)z=e,$$

其中 $e=r_1^2-r_3^2+a_3^2-a_1^2+c_3^2-c_1^2$．

考虑线性方程组：

$$\begin{cases}(a_2-a_1)x+(b_2-b_1)y+(c_2-c_1)z=\dfrac{d}{2},\\(a_3-a_1)x+(b_3-b_1)y+(c_3-c_1)z=\dfrac{e}{2},\end{cases}$$

它的系数矩阵为

$$\boldsymbol{A}=\begin{pmatrix}a_2-a_1 & b_2-b_1 & c_2-c_1\\a_3-a_1 & b_3-b_1 & c_3-c_1\end{pmatrix}.$$

若可以使得三个卫星不在同一直线上，那么 $\boldsymbol{A}$ 的两个行向量不能对应成比例，因此 $\boldsymbol{A}$ 的秩为 2. 显然，增广矩阵 $\overline{\boldsymbol{A}}$ 的秩也应该是 2，所以方程组有无穷多解. 不妨设 z 为自由未知量，则 x,y 可以用 z 表示出来. 把这些表达式代入原来的任意一个方程，就可以得到关于 z 的二次方程. 求出 z 值并将其代入 x,y 的表达式，那么，z 的每个值就给出了一个点，其中一个是卡车的位置，另一个则是远离地球的点.

*数学实验

实验一　线性方程组的求解

1. 齐次线性方程组的求解

rref(A)　　%将矩阵 $\boldsymbol{A}$ 化为行阶梯形最简式

null(A)　　%求满足 $\boldsymbol{AX}=\boldsymbol{0}$ 的解空间的一组基，即齐次线性方程组的基础解系

例 1　求下列齐次线性方程组的一个基础解系，并写出通解.

$$\begin{cases} x_1 - x_2 + x_3 - x_4 = 0, \\ x_1 - x_2 - x_3 + x_4 = 0, \\ x_1 - x_2 - 2x_3 + 2x_4 = 0. \end{cases}$$

我们可以用两种方法来求解：

解法 1：

```
>> A = [1 -1 1 -1;1 -1 -1 1;1 -1 -2 2];
>> rref(A)
```

执行后可得结果：

```
ans =

     1    -1     0     0
     0     0    -1     1
     0     0     0     0
```

由行阶梯形最简矩阵，得化简后的方程为

$$\begin{cases} x_1 - x_2 = 0, \\ x_3 - x_4 = 0. \end{cases}$$

取 x_2, x_4 为自由未知量，扩充方程组为

$$\begin{cases} x_1 = x_2, \\ x_2 = x_2, \\ x_3 = x_4, \\ x_4 = x_4, \end{cases}$$

即 $$\begin{pmatrix} x_1 \\ x_2 \\ x_3 \\ x_4 \end{pmatrix} = x_2 \begin{pmatrix} 1 \\ 1 \\ 0 \\ 0 \end{pmatrix} + x_4 \begin{pmatrix} 0 \\ 0 \\ 1 \\ 1 \end{pmatrix}.$$

提取自由未知量系数形成的列向量为基础解系，记

$$\boldsymbol{\varepsilon}_1 = \begin{pmatrix} 1 \\ 1 \\ 0 \\ 0 \end{pmatrix}, \ \boldsymbol{\varepsilon}_2 = \begin{pmatrix} 0 \\ 0 \\ 1 \\ 1 \end{pmatrix},$$

所以齐次方程组的通解为

$$x = k_1\boldsymbol{\varepsilon}_1 + k_2\boldsymbol{\varepsilon}_2 \text{，（} k_1, k_2 \text{ 为任意实数）.}$$

解法 2：

```
clear
A = [1 -1 1 -1;1 -1 -1 1;1 -1 -2 2];
B = null(A, 'r')
```

执行后可得结果：

```
B =
        1        0
        1        0
        0        1
        0        1
```

易见，可直接得基础解系：

$$\boldsymbol{\varepsilon}_1 = \begin{pmatrix} 1 \\ 1 \\ 0 \\ 0 \end{pmatrix}, \ \boldsymbol{\varepsilon}_2 = \begin{pmatrix} 0 \\ 0 \\ 1 \\ 1 \end{pmatrix}.$$

所以齐次方程组的通解为

$$x = k_1\boldsymbol{\varepsilon}_1 + k_2\boldsymbol{\varepsilon}_2 \text{，（} k_1, k_2 \text{ 为任意实数）.}$$

2. 非齐次线性方程组的求解

MATLAB 命令的基本格式：

X = A\b　　　%系数阵 $\boldsymbol{A}$ 满秩时，用左除法求线性方程组 $\boldsymbol{AX} = \boldsymbol{b}$ 的解

注意： A/B 为 $\boldsymbol{AB}^{-1}$，而 A\B 为 $\boldsymbol{A}^{-1}\boldsymbol{B}$.

C = [A,b];

D = rref(C)　　%求线性方程组 $\boldsymbol{AX} = \boldsymbol{b}$ 的特解，即 $\boldsymbol{D}$ 的最后一列元素

例 2 求下列非齐次线性方程组的解：

$$\begin{cases} 5x_1+6x_2=1, \\ x_1+5x_2+6x_3=0, \\ x_2+5x_3+6x_4=0, \\ x_3+5x_4+6x_5=0, \\ x_4+5x_5=1. \end{cases}$$

解：

```
clear
A = [5 6 0 0 0;1 5 6 0 0;0 1 5 6 0;0 0 1 5 6;0 0 0 1 5];
b = [1;0;0;0;1];
format rational      %采用有理数近似输出格式，比较 format short 看看
x = A\b
```

执行后可得所求方程组的解.

例 3 求下列非齐次线性方程组的通解.

$$\begin{cases} x_1+2x_2+3x_3+x_4=3, \\ x_1+4x_2+6x_3+2x_4=2, \\ 2x_1+9x_2+8x_3+3x_4=7, \\ 3x_1+7x_2+7x_3+2x_4=12. \end{cases}$$

```
A = [1 2 3 1;1 4 6 2;2 9 8 3;3 7 7 2]
B = [3;2;7;12]
format rational
x = A\B
x =
      4
      2/3
      1/2684838239393950
-7/3
```

例 4 计算工资问题.

一个木工、一个电工和一个油漆工，这三个人相互协商后同意彼此装修他们自己的房子. 在装修之前，他们达成如下协议：

（1）每人总共工作 10 天（包括给自己家干活在内）；

（2）每人的日工资根据一般市价在 60 ~ 80 元之间；

（3）每人的日工资应使得每人的总收入与总支出相等.

表 1 为他们协商后制订出的工作天数分配方案：

表 1

	木工	电工	油漆工
在木工家的工作天数	2	1	6
在电工家的工作天数	4	5	1
在油漆工家的工作天数	4	4	3

解：设在木工、电工和油漆工每天的工资分别为 x, y 和 z；
依题意得

$$\begin{aligned} 8x &= y + 6z, \\ 5y &= 4x + z, \\ 7z &= 4x + 4y, \end{aligned}$$

即

$$\begin{aligned} 8x - y - 6z &= 0, \\ 4x - 5y + z &= 0, \\ 4x + 4y - 7z &= 0. \end{aligned}$$

```
clear
A = [8 -1 -6;4 -5 1 ;4 4 -7];
B = null(A, 'r')
B =
    0.8611
    0.8889
    1.0000
```

*拓展阅读

向量理论的公理化

“公理化方法”的兴起，使得探求一般化和统一性逐渐成为数学发展的一个重要方向，向量理论的发展也顺应了这个趋势.

现代数学意义上的向量概念可以认为是由格拉斯曼提出的. 格拉斯曼在他 1862 年出版的《扩张论》中给出了一种经验的线性结构的公理化表述，定义了元素的加、减、数乘和数除，并给出了这四种运算的一系列基本性质和运算规律. 这种用运算来定义的方式对现代向量空间理论的建立起到了重要作用，为向量空间理论的发展明确了方向.

皮亚诺（G. Peano，1858—1932）首先从几何中抽象出向量空间这个概念. 他在 1888 年出版的著作《几何演算——基于格拉斯曼的〈扩张论〉》中给出了世界上第一个被他称为“线性系统”的公理化定义. 德国数学家外尔（H. Weyl，1885—1955）在他 1918 年出版的著作《空间，时间，物质，关于广义相对论的讲座》中对实数域上的向量空间进行了公理化处理.

波兰数学家巴拿赫（S. Banach，1892—1945）、美国数学家维纳（N. Wiener，1894—1964）和澳大利亚数学家哈恩（H. Hahn，1879—1934）三位数学家在向量空间公理化的发展中都发挥了关键性作用，是他们提出了赋范向量空间的概念.

到了 20 世纪 30 年代，向量空间理论已经成为许多复杂精美理论的基础和模型，它被广泛地应用到数学的许多分支和其他学科中.

第四章　特征值与特征向量

矩阵的特征值与特征向量在许多领域都有着非常重要的应用，如工程技术中的振动与稳定性问题、人口流动问题、微分方程组及结构震动问题、数学中矩阵的对角化问题等. 本章将介绍矩阵的特征值与特征向量的概念，矩阵的相似对角化，向量空间的正交性以及实对称矩阵的对角化.

第一节　n 阶矩阵的特征值及特征向量的概念与计算

实际上，许多实际问题都可归结为证明：对于一个 n 阶矩阵 $\boldsymbol{A}$，是否存在一个实数 λ 和一个非零 n 维向量 $\boldsymbol{\alpha}$，使得 $\boldsymbol{A\alpha}=\lambda\boldsymbol{\alpha}$，即 $\boldsymbol{A\alpha}$ 与 $\boldsymbol{\alpha}$ 是否平行？这就是数学中的特征值与特征向量问题.

一、n 阶矩阵的特征值与特征向量概念

定义 4.1　设 $\boldsymbol{A}=(a_{ij})$ 是一个 n 阶方阵，如果存在一个数 λ 和一个非零列向量 $\boldsymbol{\alpha}$ 使得下式

$$\boldsymbol{A\alpha}=\lambda\boldsymbol{\alpha} \tag{4.1}$$

成立，则称数 λ 为方阵 $\boldsymbol{A}$ 的一个特征值，非零向量 $\boldsymbol{\alpha}$ 称为 $\boldsymbol{A}$ 的对应于（或属于）特征值 λ 的特征向量.

例如，设 $\boldsymbol{A}=\begin{pmatrix}1 & 0\\ 3 & 5\end{pmatrix}$，取 $\lambda_1=1$，$\boldsymbol{\alpha}_1=\begin{pmatrix}-4\\ 3\end{pmatrix}$，有 $\boldsymbol{A\alpha}_1=\lambda_1\boldsymbol{\alpha}_1$，故 1 是 $\boldsymbol{A}$ 的特征值，$\boldsymbol{\alpha}_1$ 是对应于特征值 1 的特征向量. 容易知道，向量 $\begin{pmatrix}8\\ -6\end{pmatrix}$ 也是对应于特征值 1 的特征向量；又取 $\lambda_2=5$，$\boldsymbol{\alpha}_2=\begin{pmatrix}0\\ 1\end{pmatrix}$，有 $\boldsymbol{A\alpha}_2=\lambda_2\boldsymbol{\alpha}_2$，故 5 也是 $\boldsymbol{A}$ 的特征值，$\boldsymbol{\alpha}_2$ 是对应于特征值 5 的特征向量.

注：（1）对应于同一特征值的特征向量不唯一.

（2）同一特征向量不能对应于不同的特征值.

事实上，设非零向量 $\boldsymbol{\alpha}$ 分别对应于矩阵 $\boldsymbol{A}$ 的特征值 λ,μ，由定义得到

$$\boldsymbol{A\alpha}=\lambda\boldsymbol{\alpha},\ \boldsymbol{A\alpha}=\mu\boldsymbol{\alpha}.$$

两式相减并整理得到

$$(\lambda-\mu)\boldsymbol{\alpha}=\boldsymbol{0}.$$

但是$\boldsymbol{\alpha} \neq \mathbf{0}$，所以$\lambda = \mu$.

（3）对应于特征值λ的特征向量的线性组合（非零向量）也是λ的特征向量.

设$\boldsymbol{\alpha}_1, \boldsymbol{\alpha}_2, \cdots, \boldsymbol{\alpha}_m$是对应于特征值$\lambda$的特征向量，$k_1\boldsymbol{\alpha}_1 + k_2\boldsymbol{\alpha}_2 + \cdots + k_m\boldsymbol{\alpha}_m \neq \mathbf{0}$，则

$$\begin{aligned}\boldsymbol{A}(k_1\boldsymbol{\alpha}_1 + k_2\boldsymbol{\alpha}_2 + \cdots + k_m\boldsymbol{\alpha}_m) &= k_1(\boldsymbol{A}\boldsymbol{\alpha}_1) + k_2(\boldsymbol{A}\boldsymbol{\alpha}_2) + \cdots + k_m(\boldsymbol{A}\boldsymbol{\alpha}_m) \\ &= k_1(\lambda\boldsymbol{\alpha}_1) + k_2(\lambda\boldsymbol{\alpha}_2) + \cdots + k_m(\lambda\boldsymbol{\alpha}_m) \\ &= \lambda(k_1\boldsymbol{\alpha}_1 + k_2\boldsymbol{\alpha}_2 + \cdots + k_m\boldsymbol{\alpha}_m).\end{aligned}$$

所以$k_1\boldsymbol{\alpha}_1 + k_2\boldsymbol{\alpha}_2 + \cdots + k_m\boldsymbol{\alpha}_m$也是对应于矩阵$\boldsymbol{A}$的特征值$\lambda$的特征向量.

记$V_\lambda = \{\boldsymbol{\alpha} \mid \boldsymbol{A}\boldsymbol{\alpha} = \lambda\boldsymbol{\alpha}, \lambda \in \mathbf{R}, \boldsymbol{\alpha} \in \mathbf{R}^n\}$，即$V_\lambda$是$n$阶方阵$\boldsymbol{A}$的对应于特征值$\lambda$的全部特征向量和零向量做成的集合，由上述注（3）可得，V_λ是n维向量空间$\mathbf{R}^n$的子空间，我们称之为$\boldsymbol{A}$的**特征子空间**.

例 1　证明：满足$\boldsymbol{A}^2 = \boldsymbol{E}$的方阵$\boldsymbol{A}$的特征值只有$\pm 1$.

证明　设λ是方阵$\boldsymbol{A}$的特征值，$\boldsymbol{\alpha}$是对应于特征值λ的特征向量，则

$$\boldsymbol{A}\boldsymbol{\alpha} = \lambda\boldsymbol{\alpha} \quad (\boldsymbol{\alpha} \neq \mathbf{0}).$$

于是
$$\boldsymbol{\alpha} = \boldsymbol{E}\boldsymbol{\alpha} = \boldsymbol{A}^2\boldsymbol{\alpha} = \boldsymbol{A}(\boldsymbol{A}\boldsymbol{\alpha}) = \boldsymbol{A}(\lambda\boldsymbol{\alpha}) = \lambda(\boldsymbol{A}\boldsymbol{\alpha}) = \lambda^2\boldsymbol{\alpha}.$$

所以
$$(\lambda^2 - 1)\boldsymbol{\alpha} = \mathbf{0}.$$

但是$\boldsymbol{\alpha} \neq \mathbf{0}$，所以$\lambda^2 - 1 = 0$，即$\lambda = \pm 1$.

二、n阶矩阵的特征值与特征向量的计算

设非零向量$\boldsymbol{\alpha}$是对应于矩阵$\boldsymbol{A}$的特征值λ的特征向量，则

$$\boldsymbol{A}\boldsymbol{\alpha} = \lambda\boldsymbol{\alpha} \quad (\boldsymbol{\alpha} \neq \mathbf{0}).$$

移项整理得

$$(\lambda\boldsymbol{E} - \boldsymbol{A})\boldsymbol{\alpha} = \mathbf{0}.$$

这就是说，向量$\boldsymbol{\alpha}$是齐次线性方程组$(\lambda\boldsymbol{E} - \boldsymbol{A})\boldsymbol{X} = \mathbf{0}$，即

$$\begin{cases}(\lambda - a_{11})x_1 - a_{12}x_2 - \cdots - a_{1n}x_n = 0, \\ -a_{21}x_1 + (\lambda - a_{22})x_2 - \cdots - a_{2n}x_n = 0, \\ \quad \cdots\cdots\cdots\cdots \\ -a_{n1}x_1 - a_{n2}x_2 - \cdots + (\lambda - a_{nn})x_n = 0\end{cases}$$

的非零解. 于是，$(\lambda\boldsymbol{E} - \boldsymbol{A})\boldsymbol{X} = \mathbf{0}$的解空间就是$\boldsymbol{A}$的特征子空间，其维数为

$$\dim V_\lambda = n - R(\lambda\boldsymbol{E} - \boldsymbol{A}),$$

$(\lambda\boldsymbol{E} - \boldsymbol{A})\boldsymbol{X} = \mathbf{0}$的基础解系为$V_\lambda$的基.

齐次线性方程组有非零解的充要条件是$\det(\lambda\boldsymbol{E} - \boldsymbol{A}) = 0$. 此方程称为方阵$\boldsymbol{A}$的特征方程，特征方程的根就是特征值，所以，特征值又称为特征根.

令

$$f_A(\lambda)=\det(\lambda \boldsymbol{E}-\boldsymbol{A})=\begin{vmatrix}\lambda-a_{11} & -a_{12} & \cdots & -a_{1n}\\ -a_{21} & \lambda-a_{22} & \cdots & -a_{2n}\\ \vdots & \vdots & & \vdots\\ -a_{n1} & -a_{n2} & \cdots & \lambda-a_{nn}\end{vmatrix},$$

称之为方阵 $\boldsymbol{A}$ 的**特征多项式**.

根据上面的分析，可以得到计算特征值和特征向量的步骤：

第一步： 解特征方程，求出 $\boldsymbol{A}$ 的全部不同的特征值 $\lambda_i, i=1,2,\cdots,k\ (k\leqslant n)$.

第二步： 对每一个不同的特征值 λ_i，解齐次线性方程组 $(\lambda_i\boldsymbol{E}-\boldsymbol{A})\boldsymbol{X}=\boldsymbol{0}$，求出非零解 $\boldsymbol{\alpha}_i$，即求得其一个特征向量. 若求出的齐次线性方程组的基础解系为

$$\boldsymbol{\alpha}_{i1},\boldsymbol{\alpha}_{i2},\cdots,\boldsymbol{\alpha}_{ir_i},$$

于是 $k_1\boldsymbol{\alpha}_{i1}+k_2\boldsymbol{\alpha}_{i2}+\cdots+k_{r_i}\boldsymbol{\alpha}_{ir_i}$（$k_1,k_2,\cdots,k_{r_i}$ 不全为零）便是 $\boldsymbol{A}$ 的对应于特征值 λ_i 的全部特征向量.

例 2　求下三角矩阵

$$\boldsymbol{A}=\begin{pmatrix}a_{11} & 0 & \cdots & 0\\ a_{21} & a_{22} & \cdots & 0\\ \vdots & \vdots & & \vdots\\ a_{n1} & a_{n2} & \cdots & a_{nn}\end{pmatrix}$$

的特征值.

解　$$\det(\lambda\boldsymbol{E}-\boldsymbol{A})=\begin{vmatrix}\lambda-a_{11} & 0 & \cdots & 0\\ -a_{21} & \lambda-a_{22} & \cdots & 0\\ \vdots & \vdots & & \vdots\\ -a_{n1} & -a_{n2} & \cdots & \lambda-a_{nn}\end{vmatrix}$$
$$=(\lambda-a_{11})(\lambda-a_{22})\cdots(\lambda-a_{nn})=0.$$

所以 $\boldsymbol{A}$ 的特征值为 $\lambda_i=a_{ii}(i=1,2,\cdots,n)$.

例 3　求矩阵

$$\boldsymbol{A}=\begin{pmatrix}a & 0 & \cdots & 0\\ 0 & a & \cdots & 0\\ \vdots & \vdots & & \vdots\\ 0 & 0 & \cdots & a\end{pmatrix}$$

的特征值与特征向量.

解　易知，$\boldsymbol{A}$ 的特征方程为

$$\det(\lambda\boldsymbol{E}-\boldsymbol{A})=(\lambda-a)^n=0.$$

所以 $\boldsymbol{A}$ 的特征值为 $\lambda=a$（n 重根）.

对于 $\lambda=a$（n 重根），解对应的齐次线性方程组 $(a\boldsymbol{E}-\boldsymbol{A})\boldsymbol{X}=\boldsymbol{0}$，即

$$0\cdot x_1=0,\ 0\cdot x_2=0,\ \cdots,\ 0\cdot x_n=0.$$

这个方程组的系数矩阵是零矩阵，所以任意 n 个线性无关的向量都是它的基础解系. 取单位向量组：

$$\boldsymbol{\varepsilon}_1=\begin{pmatrix}1\\0\\\vdots\\0\end{pmatrix},\ \boldsymbol{\varepsilon}_2=\begin{pmatrix}0\\1\\\vdots\\0\end{pmatrix},\cdots,\ \boldsymbol{\varepsilon}_n=\begin{pmatrix}0\\0\\\vdots\\1\end{pmatrix}$$

作为基础解系，则 $\boldsymbol{A}$ 的对应于特征值 a 的全部特征向量为

$$\boldsymbol{\alpha}=k_1\boldsymbol{\varepsilon}_1+k_2\boldsymbol{\varepsilon}_2+\cdots+k_n\boldsymbol{\varepsilon}_n\ （k_1,k_2,\cdots,k_n\text{不全为零}）.$$

例 4 求矩阵

$$\boldsymbol{A}=\begin{pmatrix}4&6&0\\-3&-5&0\\-3&-6&1\end{pmatrix}$$

的特征值与特征向量.

解 $\boldsymbol{A}$ 的特征方程为

$$|\lambda\boldsymbol{E}-\boldsymbol{A}|=\begin{vmatrix}\lambda-4&-6&0\\3&\lambda+5&0\\3&6&\lambda-1\end{vmatrix}=(\lambda-1)^2(\lambda+2)=0.$$

所以 $\boldsymbol{A}$ 的特征值为 $\lambda_1=\lambda_2=1$（二重根），$\lambda_3=-2$.

当 $\lambda_1=\lambda_2=1$ 时，解方程组 $(1\cdot\boldsymbol{E}-\boldsymbol{A})\boldsymbol{X}=\boldsymbol{0}$，其系数矩阵经一系列行初等变换化为

$$\boldsymbol{E}-\boldsymbol{A}=\begin{pmatrix}-3&-6&0\\3&6&0\\3&6&0\end{pmatrix}\to\cdots\to\begin{pmatrix}1&2&0\\0&0&0\\0&0&0\end{pmatrix},$$

得基础解系为

$$\boldsymbol{\xi}_1=\begin{pmatrix}-2\\1\\0\end{pmatrix},\ \boldsymbol{\xi}_2=\begin{pmatrix}0\\0\\1\end{pmatrix}.$$

故 $\boldsymbol{A}$ 的对应于特征值 $\lambda_1=\lambda_2=1$ 的全部特征向量为 $k_1\boldsymbol{\xi}_1+k_2\boldsymbol{\xi}_2$（$k_1,k_2$ 不全为零）.

当 $\lambda_3=-2$ 时，解方程组 $((-2)\cdot\boldsymbol{E}-\boldsymbol{A})\boldsymbol{X}=\boldsymbol{0}$，其系数矩阵经一系列行初等变换化为

$$-2\boldsymbol{E}-\boldsymbol{A}=\begin{pmatrix}-6&-6&0\\3&3&0\\3&6&-3\end{pmatrix}\to\cdots\to\begin{pmatrix}1&1&0\\0&1&-1\\0&0&0\end{pmatrix},$$

得基础解系为

$$\boldsymbol{\xi}_3=\begin{pmatrix}-1\\1\\1\end{pmatrix}.$$

故 $\boldsymbol{A}$ 的对应于特征值 $\lambda_3=-2$ 的全部特征向量为 $k_3\boldsymbol{\xi}_3(k_3\neq 0)$.

例 5　求矩阵

$$\boldsymbol{A}=\begin{pmatrix}-1&1&0\\-4&3&0\\1&0&2\end{pmatrix}$$

的特征值与特征向量.

解　$\boldsymbol{A}$ 的特征方程为

$$\det(\lambda\boldsymbol{E}-\boldsymbol{A})=\begin{vmatrix}\lambda+1&-1&0\\4&\lambda-3&0\\-1&0&\lambda-2\end{vmatrix}=(\lambda-2)(\lambda-1)^2=0.$$

所以 $\boldsymbol{A}$ 的特征值为 $\lambda_1=\lambda_2=1$（二重根），$\lambda_3=2$.

当 $\lambda_1=\lambda_2=1$ 时，解方程组 $(1\cdot\boldsymbol{E}-\boldsymbol{A})\boldsymbol{X}=\boldsymbol{0}$，其系数矩阵经一系列行初等变换化为

$$\boldsymbol{E}-\boldsymbol{A}=\begin{pmatrix}2&-1&0\\4&-2&0\\-1&0&-1\end{pmatrix}\to\cdots\to\begin{pmatrix}1&0&1\\0&1&2\\0&0&0\end{pmatrix},$$

得基础解系为

$$\boldsymbol{\xi}_1=\begin{pmatrix}1\\2\\-1\end{pmatrix}.$$

故 $\boldsymbol{A}$ 的对应于特征值 $\lambda_1=\lambda_2=1$ 的全部特征向量为 $k_1\boldsymbol{\xi}_1$（$k_1\neq 0$）.

当 $\lambda_3=2$ 时，解方程组 $(2\boldsymbol{E}-\boldsymbol{A})\boldsymbol{X}=\boldsymbol{0}$，其系数矩阵经一系列行初等变换化为

$$2\boldsymbol{E}-\boldsymbol{A}=\begin{pmatrix}3&-1&0\\4&-1&0\\-1&0&0\end{pmatrix}\to\cdots\to\begin{pmatrix}1&0&0\\0&1&0\\0&0&0\end{pmatrix},$$

得基础解系为

$$\boldsymbol{\xi}_2=\begin{pmatrix}0\\0\\1\end{pmatrix}.$$

故 $\boldsymbol{A}$ 的对应于特征值 $\lambda_3=2$ 的全部特征向量为 $k_2\boldsymbol{\xi}_2(k_2\neq 0)$.

注：比较例 4 和例 5，同为二重根的特征值的线性无关的特征向量的个数不同. 例 4 中的二重根 1，对应于此特征根的线性无关的特征向量有两个，而例 5 中的二重根 1，对应于此特征根的线性无关的特征向量却只有一个.

设 n 阶矩阵 $\boldsymbol{A}$ 的特征多项式为

$$f_A(\lambda)=(\lambda-\lambda_1)^{k_1}(\lambda-\lambda_2)^{k_2}\cdots(\lambda-\lambda_r)^{k_r},$$

其中 $\lambda_i \neq \lambda_j (i \neq j)$，$\sum_{i=1}^{r} k_i = n$，称 k_i 为特征值 λ_i 的**代数重数**，而 λ_i 的特征子空间 V_{λ_i} 的维数称为 λ_i 的**几何重数**.

从上述例 4 和例 5 可以看出，特征值的几何重数小于等于它的代数重数. 关于这一结论，是可以证明的（这里略）.

三、特征值与特征向量的性质

由特征多项式的定义知道，$f_A(\lambda)$ 是一个 n 次多项式，利用行列式的性质将其展开可以得到

$$f_A(\lambda) = \det(\lambda \boldsymbol{E} - \boldsymbol{A}) = \lambda^n - (a_{11} + a_{22} + \cdots + a_{nn})\lambda^{n-1} + \cdots + (-1)^n \det A . \qquad (4.2)$$

又设 $\lambda_1, \lambda_2, \cdots, \lambda_n$ 是 n 阶矩阵 $\boldsymbol{A}$ 的全部特征值，则

$$\begin{aligned} f_A(\lambda) &= (\lambda - \lambda_1)(\lambda - \lambda_2)\cdots(\lambda - \lambda_n) \\ &= \lambda^n - (\lambda_1 + \lambda_2 + \cdots + \lambda_n)\lambda^{n-1} + \cdots + (-1)^n \lambda_1 \lambda_2 \cdots \lambda_n . \end{aligned} \qquad (4.3)$$

由式（4.2）和（4.3）可得：

性质 1 设 $\lambda_1, \lambda_2, \cdots, \lambda_n$ 是 n 阶矩阵 $\boldsymbol{A} = (a_{ij})_{n \times n}$ 的全部特征值，则

（1）$\lambda_1 + \lambda_2 + \cdots + \lambda_n = a_{11} + a_{22} + \cdots + a_{nn}$；

其中 $\boldsymbol{A}$ 的全部特征值之和 $a_{11} + a_{22} + \cdots + a_{nn}$ 称为矩阵 $\boldsymbol{A}$ 的**迹**，记为 $\mathrm{tr}(\boldsymbol{A})$.

（2）$\lambda_1 \lambda_2 \cdots \lambda_n = \det \boldsymbol{A}$.

性质 2 n 阶矩阵 $\boldsymbol{A}$ 与它的转置行列式 $\boldsymbol{A}^{\mathrm{T}}$ 有相同的特征多项式，进而有相同的特征值.

事实上，$f_{A^{\mathrm{T}}}(\lambda) = |\lambda \boldsymbol{E} - \boldsymbol{A}^{\mathrm{T}}| = |(\lambda \boldsymbol{E} - \boldsymbol{A})^{\mathrm{T}}| = |\lambda \boldsymbol{E} - \boldsymbol{A}| = f_A(\lambda)$.

性质 3 $\boldsymbol{A}$ 可逆的充要条件是 $\boldsymbol{A}$ 的全部特征值都不为零.

性质 4 设 λ 是 n 阶矩阵 $\boldsymbol{A}$ 的特征值，则

（1）λ^m 是 $\boldsymbol{A}^m$ 的特征值；

（2）$a\lambda$ 是 $a\boldsymbol{A}$ 的特征值；

（3）设 $g(x)$ 是 x 的多项式，则 $g(\lambda)$ 是 $\boldsymbol{A}$ 的多项式 $g(\boldsymbol{A})$ 的特征值；

（4）当 n 阶矩阵 $\boldsymbol{A}$ 可逆时，$\dfrac{1}{\lambda}$ 是 $\boldsymbol{A}^{-1}$ 的特征值.

证明（1）由 λ 是 n 阶矩阵 $\boldsymbol{A}$ 的特征值可知，存在向量 $\boldsymbol{\alpha} \neq \boldsymbol{0}$，使得 $\boldsymbol{A\alpha} = \lambda \boldsymbol{\alpha}$，于是

$$\boldsymbol{A}^2 \boldsymbol{\alpha} = \boldsymbol{A}(\boldsymbol{A\alpha}) = \boldsymbol{A}(\lambda \boldsymbol{\alpha}) = \lambda(\boldsymbol{A\alpha}) = \lambda^2 \boldsymbol{\alpha} ,$$

....

$$\boldsymbol{A}^m \boldsymbol{\alpha} = \boldsymbol{A}(\boldsymbol{A}^{m-1}\boldsymbol{\alpha}) = \boldsymbol{A}(\lambda^{m-1}\boldsymbol{\alpha}) = \lambda^{m-1}(\boldsymbol{A\alpha}) = \lambda^m \boldsymbol{\alpha} ,$$

所以 λ^m 是 $\boldsymbol{A}^m$ 的特征值.

（2）由 λ 是 n 阶矩阵 $\boldsymbol{A}$ 的特征值可知，存在向量 $\boldsymbol{\alpha} \neq \boldsymbol{0}$，使得 $\boldsymbol{A\alpha} = \lambda \boldsymbol{\alpha}$，于是

$$(a\boldsymbol{A})\boldsymbol{\alpha} = a(\boldsymbol{A\alpha}) = a(\lambda \boldsymbol{\alpha}) = (a\lambda)\boldsymbol{\alpha} ,$$

所以 $a\lambda$ 是 $a\boldsymbol{A}$ 的特征值.

（3）设 $g(x)=a_0+a_1x+a_2x^2+\cdots+a_mx^m$，则矩阵 $\boldsymbol{A}$ 的多项式为

$$g(\boldsymbol{A})=a_0\boldsymbol{E}+a_1\boldsymbol{A}+a_2\boldsymbol{A}^2+\cdots+a_m\boldsymbol{A}^m.$$

于是由（1）和（2）可得

$$\begin{aligned}g(\boldsymbol{A})\boldsymbol{\alpha}&=(a_0\boldsymbol{E}+a_1\boldsymbol{A}+a_2\boldsymbol{A}^2+\cdots+a_m\boldsymbol{A}^m)\boldsymbol{\alpha}\\&=(a_0\boldsymbol{E})\boldsymbol{\alpha}+(a_1\boldsymbol{A})\boldsymbol{\alpha}+(a_2\boldsymbol{A}^2)\boldsymbol{\alpha}+\cdots+(a_m\boldsymbol{A}^m)\boldsymbol{\alpha}\\&=a_0\boldsymbol{\alpha}+a_1(\boldsymbol{A}\boldsymbol{\alpha})+a_2(\boldsymbol{A}^2\boldsymbol{\alpha})+\cdots+a_m(\boldsymbol{A}^m\boldsymbol{\alpha})\\&=a_0\boldsymbol{\alpha}+a_1(\lambda\boldsymbol{\alpha})+a_2(\lambda^2\boldsymbol{\alpha})+\cdots+a_m(\lambda^m\boldsymbol{\alpha})\\&=(a_0+a_1\lambda+a_2\lambda^2+\cdots+a_m\lambda^m)\boldsymbol{\alpha}\\&=g(\lambda)\boldsymbol{\alpha}.\end{aligned}$$

所以 $g(\lambda)$ 是 $\boldsymbol{A}$ 的多项式 $g(\boldsymbol{A})$ 的特征值.

（4）由 λ 是 n 阶矩阵 $\boldsymbol{A}$ 的特征值可知，存在向量 $\boldsymbol{\alpha}\neq\boldsymbol{0}$，使得

$$\boldsymbol{A}\boldsymbol{\alpha}=\lambda\boldsymbol{\alpha}.$$

于是在等式两边右乘 $\boldsymbol{A}^{-1}$ 得到

$$\boldsymbol{\alpha}=\boldsymbol{A}^{-1}\lambda\boldsymbol{\alpha}.$$

由性质 3 知道 $\lambda\neq0$，因此

$$\boldsymbol{A}^{-1}\boldsymbol{\alpha}=\frac{1}{\lambda}\boldsymbol{\alpha}.$$

所以 $\frac{1}{\lambda}$ 是 $\boldsymbol{A}^{-1}$ 的特征值.

性质 5　n 阶矩阵 $\boldsymbol{A}$ 的对应于不同特征值的特征向量线性无关.

证明　设非零向量 $\boldsymbol{\alpha}_1,\boldsymbol{\alpha}_2,\cdots,\boldsymbol{\alpha}_r$ 分别是对应于 n 阶矩阵 $\boldsymbol{A}$ 的不同特征值 $\lambda_1,\lambda_2,\cdots,\lambda_r$ 的特征向量，如果有一组非零常数 $k_1,k_2,\cdots,k_r$，使得

$$k_1\boldsymbol{\alpha}_1+k_2\boldsymbol{\alpha}_2+\cdots+k_r\boldsymbol{\alpha}_r=\boldsymbol{0}，\quad ①$$

若将①式两边左乘 $\boldsymbol{A}$，利用 $\boldsymbol{A}\boldsymbol{\alpha}_i=\lambda_i\boldsymbol{\alpha}_i(i=1,2,\cdots,r)$，得

$$k_1\lambda_1\boldsymbol{\alpha}_1+k_2\lambda_2\boldsymbol{\alpha}_2+\cdots+k_r\lambda_r\boldsymbol{\alpha}_r=\boldsymbol{0}.\quad ②$$

若将②式两边左乘 $\boldsymbol{A}$，利用 $\boldsymbol{A}\boldsymbol{\alpha}_i=\lambda_i\boldsymbol{\alpha}_i(i=1,2,\cdots,r)$，得

$$k_1\lambda_1^2\boldsymbol{\alpha}_1+k_2\lambda_2^2\boldsymbol{\alpha}_2+\cdots+k_r\lambda_r^2\boldsymbol{\alpha}_r=\boldsymbol{0}.\quad ③$$

……

如此下去可得

$$k_1\lambda_1^{r-1}\boldsymbol{\alpha}_1+k_2\lambda_2^{r-1}\boldsymbol{\alpha}_2+\cdots+k_r\lambda_r^{r-1}\boldsymbol{\alpha}_r=\boldsymbol{0}.\quad ⓡ$$

将上述①~ⓡ个等式写成下列矩阵形式：

$$(k_1\boldsymbol{\alpha}_1, k_2\boldsymbol{\alpha}_2, \cdots, k_r\boldsymbol{\alpha}_r)\begin{pmatrix} 1 & \lambda_1 & \cdots & \lambda_1^{r-1} \\ 1 & \lambda_2 & \cdots & \lambda_2^{r-1} \\ \vdots & \vdots & & \vdots \\ 1 & \lambda_r & \cdots & \lambda_r^{r-1} \end{pmatrix} = (0,0,\cdots,0). \tag{4.4}$$

但是 $\lambda_1, \lambda_2, \cdots, \lambda_r$ 互不相同，所以范德蒙行列式：

$$\Delta = \begin{pmatrix} 1 & \lambda_1 & \cdots & \lambda_1^{r-1} \\ 1 & \lambda_2 & \cdots & \lambda_2^{r-1} \\ \vdots & \vdots & & \vdots \\ 1 & \lambda_r & \cdots & \lambda_r^{r-1} \end{pmatrix} = \prod_{1 \leqslant i < j \leqslant r} (\lambda_i - \lambda_j) \neq 0 .$$

将式（4.4）两边右乘 Δ^{-1}，得到

$$(k_1\boldsymbol{\alpha}_1, k_2\boldsymbol{\alpha}_2, \cdots, k_r\boldsymbol{\alpha}_r) = (0,0,\cdots,0),$$

即

$$k_i\boldsymbol{\alpha}_i = \mathbf{0} \ (i = 1,2,\cdots,r).$$

但是 $\boldsymbol{\alpha}_i \neq \mathbf{0}$，所以 $k_i = 0 \ (i = 1,2,\cdots,r)$，故 $\boldsymbol{\alpha}_1, \boldsymbol{\alpha}_2, \cdots, \boldsymbol{\alpha}_r$ 线性无关.

例 6 已知三阶方阵 $\boldsymbol{A}$ 的特征值为 1, 2, 3，试求 $\left|\boldsymbol{A}^2 - 2\boldsymbol{E}\right|$ 和 $\left|\boldsymbol{A}^{-1} - 2\boldsymbol{A}^*\right|$.

解 令 $g(\lambda) = \lambda^2 - 2$，则 $g(\boldsymbol{A}) = \boldsymbol{A}^2 - 2\boldsymbol{E}$. 由已知三阶方阵 $\boldsymbol{A}$ 的特征值为 1, 2, 3，可得 $g(\boldsymbol{A})$ 的特征值为 $g(1) = -1,\ g(2) = 2,\ g(3) = 7$，所以

$$\left|\boldsymbol{A}^2 - 2\boldsymbol{E}\right| = (-1) \times 2 \times 7 = -14 .$$

由方阵 $\boldsymbol{A}$ 的特征值为 1, 2, 3 知道矩阵 $\boldsymbol{A}$ 可逆，且 $|\boldsymbol{A}| = 6$，$\boldsymbol{A}^* = |\boldsymbol{A}|\boldsymbol{A}^{-1} = 6\boldsymbol{A}^{-1}$，而 $\boldsymbol{A}^{-1}$ 的三个特征值分别为 $1, \frac{1}{2}, \frac{1}{3}$，因此得

$$\begin{aligned} \left|\boldsymbol{A}^{-1} - 2\boldsymbol{A}^*\right| &= \left|\boldsymbol{A}^{-1} - 12\boldsymbol{A}^{-1}\right| = \left|-11\boldsymbol{A}^{-1}\right| \\ &= (-11)^3\left|\boldsymbol{A}^{-1}\right| = -11^3 \times 1 \times \frac{1}{2} \times \frac{1}{3} = -\frac{11^3}{6}. \end{aligned}$$

习题 4.1

1. 求下列矩阵的特征值与特征向量.

（1）$\boldsymbol{A} = \begin{pmatrix} 2 & 1 \\ 1 & 2 \end{pmatrix}$；（2）$\begin{pmatrix} 1 & -1 & 1 \\ 1 & 3 & -1 \\ 1 & 1 & 1 \end{pmatrix}$；（3）$\boldsymbol{A} = \begin{pmatrix} 1 & 1 & 1 & 1 \\ 1 & 1 & -1 & -1 \\ 1 & -1 & 1 & -1 \\ 1 & -1 & -1 & 1 \end{pmatrix}$.

2. 已知$\lambda=12$是三阶矩阵$\boldsymbol{A}=\begin{pmatrix}7&4&-1\\4&7&-1\\-4&m&-4\end{pmatrix}$的一个特征值，求常数$m$以及矩阵$\boldsymbol{A}$的其余特征值.

3. 已知n阶矩阵$\boldsymbol{A}$的每一行元素的和都等于一个常数m，证明$\lambda=m$是该矩阵的特征值，并求与之对应的特征向量.

4. 设非零向量$\boldsymbol{\alpha}_1,\boldsymbol{\alpha}_2$分别是对应于$n$阶矩阵$\boldsymbol{A}$的两个不同特征值$\lambda_1,\lambda_2$的特征向量，证明：$\boldsymbol{\alpha}_1+\boldsymbol{\alpha}_2$不是矩阵$\boldsymbol{A}$的特征向量.

第二节　相似矩阵与矩阵的对角化

一、相似矩阵

定义 4.2　对于n阶矩阵$\boldsymbol{A},\boldsymbol{B}$，如果存在可逆矩阵$\boldsymbol{P}$，使得$\boldsymbol{P}^{-1}\boldsymbol{AP}=\boldsymbol{B}$成立，则称$\boldsymbol{B}$是$\boldsymbol{A}$的相似矩阵，也称矩阵$\boldsymbol{A}$与$\boldsymbol{B}$相似，记为$\boldsymbol{A}\sim\boldsymbol{B}$. 对$\boldsymbol{A}$做运算$\boldsymbol{P}^{-1}\boldsymbol{AP}$，称为对$\boldsymbol{A}$进行相似变换，可逆矩阵$\boldsymbol{P}$称为把$\boldsymbol{A}$变成$\boldsymbol{B}$的相似变换矩阵.

根据定义 4.2 容易得到，如果$\boldsymbol{B}$是$\boldsymbol{A}$的相似矩阵，$\boldsymbol{P}$为把$\boldsymbol{A}$变成$\boldsymbol{B}$的相似变换矩阵，那么$\boldsymbol{A}$亦是$\boldsymbol{B}$的相似矩阵，$\boldsymbol{P}^{-1}$为把$\boldsymbol{B}$变成$\boldsymbol{A}$的相似变换矩阵.

矩阵的相似关系具有下列三个性质：

（1）自反性：$\boldsymbol{A}\sim\boldsymbol{A}$.

（2）对称性：如果$\boldsymbol{A}\sim\boldsymbol{B}$，那么$\boldsymbol{B}\sim\boldsymbol{A}$.

（3）传递性：如果$\boldsymbol{A}\sim\boldsymbol{B},\boldsymbol{B}\sim\boldsymbol{C}$，那么$\boldsymbol{A}\sim\boldsymbol{C}$.

下面只证明（3）：如果$\boldsymbol{A}\sim\boldsymbol{B},\boldsymbol{B}\sim\boldsymbol{C}$，则存在可逆矩阵$\boldsymbol{P},\boldsymbol{Q}$，使得

$$\boldsymbol{P}^{-1}\boldsymbol{AP}=\boldsymbol{B},\ \boldsymbol{Q}^{-1}\boldsymbol{BQ}=\boldsymbol{C},$$

于是
$$\boldsymbol{Q}^{-1}\boldsymbol{P}^{-1}\boldsymbol{APQ}=(\boldsymbol{PQ})^{-1}\boldsymbol{A}(\boldsymbol{PQ})=\boldsymbol{C}.$$

令$\boldsymbol{R}=\boldsymbol{PQ}$，则$\boldsymbol{R}$可逆且满足$\boldsymbol{R}^{-1}\boldsymbol{AR}=\boldsymbol{C}$，故$\boldsymbol{A}\sim\boldsymbol{C}$.

关于相似矩阵，我们有下列重要结论：

定理 4.1　若n阶矩阵$\boldsymbol{A}\sim\boldsymbol{B}$，那么

（1）$R(\boldsymbol{A})=R(\boldsymbol{B})$.

（2）$\boldsymbol{A}^{\mathrm{T}}\sim\boldsymbol{B}^{\mathrm{T}}$.

（3）$|\boldsymbol{A}|=|\boldsymbol{B}|$.

（4）$f_{\boldsymbol{A}}(\lambda)=f_{\boldsymbol{B}}(\lambda)$，进而有相同的特征值，相同的迹.

（5）$\boldsymbol{A}^k\sim\boldsymbol{B}^k$.

（6）记$f(x)=a_0+a_1x+\cdots+a_mx^m$，那么$f(\boldsymbol{A})\sim f(\boldsymbol{B})$.

证明　因为n阶矩阵$\boldsymbol{A}\sim\boldsymbol{B}$，所以存在可逆矩阵$\boldsymbol{P}$，使得$\boldsymbol{P}^{-1}\boldsymbol{AP}=\boldsymbol{B}$，所以有：

（1）显然.

（2）$B^{\mathrm{T}}=(P^{-1}AP)^{\mathrm{T}}=P^{\mathrm{T}}A^{\mathrm{T}}(P^{-1})^{\mathrm{T}}$，所以 $A^{\mathrm{T}}\sim B^{\mathrm{T}}$.

（3）$|B|=|P^{-1}AP|=|P^{-1}||A||P|=|A|$.

（4）
$$\begin{aligned}f_B(\lambda)&=|\lambda E-B|=|\lambda E-P^{-1}AP|=|P^{-1}(\lambda E-A)P|\\&=|P^{-1}||\lambda E-A||P|=|\lambda E-A|=f_A(\lambda).\end{aligned}$$

（5）因为 $B^k=(P^{-1}AP)^k=P^{-1}A^kP$，所以 $A^k\sim B^k$.

（6）由 $f(x)=a_0+a_1x+\cdots+a_mx^m$，得

$$f(A)=a_0E+a_1A+\cdots+a_mA^m,\quad f(B)=a_0E+a_1B+\cdots+a_mB^m.$$

所以
$$\begin{aligned}f(B)&=a_0E+a_1B+\cdots+a_mB^m\\&=a_0E+a_1P^{-1}AP+\cdots+a_m(P^{-1}AP)^m\\&=P^{-1}(a_0E)P+P^{-1}(a_1A)P+\cdots+P^{-1}(a_mA^m)P\\&=P^{-1}(a_0E+a_1A+\cdots+a_mA^m)P\\&=P^{-1}f(A)P,\end{aligned}$$

故 $f(A)\sim f(B)$.

定理 4.2 如果 n 阶矩阵 A 与对角形矩阵 $\Lambda=\begin{pmatrix}\lambda_1&&&\\&\lambda_2&&\\&&\ddots&\\&&&\lambda_n\end{pmatrix}$ 相似，则 $\lambda_1,\lambda_2,\cdots,\lambda_n$ 是矩阵 A 的全部特征值.

证明 因为 $A\sim\Lambda$，所以 A 与 Λ 有完全相同的特征值，而 $\lambda_1,\lambda_2,\cdots,\lambda_n$ 是 Λ 的全部特征值，所以 $\lambda_1,\lambda_2,\cdots,\lambda_n$ 也是矩阵 A 的全部特征值.

二、矩阵的对角化

如果一个 n 阶矩阵 A 与一个对角形矩阵相似，则称矩阵 A 可对角化．那么一个 n 阶矩阵 A 满足什么条件才可对角化呢？满足 $P^{-1}AP=\Lambda$ 的矩阵矩阵 P 又是怎么构成的呢？我们有下列定理：

定理 4.3 n 阶方阵 A 与对角阵 $\Lambda=\begin{pmatrix}\lambda_1&&&\\&\lambda_2&&\\&&\ddots&\\&&&\lambda_n\end{pmatrix}$ 相似的充要条件是矩阵 A 有 n 个线性无关的特征向量．当条件成立时，对角矩阵的对角线元素为 A 的特征值，相似变换矩阵 P 的第 i 列为对角矩阵对角线上第 i 个特征值对应的特征向量.

证明 n 阶方阵 A 与对角阵 $\Lambda=\begin{pmatrix}\lambda_1&&&\\&\lambda_2&&\\&&\ddots&\\&&&\lambda_n\end{pmatrix}$ 相似，相似变换矩阵 $P=(p_1,p_2,\cdots,p_n)$，当且仅当 $P^{-1}AP=\Lambda$，

当且仅当 $AP = P\Lambda$，P 为可逆矩阵，

当且仅当 $(Ap_1, Ap_2, \cdots, Ap_n) = (\lambda_1 p_1, \lambda_2 p_2, \cdots, \lambda_n p_n)$，$p_1, p_2, \cdots p_n$ 线性无关，

当且仅当 $Ap_i = \lambda_i p_i (i = 1, 2, \cdots, n)$，

当且仅当 λ_i 是方阵 A 的特征值，p_i 是对应于特征值 λ_i 的特征向量 $(i = 1, 2, \cdots, n)$，$p_1, p_2, \cdots p_n$ 线性无关.

注意：(1) 相似变换矩阵 P 的列向量的排列顺序与对角阵 Λ 的对角线上元素的排列顺序相同.

(2) 由于 p_i 是基础解系中的解向量，所以 p_i 的取法不唯一，因而相似变换矩阵 P 不唯一.

推论 1　如果 n 阶方阵 A 有 n 个互不相同的特征根 $\lambda_1, \lambda_2, \cdots, \lambda_n$，则 A 与对角形矩阵相似.

一般情况下，要直接判断一个 n 阶矩阵是否有 n 个线性无关的特征向量是很困难的，下面不加证明地给出几个结论.

推论 2　设 $\lambda_1, \lambda_2, \cdots, \lambda_k$ 是矩阵 A 的互异特征根，$\alpha_{i1}, \alpha_{i2}, \cdots, \alpha_{ir_i}$ 是对应于特征值 λ_i 的线性无关的特征向量，则 $\alpha_{11}, \alpha_{12}, \cdots, \alpha_{1r_1}, \cdots, \alpha_{k1}, \alpha_{k2}, \cdots, \alpha_{kr_k}$ 也线性无关.

设 $\lambda_1, \lambda_2, \cdots, \lambda_r$ 是矩阵 A 的全部互异特征根，λ_i 是 A 的 $k_i(k_i \geqslant 1)$ 重特征值，则 $k_1 + k_2 + \cdots + k_r = n$. 若对每一个特征值 $\lambda_i(i = 1, 2, \cdots, r)$, $(\lambda_i E - A)X = 0$ 的基础解系由 k_i 个解向量组成，即 λ_i 恰有 k_i 个线性无关的特征向量，则根据推论 2，A 有 n 个线性无关的特征向量. 而 $(\lambda_i E - A)X = 0$ 的基础解系所含解向量的个数不大于 k_i，于是得到下面定理.

定理 4.4　n 阶矩阵 A 与对角阵相似的充要条件是对于 A 的每一个 k_i 重特征值 λ_i，齐次线性方程组 $(\lambda_i E - A)X = 0$ 的基础解系由 k_i 个解向量组成.

推论　n 阶矩阵 A 与对角阵相似的充要条件是对于 A 的每一个 k_i 重特征值 λ_i，齐次线性方程组 $(\lambda_i E - A)X = 0$ 的系数矩阵的秩等于 $n - k_i$，即

$$R(\lambda_i E - A) = n - k_i .$$

根据以上讨论，可以得到矩阵对角化的步骤：

第一步：求出矩阵 A 的全部互异特征值 $\lambda_1, \lambda_2, \cdots, \lambda_k$（重根按重数计算）.

第二步：对每一个特征值 λ_i，判断齐次线性方程组 $(\lambda_i E - A)X = 0$ 是否满足 $R(\lambda_i E - A) = n - k_i$：若存在某个 λ_i 不满足，则 A 不能对角化；若都满足，可求出其基础解系（特征向量）.

第三步：以全部基础解系（特征向量）为列做矩阵 P，则 P 是可逆矩阵，且 $P^{-1}AP = \mathrm{diag}(\lambda_1, \lambda_2, \cdots, \lambda_n)$，

例 1　以第一节例 4 为例，将矩阵 A 对角化，并求相似变换矩阵 P.

解　根据第一节例 4 的结论可得 A 的全部特征值为 $\lambda_1 = \lambda_2 = 1$（二重根），$\lambda_3 = -2$. 与之对应的特征向量分别为

$$\xi_1 = \begin{pmatrix} -2 \\ 1 \\ 0 \end{pmatrix}, \xi_2 = \begin{pmatrix} 0 \\ 0 \\ 1 \end{pmatrix}, \xi_3 = \begin{pmatrix} -1 \\ 1 \\ 1 \end{pmatrix}.$$

令 $P = (\xi_1, \xi_2, \xi_3) = \begin{pmatrix} -2 & 0 & -1 \\ 1 & 0 & 1 \\ 0 & 1 & 1 \end{pmatrix}$，则

$$P^{-1}AP=\begin{pmatrix}1 & & \\ & 1 & \\ & & -2\end{pmatrix}.$$

例 2 判断第一节例 5 的矩阵是否可以对角化，为什么？

解 根据第一节例 5 的结论可得 A 的全部特征值为 $\lambda_1=\lambda_2=1$（二重根），$\lambda_3=2$．与之对应的特征向量分别为

$$\xi_1=\begin{pmatrix}1\\2\\-1\end{pmatrix},\ \xi_2=\begin{pmatrix}0\\0\\1\end{pmatrix}.$$

因为 A 只有两个线性无关的特征向量，故不能对角化.

例 3 设向量 $\alpha=\begin{pmatrix}1\\1\\-1\end{pmatrix}$ 是矩阵 $A=\begin{pmatrix}2 & -1 & 2\\5 & x & 3\\-1 & y & -2\end{pmatrix}$ 的特征向量，求 x,y 的值以及与特征向量 α 对应的特征值，并判断 A 能否对角化.

解 设与向量 $\alpha=\begin{pmatrix}1\\1\\-1\end{pmatrix}$ 相对应的特征值为 λ，则

$$(\lambda E-A)\alpha=\begin{pmatrix}\lambda-2 & 1 & -2\\-5 & \lambda-x & -3\\1 & -y & \lambda+2\end{pmatrix}\begin{pmatrix}1\\1\\-1\end{pmatrix}=0.$$

解之得 $x=-3,\ y=0,\ \lambda=-1$．于是

$$A=\begin{pmatrix}2 & -1 & 2\\5 & -3 & 3\\-1 & 0 & -2\end{pmatrix}.$$

所以

$$\det(\lambda E-A)=\begin{vmatrix}\lambda-2 & 1 & -2\\-5 & \lambda+3 & -3\\1 & 0 & \lambda+2\end{vmatrix}=(\lambda+1)^3.$$

故 $\lambda=-1$ 是 A 的三重特征值．又因为

$$R(-E-A)=2\neq 3-3=0,$$

故 A 不能对角化.

例 4 设 $A=\begin{pmatrix}1 & 4 & 2\\0 & -3 & 4\\0 & 4 & 3\end{pmatrix}$，求 $A^n(n\in\mathbf{N})$.

解 $|\lambda E-A|=\begin{vmatrix}\lambda-1 & -4 & -2\\0 & \lambda+3 & -4\\0 & -4 & \lambda-3\end{vmatrix}=-(1-\lambda)(\lambda-5)(\lambda+5).$

所以 $\boldsymbol{A}$ 的特征值为 $\lambda_1=1,\lambda_2=5,\lambda_3=-5$，它们对应的特征向量分别为

$$\boldsymbol{\xi}_1=\begin{pmatrix}1\\0\\0\end{pmatrix},\ \boldsymbol{\xi}_2=\begin{pmatrix}2\\1\\2\end{pmatrix},\ \boldsymbol{\xi}_3=\begin{pmatrix}1\\-2\\1\end{pmatrix}.$$

令 $\boldsymbol{P}=(\boldsymbol{\xi}_1,\boldsymbol{\xi}_2,\boldsymbol{\xi}_3)=\begin{pmatrix}1&2&1\\0&1&-2\\0&2&1\end{pmatrix}$，则

$$\boldsymbol{P}^{-1}\boldsymbol{AP}=\begin{pmatrix}1&0&0\\0&5&0\\0&0&-5\end{pmatrix}=\boldsymbol{\Lambda}.$$

所以 $\boldsymbol{A}=\boldsymbol{P\Lambda P}^{-1}$．因此 $\boldsymbol{A}^k=\boldsymbol{P\Lambda}^k\boldsymbol{P}^{-1}$.

易求得

$$\boldsymbol{P}^{-1}=\begin{pmatrix}1&0&-1\\0&\frac{1}{5}&\frac{2}{5}\\0&-\frac{2}{5}&\frac{1}{5}\end{pmatrix},$$

所以

$$\boldsymbol{A}^n=\begin{pmatrix}1&2&1\\0&1&-2\\0&2&1\end{pmatrix}\begin{pmatrix}1&0&0\\0&5^n&0\\0&0&(-5)^n\end{pmatrix}\begin{pmatrix}1&0&-1\\0&\frac{1}{5}&\frac{2}{5}\\0&-\frac{2}{5}&\frac{1}{5}\end{pmatrix}$$

$$=\begin{pmatrix}1&2\times5^{n-1}(1+(-1)^{n+1})&5^{n-1}(4+(-1)^n)-1\\0&5^{n-1}(1+4(-1)^n)&2\times5^{n-1}(1+(-1)^{n+1})\\0&2\times5^{n-1}(1+(-1)^{n+1})&5^{n-1}(4+(-1)^n)\end{pmatrix}.$$

例 5　已知 $\boldsymbol{A}=\begin{pmatrix}1&0&0\\1&0&1\\0&1&0\end{pmatrix}$，证明：当 $n\geqslant3$（n 为正整数）时，有等式：$\boldsymbol{A}^n=\boldsymbol{A}^{n-2}+\boldsymbol{A}^2-\boldsymbol{E}$，并由此求 $\boldsymbol{A}^{1000}$.

证明　由 $|\lambda\boldsymbol{E}-\boldsymbol{A}|=0$ 可得 $\lambda^3-\lambda^2-\lambda+1=0$，从而

$$\boldsymbol{A}^3-\boldsymbol{A}^2-\boldsymbol{A}+\boldsymbol{E}=\boldsymbol{O},$$

即

$$\boldsymbol{A}^3=\boldsymbol{A}+\boldsymbol{A}^2-\boldsymbol{E}.$$

这就是说，当 $n=3$ 时，等式成立.

假设当 $n=k\ (k\geqslant3)$ 时等式成立，即

$$A^k = A^{k-2} + A^2 - E,$$

则当 $n=k+1$ 时，有

$$\begin{aligned} A^{k+1} &= AA^k = A(A^{k-2}+A^2-E) \\ &= A^{k-1}+A^3-A = A^{k-1}+A^2+A-E-A \\ &= A^{k-1}+A^2-E. \end{aligned}$$

因此，由数学归纳法知，对一切 $n \geqslant 3$（n 为正整数），等式都成立.

于是
$$\begin{aligned} A^{1000} &= A^{998}+A^2-E = A^{996}+A^2-E+A^2-E \\ &= A^{996}+2(A^2-E) = \cdots \\ &= A^2+499(A^2-E) = 500A^2-499E. \end{aligned}$$

又
$$A^2 = \begin{pmatrix} 1 & 0 & 0 \\ 1 & 0 & 1 \\ 0 & 1 & 0 \end{pmatrix}\begin{pmatrix} 1 & 0 & 0 \\ 1 & 0 & 1 \\ 0 & 1 & 0 \end{pmatrix} = \begin{pmatrix} 1 & 0 & 0 \\ 1 & 1 & 0 \\ 1 & 0 & 1 \end{pmatrix},$$

故
$$A^{1000} = 500A^2-499E = \begin{pmatrix} 1 & 0 & 0 \\ 500 & 1 & 0 \\ 500 & 0 & 1 \end{pmatrix}.$$

习题 4.2

1. 求下列矩阵的特征值与特征向量，并判断是否能对角化？能对角化的将其对角化.

（1）$A=\begin{pmatrix} 4 & 0 & 0 \\ 0 & 3 & 1 \\ 0 & 1 & 3 \end{pmatrix}$；（2）$A=\begin{pmatrix} 1 & -3 & 3 \\ 3 & -5 & 3 \\ 6 & -6 & 4 \end{pmatrix}$；（3）$A=\begin{pmatrix} -3 & 1 & -1 \\ -7 & 5 & -1 \\ -6 & 6 & -2 \end{pmatrix}$.

2. 已知矩阵 $A=\begin{pmatrix} -2 & 0 & 0 \\ 2 & x & 2 \\ 3 & 1 & 1 \end{pmatrix}$, $B=\begin{pmatrix} -1 & 0 & 0 \\ 0 & 2 & 0 \\ 0 & 0 & y \end{pmatrix}$，且 $A \sim B$，

（1）求 x, y 的值；

（2）求可逆矩阵 P，使得 $P^{-1}AP=B$.

3. 设 $\lambda_1=1, \lambda_2=0, \lambda_3=-1$ 是三阶矩阵 A 的特征值，对应于它们的特征向量分别是 $\alpha_1=(1,2,2)^{\mathrm{T}}, \alpha_2=(2,-2,1)^{\mathrm{T}}, \alpha_3=(-2,-1,2)^{\mathrm{T}}$，求 A.

4. 设 $A=\begin{pmatrix} 3 & -2 \\ -2 & 3 \end{pmatrix}$，求 $A^{10}-5A^9$.

5. 设 $A \sim B, C \sim D$，证明：$\begin{pmatrix} A & O \\ O & C \end{pmatrix} \sim \begin{pmatrix} B & O \\ O & D \end{pmatrix}$.

6. 四阶矩阵 A 满足 $E-A, 4E+A, E-2A, E+3A$ 均不可逆，证明

（1）A 是可逆矩阵；

（2）A 与对角阵相似.

7. 设 $\boldsymbol{A},\boldsymbol{B}$ 都是 n 阶矩阵，且 $|\boldsymbol{A}|\neq 0$，证明：$\boldsymbol{AB}\sim\boldsymbol{BA}$.

8. 设 $\boldsymbol{A}\sim\begin{pmatrix}1 & & \\ & 2 & \\ & & 3\end{pmatrix}$，求 $|\boldsymbol{A}-\boldsymbol{E}|$.

第三节　n 维向量空间的正交化

本节把第三章几何空间中向量的长度、夹角等概念推广到 n 维向量空间中，而将向量的长度、夹角等概念用内积来定义. 为此，下面先给出 n 维空间中向量的内积，然后讨论 n 维向量空间中向量的长度、夹角等概念.

一、向量的内积及性质

定义 4.3　设 $\boldsymbol{\alpha}=(a_1,a_2,\cdots,a_n)$, $\boldsymbol{\beta}=(b_1,b_2,\cdots,b_n)$ 是 $\mathbf{R}^n$ 中的向量，称实数

$$a_1b_1+a_2b_2+\cdots+a_nb_n$$

为向量 $\boldsymbol{\alpha}$ 与 $\boldsymbol{\beta}$ 的内积，记作 $[\boldsymbol{\alpha},\boldsymbol{\beta}]$.

利用矩阵的乘法，$[\boldsymbol{\alpha},\boldsymbol{\beta}]=\boldsymbol{\alpha}\boldsymbol{\beta}^{\mathrm{T}}=a_1b_1+a_2b_2+\cdots+a_nb_n$.

注意： 如果 $\boldsymbol{\alpha},\boldsymbol{\beta}$ 是 $\mathbf{R}^n$ 中的列向量，则 $[\boldsymbol{\alpha},\boldsymbol{\beta}]=\boldsymbol{\alpha}^{\mathrm{T}}\boldsymbol{\beta}=a_1b_1+a_2b_2+\cdots+a_nb_n$.

向量的内积具有以下性质：

设 $\boldsymbol{\alpha},\boldsymbol{\beta},\boldsymbol{\gamma}$ 是 $\mathbf{R}^n$ 中的任意向量，k 是任意实数，

（1）非负性：$[\boldsymbol{\alpha},\boldsymbol{\alpha}]\geqslant 0$ 当且仅当 $\boldsymbol{\alpha}=\mathbf{0}$ 时取等号.

（2）对称性：$[\boldsymbol{\alpha},\boldsymbol{\beta}]=[\boldsymbol{\beta},\boldsymbol{\alpha}]$.

（3）线性性：$[\boldsymbol{\alpha}+\boldsymbol{\beta},\boldsymbol{\gamma}]=[\boldsymbol{\alpha},\boldsymbol{\gamma}]+[\boldsymbol{\beta},\boldsymbol{\gamma}]$；

$[k\boldsymbol{\alpha},\boldsymbol{\beta}]=k[\boldsymbol{\alpha},\boldsymbol{\beta}]$.

（4）柯西-施瓦兹不等式：$[\boldsymbol{\alpha},\boldsymbol{\beta}]^2\leqslant[\boldsymbol{\alpha},\boldsymbol{\alpha}][\boldsymbol{\beta},\boldsymbol{\beta}]$ 当且仅当 $\boldsymbol{\alpha}$ 与 $\boldsymbol{\beta}$ 线性相关时取等号.

下面只证明（4）.

对任意实数 t，由性质（1），有

$$[t\boldsymbol{\alpha}+\boldsymbol{\beta},\ t\boldsymbol{\alpha}+\boldsymbol{\beta}]\geqslant 0,$$

即

$$[\boldsymbol{\alpha},\boldsymbol{\alpha}]t^2+2[\boldsymbol{\alpha},\boldsymbol{\beta}]t+[\boldsymbol{\beta},\boldsymbol{\beta}]\geqslant 0.$$

这是关于 t 的二次函数，其函数值非负，则判别式 $\Delta\leqslant 0$，即有

$$\Delta=4[\boldsymbol{\alpha},\boldsymbol{\beta}]^2-4[\boldsymbol{\alpha},\boldsymbol{\alpha}][\boldsymbol{\beta},\boldsymbol{\beta}]\leqslant 0,$$

即

$$[\boldsymbol{\alpha},\boldsymbol{\beta}]^2\leqslant[\boldsymbol{\alpha},\boldsymbol{\alpha}][\boldsymbol{\beta},\boldsymbol{\beta}].$$

二、向量的长度

下面利用内积的非负性定义向量的长度.

定义 4.4 设$\boldsymbol{\alpha}=(a_1,a_2,\cdots,a_n)\in\mathbf{R}^n$，则

$$\sqrt{[\boldsymbol{\alpha},\boldsymbol{\alpha}]}=\sqrt{a_1^2+a_2^2+\cdots+a_n^2}$$

称为向量$\boldsymbol{\alpha}$的**长度**（**模**或者**范数**），记为$\|\boldsymbol{\alpha}\|$.

向量长度具有以下性质：

（1）非负性：$\|\boldsymbol{\alpha}\|\geqslant 0$ 当且仅当$\boldsymbol{\alpha}=\mathbf{0}$时取等号.

（2）齐次性：$\|k\boldsymbol{\alpha}\|=|k|\|\boldsymbol{\alpha}\|$.

（3）三角不等式：$\|\boldsymbol{\alpha}+\boldsymbol{\beta}\|\leqslant\|\boldsymbol{\alpha}\|+\|\boldsymbol{\beta}\|$.

其中$\boldsymbol{\alpha},\boldsymbol{\beta}$是任意$n$维向量，$k$为任意实数.

当$\|\boldsymbol{\alpha}\|=1$时，称$\boldsymbol{\alpha}$为单位向量.

当$\boldsymbol{\alpha}\neq\mathbf{0}$时，向量$\dfrac{\boldsymbol{\alpha}}{\|\boldsymbol{\alpha}\|}$是单位向量. 这是因为

$$\left\|\frac{\boldsymbol{\alpha}}{\|\boldsymbol{\alpha}\|}\right\|=\sqrt{\left[\frac{\boldsymbol{\alpha}}{\|\boldsymbol{\alpha}\|},\frac{\boldsymbol{\alpha}}{\|\boldsymbol{\alpha}\|}\right]}=\sqrt{\frac{1}{\|\boldsymbol{\alpha}\|^2}[\boldsymbol{\alpha},\boldsymbol{\alpha}]}=1.$$

这就得到把向量$\boldsymbol{\alpha}$单位化的方法：用非零向量$\boldsymbol{\alpha}$的长度去除以向量$\boldsymbol{\alpha}$.

三、向量的正交性与正交向量组

1. 向量的夹角与正交

由柯西-施瓦兹不等式，对任何非零向量$\boldsymbol{\alpha},\boldsymbol{\beta}$，我们有

$$\left|\frac{[\boldsymbol{\alpha},\boldsymbol{\beta}]}{\|\boldsymbol{\alpha}\|\|\boldsymbol{\beta}\|}\right|\leqslant 1.$$

据此，我们可以定义$\mathbf{R}^n$中向量的夹角.

定义 4.5 若向量$\boldsymbol{\alpha},\boldsymbol{\beta}$均为非零向量，则称

$$\theta=\arccos\frac{[\boldsymbol{\alpha},\boldsymbol{\beta}]}{\|\boldsymbol{\alpha}\|\|\boldsymbol{\beta}\|}\ (0\leqslant\theta\leqslant\pi)$$

为**向量$\boldsymbol{\alpha},\boldsymbol{\beta}$的夹角**，记为$\langle\boldsymbol{\alpha},\boldsymbol{\beta}\rangle$. 即

$$\langle\boldsymbol{\alpha},\boldsymbol{\beta}\rangle=\theta=\arccos\frac{[\boldsymbol{\alpha},\boldsymbol{\beta}]}{\|\boldsymbol{\alpha}\|\|\boldsymbol{\beta}\|}\ (0\leqslant\theta\leqslant\pi).$$

规定：零向量与任何向量的夹角为任意角.

定义 4.6 若向量$\boldsymbol{\alpha}$与$\boldsymbol{\beta}$的内积为零，则称向量$\boldsymbol{\alpha}$与$\boldsymbol{\beta}$正交，记为$\boldsymbol{\alpha}\perp\boldsymbol{\beta}$.

显然，$\mathbf{R}^n$中的零向量与任何向量都正交.

2. 正交向量组

定义 4.7　若 n 维向量组 $\boldsymbol{\alpha}_1,\boldsymbol{\alpha}_2,\cdots,\boldsymbol{\alpha}_m$ 中不含零向量，且任何两个向量都正交（称为两两正交），则称这个向量组为**正交向量组**.

正交向量组有下列性质：

定理 4.5　正交向量组 $\boldsymbol{\alpha}_1,\boldsymbol{\alpha}_2,\cdots,\boldsymbol{\alpha}_m$ 线性无关.

证明　设有一组数 $k_1,k_2,\cdots,k_m$，使得

$$k_1\boldsymbol{\alpha}_1+k_2\boldsymbol{\alpha}_2+\cdots+k_m\boldsymbol{\alpha}_m=\mathbf{0},$$

两边用 $\boldsymbol{\alpha}_i$ 作内积，利用内积的性质可得

$$k_i[\boldsymbol{\alpha}_i,\boldsymbol{\alpha}_i]=0.$$

因为 $\boldsymbol{\alpha}_i\neq\mathbf{0},\ i=1,2,\cdots,m$，所以 $[\boldsymbol{\alpha}_i,\boldsymbol{\alpha}_i]>0$，从而 $k_i=0,i=1,2,\cdots,m$. 所以向量组 $\boldsymbol{\alpha}_1,\boldsymbol{\alpha}_2,\cdots,\boldsymbol{\alpha}_m$ 线性无关.

注：此定理的逆不成立，即线性无关的向量组未必正交. 如向量 $\boldsymbol{\alpha}=(1,2,-1,0),\ \boldsymbol{\beta}=(0,1,-2,0)$ 线性无关，但不正交.

例 1　已知向量 $\boldsymbol{\alpha}=(1,-1,1),\ \boldsymbol{\beta}=(1,1,0)$，求向量 $\boldsymbol{\gamma}$，使 $\boldsymbol{\alpha},\boldsymbol{\beta},\boldsymbol{\gamma}$ 为正交向量组.

解　设 $\boldsymbol{\gamma}=(x,y,z)\neq\mathbf{0}$ 满足 $\boldsymbol{\alpha},\boldsymbol{\beta},\boldsymbol{\gamma}$ 为正交向量组，则

$$[\boldsymbol{\alpha},\boldsymbol{\gamma}]=0,\ [\boldsymbol{\beta},\boldsymbol{\gamma}]=0,$$

于是

$$\begin{cases}x-y+z=0,\\ x+y=0.\end{cases}$$

解之得一个解 $\boldsymbol{\gamma}=(1,-1,-2)$.

例 2　在 $\mathbf{R}^n$ 中，列向量组 $\boldsymbol{\alpha}_1,\boldsymbol{\alpha}_2,\cdots,\boldsymbol{\alpha}_r\,(r<n)$ 线性无关，且列向量组 $\boldsymbol{\beta}_1,\boldsymbol{\beta}_2,\cdots,\boldsymbol{\beta}_s$ 中每个向量都与 $\boldsymbol{\alpha}_1,\boldsymbol{\alpha}_2,\cdots,\boldsymbol{\alpha}_r$ 中每个向量正交，且 $s+r>n$. 证明：$\boldsymbol{\beta}_1,\boldsymbol{\beta}_2,\cdots,\boldsymbol{\beta}_s$ 线性相关.

证明　由已知条件可得

$$[\boldsymbol{\alpha}_i,\boldsymbol{\beta}_j]=\boldsymbol{\alpha}_i^{\mathrm{T}}\boldsymbol{\beta}_j=0\ \ (i=1,2,\cdots,r,\ j=1,2,\cdots,s).$$

令矩阵

$$\boldsymbol{A}=\begin{pmatrix}\boldsymbol{\alpha}_1^{\mathrm{T}}\\ \boldsymbol{\alpha}_2^{\mathrm{T}}\\ \vdots\\ \boldsymbol{\alpha}_r^{\mathrm{T}}\end{pmatrix},$$

则

$$\boldsymbol{A}\boldsymbol{\beta}_j=\begin{pmatrix}\boldsymbol{\alpha}_1^{\mathrm{T}}\boldsymbol{\beta}_j\\ \boldsymbol{\alpha}_2^{\mathrm{T}}\boldsymbol{\beta}_j\\ \vdots\\ \boldsymbol{\alpha}_r^{\mathrm{T}}\boldsymbol{\beta}_j\end{pmatrix}=\begin{pmatrix}0\\0\\ \vdots\\0\end{pmatrix}\ (j=1,2,\cdots,s),$$

即 $\boldsymbol{\beta}_j\,(j=1,2,\cdots,s)$ 是齐次线性方程组 $\boldsymbol{AX}=\mathbf{0}$ 的解向量. 所以

$$R(\boldsymbol{\beta}_1,\boldsymbol{\beta}_2,\cdots,\boldsymbol{\beta}_s)\leqslant n-r.$$

又因为 $s+r>n$，所以

$$R(\boldsymbol{\beta}_1,\boldsymbol{\beta}_2,\cdots,\boldsymbol{\beta}_s)\leqslant n-r<s.$$

故 $\boldsymbol{\beta}_1,\boldsymbol{\beta}_2,\cdots,\boldsymbol{\beta}_s$ 线性相关.

在正交向量组中，如果每一个向量的长度都是 1，这样的向量组在相关性讨论中特别重要.

定义 4.8 设 $\boldsymbol{\alpha}_1,\boldsymbol{\alpha}_2,\cdots,\boldsymbol{\alpha}_r$ 是 n 维向量空间 $\mathbf{R}^n$ 的正交向量组，若 $\|\boldsymbol{\alpha}_i\|=1\,(i=1,2,\cdots,r)$，则称 $\boldsymbol{\alpha}_1,\boldsymbol{\alpha}_2,\cdots,\boldsymbol{\alpha}_r$ 为**标准正交向量组**，简称**标准正交组**. 若 $r=n$，则称 $\boldsymbol{\alpha}_1,\boldsymbol{\alpha}_2,\cdots,\boldsymbol{\alpha}_r$ 为 $\mathbf{R}^n$ 的**标准正交向量基**，简称**标准正交基**.

标准正交向量组又称为**规范正交向量组**.

例如，
$$\boldsymbol{\varepsilon}_1=(1,0,0),\boldsymbol{\varepsilon}_2=(0,1,0),\boldsymbol{\varepsilon}_3=(0,0,1);$$

$$\boldsymbol{\alpha}_1=\left(\frac{1}{9},-\frac{8}{9},-\frac{4}{9}\right),\ \boldsymbol{\alpha}_2=\left(-\frac{8}{9},\frac{1}{9},-\frac{4}{9}\right),\ \boldsymbol{\alpha}_3=\left(-\frac{4}{9},-\frac{4}{9},\frac{7}{9}\right)$$

都是 $\mathbf{R}^3$ 的标准正交基.

3. 施密特（Schmidt）正交化方法

$\mathbf{R}^n$ 中的任意 n 个线性无关的 n 维向量 $\boldsymbol{\alpha}_1,\boldsymbol{\alpha}_2,\cdots,\boldsymbol{\alpha}_n$，都可以作为 $\mathbf{R}^n$ 的一组基，但这组基未必是标准正交基. 不过，任何一个线性无关的向量组都可以通过一定的方法化为与之等价的正交组，这种方法就是施密特（Schmidt）正交化方法. 然后将正交组单位化，即将之化为单位向量组，进而得到标准正交组.

我们不加证明地给出下面的定理.

定理 4.6 设 $\boldsymbol{\alpha}_1,\boldsymbol{\alpha}_2,\cdots,\boldsymbol{\alpha}_r$ 是线性无关的向量组，令

$$\begin{aligned}
&\boldsymbol{\beta}_1=\boldsymbol{\alpha}_1,\\
&\boldsymbol{\beta}_2=\boldsymbol{\alpha}_2-\frac{[\boldsymbol{\beta}_1,\boldsymbol{\alpha}_2]}{[\boldsymbol{\beta}_1,\boldsymbol{\beta}_1]}\boldsymbol{\beta}_1,\\
&\cdots\cdots\cdots\cdots\\
&\boldsymbol{\beta}_r=\boldsymbol{\alpha}_r-\frac{[\boldsymbol{\beta}_1,\boldsymbol{\alpha}_r]}{[\boldsymbol{\beta}_1,\boldsymbol{\beta}_1]}\boldsymbol{\beta}_1-\frac{[\boldsymbol{\beta}_2,\boldsymbol{\alpha}_r]}{[\boldsymbol{\beta}_2,\boldsymbol{\beta}_2]}\boldsymbol{\beta}_2-\cdots-\frac{[\boldsymbol{\beta}_{r-1},\boldsymbol{\alpha}_r]}{[\boldsymbol{\beta}_{r-1},\boldsymbol{\beta}_{r-1}]}\boldsymbol{\beta}_{r-1}.
\end{aligned}$$

再令

$$\boldsymbol{\gamma}_i=\frac{\boldsymbol{\beta}_i}{\|\boldsymbol{\beta}_i\|}\ (i=1,2,\cdots,r),$$

则 $\boldsymbol{\gamma}_1,\boldsymbol{\gamma}_2,\cdots,\boldsymbol{\gamma}_r$ 是与 $\boldsymbol{\alpha}_1,\boldsymbol{\alpha}_2,\cdots,\boldsymbol{\alpha}_r$ 等价的标准正交组.

例 3　将 $\mathbf{R}^3$ 的一个基 $\boldsymbol{\alpha}_1=(1,1,1)^{\mathrm{T}},\boldsymbol{\alpha}_2=(1,2,1)^{\mathrm{T}},\boldsymbol{\alpha}_3=(0,-1,1)^{\mathrm{T}}$ 化为标准正交基.

解　先利用施密特（Schmidt）正交化方法将之化为正交向量组. 令

$$\boldsymbol{\beta}_1=\boldsymbol{\alpha}_1=(1,1,1)^{\mathrm{T}},$$

$$\boldsymbol{\beta}_2=\boldsymbol{\alpha}_2-\frac{[\boldsymbol{\beta}_1,\boldsymbol{\alpha}_2]}{[\boldsymbol{\beta}_1,\boldsymbol{\beta}_1]}\boldsymbol{\beta}_1=(1,2,1)^{\mathrm{T}}-\frac{4}{3}(1,1,1)^{\mathrm{T}}=\frac{1}{3}(-1,2,-1)^{\mathrm{T}},$$

$$\begin{aligned}\boldsymbol{\beta}_3&=\boldsymbol{\alpha}_3-\frac{[\boldsymbol{\beta}_1,\boldsymbol{\alpha}_3]}{[\boldsymbol{\beta}_1,\boldsymbol{\beta}_1]}\boldsymbol{\beta}_1-\frac{[\boldsymbol{\beta}_2,\boldsymbol{\alpha}_3]}{[\boldsymbol{\beta}_2,\boldsymbol{\beta}_2]}\boldsymbol{\beta}_2\\&=(0,-1,1)^{\mathrm{T}}-\frac{0}{3}(1,1,1)^{\mathrm{T}}+\frac{1}{2}(-1,2,-1)^{\mathrm{T}}=\frac{1}{2}(-1,0,1)^{\mathrm{T}}.\end{aligned}$$

再单位化，令

$$\boldsymbol{\gamma}_1=\frac{\boldsymbol{\beta}_1}{\|\boldsymbol{\beta}_1\|}=\frac{1}{\sqrt{3}}(1,1,1)^{\mathrm{T}},$$

$$\boldsymbol{\gamma}_2=\frac{\boldsymbol{\beta}_2}{\|\boldsymbol{\beta}_2\|}=\frac{1}{\sqrt{6}}(-1,2,-1)^{\mathrm{T}},$$

$$\boldsymbol{\gamma}_3=\frac{\boldsymbol{\beta}_3}{\|\boldsymbol{\beta}_3\|}=\frac{1}{\sqrt{2}}(-1,0,1)^{\mathrm{T}}.$$

这就是所求的 $\mathbf{R}^3$ 的一组标准正交基.

四、欧几里得空间

定义 4.9　设 $V\subset\mathbf{R}^n$ 是一个向量空间，引入内积的向量空间称为**欧几里得空间**，简称**欧氏空间**.

我们可以利用施密特（Schmidt）正交化方法得到欧氏空间 V 的一个正交基，再将正交基单位化就得到 V 的一个标准正交基.

例 4　设 $\boldsymbol{\varepsilon}_1,\boldsymbol{\varepsilon}_2,\cdots,\boldsymbol{\varepsilon}_r$ 是欧氏空间 V 的一个标准正交基，$\boldsymbol{\alpha}$ 是 V 的任意向量，证明 $\boldsymbol{\alpha}$ 可表示为

$$\boldsymbol{\alpha}=[\boldsymbol{\alpha},\boldsymbol{\varepsilon}_1]\boldsymbol{\varepsilon}_1+[\boldsymbol{\alpha},\boldsymbol{\varepsilon}_2]\boldsymbol{\varepsilon}_2+\cdots+[\boldsymbol{\alpha},\boldsymbol{\varepsilon}_r]\boldsymbol{\varepsilon}_r.$$

证明　由 $\boldsymbol{\varepsilon}_1,\boldsymbol{\varepsilon}_2,\cdots,\boldsymbol{\varepsilon}_r$ 是欧氏空间 V 的一个标准正交基可知，V 中任意向量 $\boldsymbol{\alpha}$ 均可以由 $\boldsymbol{\varepsilon}_1,\boldsymbol{\varepsilon}_2,\cdots,\boldsymbol{\varepsilon}_r$ 这个基线性表示. 令

$$\boldsymbol{\alpha}=x_1\boldsymbol{\varepsilon}_1+x_2\boldsymbol{\varepsilon}_2+\cdots+x_r\boldsymbol{\varepsilon}_r,$$

则

$$[\boldsymbol{\alpha},\boldsymbol{\varepsilon}_i]=[x_1\boldsymbol{\varepsilon}_1+x_2\boldsymbol{\varepsilon}_2+\cdots+x_r\boldsymbol{\varepsilon}_r,\boldsymbol{\varepsilon}_i]=x_i\,(i=1,2,\cdots,r).$$

于是

$$\boldsymbol{\alpha}=[\boldsymbol{\alpha},\boldsymbol{\varepsilon}_1]\boldsymbol{\varepsilon}_1+[\boldsymbol{\alpha},\boldsymbol{\varepsilon}_2]\boldsymbol{\varepsilon}_2+\cdots+[\boldsymbol{\alpha},\boldsymbol{\varepsilon}_r]\boldsymbol{\varepsilon}_r.$$

说明： 例 4 的结果告诉我们向量在标准正交基之下坐标的计算方法.

五、正交矩阵与正交变换

容易知道，三阶矩阵

$$A=\begin{pmatrix} \frac{1}{\sqrt{3}} & \frac{1}{\sqrt{3}} & \frac{1}{\sqrt{3}} \\ -\frac{1}{\sqrt{2}} & 0 & \frac{1}{\sqrt{2}} \\ -\frac{1}{\sqrt{6}} & \frac{2}{\sqrt{6}} & -\frac{1}{\sqrt{6}} \end{pmatrix}$$

的行（列）向量组是标准正交向量组，且 $AA^{\mathrm{T}}=A^{\mathrm{T}}A=E$，这样的矩阵是一类很重要的矩阵——正交矩阵.

定义 4.10 满足 $AA^{\mathrm{T}}=A^{\mathrm{T}}A=E$ 的 n 阶实矩阵 A 称为**正交矩阵**.

例如，$A=\begin{pmatrix} \frac{1}{\sqrt{2}} & \frac{1}{\sqrt{2}} & 0 & 0 \\ \frac{1}{\sqrt{2}} & -\frac{1}{\sqrt{2}} & 0 & 0 \\ 0 & 0 & \frac{1}{\sqrt{2}} & \frac{1}{\sqrt{2}} \\ 0 & 0 & \frac{1}{\sqrt{2}} & -\frac{1}{\sqrt{2}} \end{pmatrix}$是正交矩阵.

正交矩阵 A 有如下几个性质：

性质 1 $A^{-1}=A^{\mathrm{T}}$.

此性质说明，$AA^{\mathrm{T}}=E$ 与 $A^{\mathrm{T}}A=E$ 中有一个成立，则 A 就是正交矩阵.

性质 2 A^{-1}（或者 A^{T}）也是正交矩阵.

性质 3 $\det A=\pm 1$.

性质 4 正交矩阵的乘积也是正交矩阵.

事实上，设 n 阶矩阵 A,B 是正交矩阵，则

$$AA^{\mathrm{T}}=A^{\mathrm{T}}A=E,\quad BB^{\mathrm{T}}=B^{\mathrm{T}}B=E,$$

于是

$$(AB)(AB)^{\mathrm{T}}=(AB)B^{\mathrm{T}}A^{\mathrm{T}}=A(BB^{\mathrm{T}})A^{\mathrm{T}}=AA^{\mathrm{T}}=E.$$

所以 AB 是正交矩阵.

下面给出正交矩阵的一个定理.

定理 4.7 n 阶矩阵 A 是正交矩阵的充要条件是 A 的行（列）向量组是标准正交向量组.

证明 设 $\alpha_1,\alpha_2,\cdots,\alpha_n$ 是 n 阶矩阵 A 的列向量组，则

$$A=(\alpha_1,\alpha_2,\cdots,\alpha_n),\quad A^{\mathrm{T}}=\begin{pmatrix} \alpha_1^{\mathrm{T}} \\ \alpha_2^{\mathrm{T}} \\ \vdots \\ \alpha_n^{\mathrm{T}} \end{pmatrix},$$

于是

$$A^{\mathrm{T}}A=\begin{pmatrix}\boldsymbol{\alpha}_1^{\mathrm{T}}\\ \boldsymbol{\alpha}_2^{\mathrm{T}}\\ \vdots\\ \boldsymbol{\alpha}_n^{\mathrm{T}}\end{pmatrix}(\boldsymbol{\alpha}_1,\boldsymbol{\alpha}_2,\cdots,\boldsymbol{\alpha}_n)=\begin{pmatrix}\boldsymbol{\alpha}_1^{\mathrm{T}}\boldsymbol{\alpha}_1 & \boldsymbol{\alpha}_1^{\mathrm{T}}\boldsymbol{\alpha}_2 & \cdots & \boldsymbol{\alpha}_1^{\mathrm{T}}\boldsymbol{\alpha}_n\\ \boldsymbol{\alpha}_2^{\mathrm{T}}\boldsymbol{\alpha}_1 & \boldsymbol{\alpha}_2^{\mathrm{T}}\boldsymbol{\alpha}_2 & \cdots & \boldsymbol{\alpha}_2^{\mathrm{T}}\boldsymbol{\alpha}_n\\ \vdots & \vdots & & \vdots\\ \boldsymbol{\alpha}_n^{\mathrm{T}}\boldsymbol{\alpha}_1 & \boldsymbol{\alpha}_n^{\mathrm{T}}\boldsymbol{\alpha}_2 & \cdots & \boldsymbol{\alpha}_n^{\mathrm{T}}\boldsymbol{\alpha}_n\end{pmatrix}.$$

由上式可知，$A^{\mathrm{T}}A=E$ 的充要条件是

$$[\boldsymbol{\alpha}_i^{\mathrm{T}},\boldsymbol{\alpha}_i]=1,\ [\boldsymbol{\alpha}_i^{\mathrm{T}},\boldsymbol{\alpha}_j]=0\ (i\neq j,i,j=1,2,\cdots,n),$$

即 $\boldsymbol{\alpha}_1,\boldsymbol{\alpha}_2,\cdots,\boldsymbol{\alpha}_n$ 是标准正交向量组.

定义 4.11　若 A 为正交矩阵，则线性变换 $y=Ax$ 称为**正交变换**.

正交变换具有下列**性质**.

正交变换保持向量的内积及长度不变.

事实上，设 $y=Ax$ 为正交变换，且 $y_1=Ax_1,y_2=Ax_2$，则

$$[y_1,y_2]=y_1^{\mathrm{T}}y_2=(Ax_1)^{\mathrm{T}}(Ax_2)=x_1^{\mathrm{T}}A^{\mathrm{T}}Ax_2=x_1^{\mathrm{T}}Ex_2=x_1^{\mathrm{T}}x_2=[x_1,x_2];$$

$$\|y_1\|=y_1^{\mathrm{T}}y_1=\sqrt{x_1^{\mathrm{T}}A^{\mathrm{T}}Ax_2}=\sqrt{x_1^{\mathrm{T}}x_1}=\|x_1\|.$$

习题 4.3

1. 已知向量 $\boldsymbol{\alpha}=(1,0,-1,2)^{\mathrm{T}},\boldsymbol{\beta}=(0,1,-1,0)^{\mathrm{T}}$，求：（1）$[\boldsymbol{\alpha},\boldsymbol{\beta}]$；（2）$\|3\boldsymbol{\alpha}-5\boldsymbol{\beta}\|$；（3）$[\boldsymbol{\alpha}+\boldsymbol{\beta},\boldsymbol{\alpha}-\boldsymbol{\beta}]$.

2. 用施密特正交化方法求与向量组 $\boldsymbol{\alpha}_1=(1,2,-1)^{\mathrm{T}},\boldsymbol{\alpha}_2=(-1,3,1)^{\mathrm{T}},\boldsymbol{\alpha}_3=(4,-1,0)^{\mathrm{T}}$ 等价的标准正交组.

3. 设 $\boldsymbol{\alpha}_1,\boldsymbol{\alpha}_2,\cdots,\boldsymbol{\alpha}_n$ 是 $\mathbf{R}^n$ 的一个基，证明：

（1）如果 $\boldsymbol{\alpha}\in\mathbf{R}^n$，满足 $[\boldsymbol{\alpha},\boldsymbol{\alpha}_i]=0\ (i=1,2,\cdots,n)$，那么 $\boldsymbol{\alpha}=\mathbf{0}$；

（2）如果 $\boldsymbol{\alpha},\boldsymbol{\beta}\in\mathbf{R}^n$，满足对任意 $\boldsymbol{\gamma}\in\mathbf{R}^n$，有 $[\boldsymbol{\alpha},\boldsymbol{\gamma}]=[\boldsymbol{\beta},\boldsymbol{\gamma}]$，那么 $\boldsymbol{\alpha}=\boldsymbol{\beta}$.

4. 判断以下矩阵是不是正交矩阵：

（1）$A=\begin{pmatrix}0 & \frac{1}{\sqrt{2}} & \frac{1}{\sqrt{2}}\\ 0 & \frac{1}{\sqrt{2}} & -\frac{1}{\sqrt{2}}\\ 2 & 0 & 0\end{pmatrix}$；　　（2）$A=\begin{pmatrix}\frac{1}{9} & -\frac{8}{9} & -\frac{4}{9}\\ -\frac{8}{9} & \frac{1}{9} & -\frac{4}{9}\\ -\frac{4}{9} & -\frac{4}{9} & \frac{7}{9}\end{pmatrix}$.

5. 求与向量 $\boldsymbol{\alpha}_1=(1,1,-1,1)^{\mathrm{T}}$，$\boldsymbol{\alpha}_2=(1,-1,1,1)^{\mathrm{T}}$，$\boldsymbol{\alpha}_3=(1,1,1,1)^{\mathrm{T}}$ 都正交的单位向量.

第四节　实对称矩阵的相似对角化

本章第二节中关于矩阵相似对角化的结论，对于实对称矩阵显然也是成立的，但是实对称矩阵又有其特殊性，本节讨论实对称矩阵的一些特殊性.

首先介绍复矩阵的概念及运算性质.

定义 4.12　元素均为实数的对称矩阵称为**实对称矩阵**.

例如，$\begin{pmatrix} 1 & -1 \\ -1 & 2 \end{pmatrix}$，$\begin{pmatrix} 1 & 2 & -2 \\ 2 & 1 & -1 \\ -2 & -1 & 0 \end{pmatrix}$都是实对称矩阵.

定义 4.13　设 $\boldsymbol{A}=(a_{ij})_{m\times n}$ 是复矩阵，即 $a_{ij}\in \mathbf{C}$（$\mathbf{C}$ 为复数集），记 $\overline{\boldsymbol{A}}=(\overline{a}_{ij})_{m\times n}$，其中 $\overline{a}_{ij}$ 表示 a_{ij} 的共轭复数，称 $\overline{\boldsymbol{A}}$ 为 $\boldsymbol{A}$ 的**共轭矩阵**.

共轭矩阵具有下列运算性质：

设 $\boldsymbol{A},\boldsymbol{B}$ 都是复矩阵，k 为复数，且运算都是可行的，则

（1）$\overline{(\boldsymbol{A}^{\mathrm{T}})}=(\overline{\boldsymbol{A}})^{\mathrm{T}}$.

（2）$\overline{\boldsymbol{A}+\boldsymbol{B}}=\overline{\boldsymbol{A}}+\overline{\boldsymbol{B}}$.

（3）$\overline{k\boldsymbol{A}}=\overline{k}\,\overline{\boldsymbol{A}}$.

（4）$\overline{\boldsymbol{AB}}=\overline{\boldsymbol{A}}\overline{\boldsymbol{B}}$.

利用上述性质，可以证明下列定理.

定理 4.8　实对称矩阵的特征值都是实数.

证明　设复数 λ 是实对称矩阵 $\boldsymbol{A}$ 的特征值，非零向量 $\boldsymbol{\alpha}=(a_1,a_2,\cdots,a_n)^{\mathrm{T}}$ 是对应于特征值 λ 的特征向量，则

$$\boldsymbol{A\alpha}=\lambda\boldsymbol{\alpha}.$$

上式两边取共轭，得

$$\overline{\boldsymbol{A\alpha}}=\overline{\lambda\boldsymbol{\alpha}}，即 \ \overline{\boldsymbol{A}}\overline{\boldsymbol{\alpha}}=\overline{\lambda}\,\overline{\boldsymbol{\alpha}}.$$

于是，一方面

$$\overline{\boldsymbol{\alpha}}^{\mathrm{T}}\boldsymbol{A\alpha}=\overline{\boldsymbol{\alpha}}^{\mathrm{T}}\lambda\boldsymbol{\alpha}=\lambda\overline{\boldsymbol{\alpha}}^{\mathrm{T}}\boldsymbol{\alpha}；$$

另一方面

$$\overline{\boldsymbol{\alpha}}^{\mathrm{T}}\boldsymbol{A\alpha}=\overline{\boldsymbol{\alpha}}^{\mathrm{T}}\boldsymbol{A}^{\mathrm{T}}\boldsymbol{\alpha}=\overline{\boldsymbol{\alpha}}^{\mathrm{T}}\overline{\boldsymbol{A}}^{\mathrm{T}}\boldsymbol{\alpha}=(\overline{\boldsymbol{A}}\overline{\boldsymbol{\alpha}})^{\mathrm{T}}\boldsymbol{\alpha}=(\overline{\lambda}\,\overline{\boldsymbol{\alpha}})^{\mathrm{T}}\boldsymbol{\alpha}=\overline{\lambda}\overline{\boldsymbol{\alpha}}^{\mathrm{T}}\boldsymbol{\alpha}.$$

所以

$$\lambda\overline{\boldsymbol{\alpha}}^{\mathrm{T}}\boldsymbol{\alpha}=\overline{\lambda}\overline{\boldsymbol{\alpha}}^{\mathrm{T}}\boldsymbol{\alpha}，即 \ (\lambda-\overline{\lambda})\overline{\boldsymbol{\alpha}}^{\mathrm{T}}\boldsymbol{\alpha}=0.$$

由于

$$\overline{\boldsymbol{\alpha}}^{\mathrm{T}}\boldsymbol{\alpha}=(\overline{a}_1,\overline{a}_2,\cdots,\overline{a}_n)\begin{pmatrix} a_1 \\ a_2 \\ \vdots \\ a_n \end{pmatrix}=\sum_{i=1}^{n}\overline{a}_i a_i>0,$$

所以 $\overline{\lambda}-\lambda=0$，即 $\overline{\lambda}=\lambda$，这就是说，$\lambda$ 是实数.

通过前面的学习已经知道，n阶矩阵的属于不同特征值的特征向量是线性无关的，但对于实对称矩阵，还有下面的进一步的定理.

定理 4.9 n阶实对称矩阵的属于不同特征值的特征向量彼此正交.

证明 设λ_1,λ_2是n阶实对称矩阵 $\boldsymbol{A}$ 的两个不同的特征值，$\boldsymbol{\alpha}_1,\boldsymbol{\alpha}_2$分别是对应于特征值$\lambda_1,\lambda_2$的特征向量，则

$$\boldsymbol{A\alpha}_1=\lambda_1\boldsymbol{\alpha}_1,\ \boldsymbol{A\alpha}_2=\lambda_2\boldsymbol{\alpha}_2.$$

于是
$$\boldsymbol{\alpha}_1^{\mathrm{T}}\boldsymbol{A\alpha}_2=\boldsymbol{\alpha}_1^{\mathrm{T}}\lambda_2\boldsymbol{\alpha}_2=\lambda_2\boldsymbol{\alpha}_1^{\mathrm{T}}\boldsymbol{\alpha}_2.$$

又
$$\boldsymbol{\alpha}_1^{\mathrm{T}}\boldsymbol{A\alpha}_2=\boldsymbol{\alpha}_1^{\mathrm{T}}\boldsymbol{A}^{\mathrm{T}}\boldsymbol{\alpha}_2=(\boldsymbol{A\alpha}_1)^{\mathrm{T}}\boldsymbol{\alpha}_2=\lambda_1\boldsymbol{\alpha}_1^{\mathrm{T}}\boldsymbol{\alpha}_2,$$

所以
$$\lambda_1\boldsymbol{\alpha}_1^{\mathrm{T}}\boldsymbol{\alpha}_2=\lambda_2\boldsymbol{\alpha}_1^{\mathrm{T}}\boldsymbol{\alpha}_2,\ \text{即}\ \lambda_1\boldsymbol{\alpha}_1^{\mathrm{T}}\boldsymbol{\alpha}_2-\lambda_2\boldsymbol{\alpha}_1^{\mathrm{T}}\boldsymbol{\alpha}_2=0.$$

但是$\lambda_1\neq\lambda_2$，故$\boldsymbol{\alpha}_1^{\mathrm{T}}\boldsymbol{\alpha}_2=0$，也就是$\boldsymbol{\alpha}_1$与$\boldsymbol{\alpha}_2$正交.

下面不加证明地给出两个定理.

定理 4.10 设λ是n阶实对称矩阵 $\boldsymbol{A}$ 的k重特征值，则矩阵$\lambda\boldsymbol{E}-\boldsymbol{A}$的秩等于$n-k$，即$R(\lambda\boldsymbol{E}-\boldsymbol{A})=n-k$，从而对应于$k$重特征值$\lambda$恰有$k$个线性无关的特征向量.

定理 4.11 对于任意n阶实对称矩阵$\boldsymbol{A}$，必存在正交矩阵$\boldsymbol{U}$，使得$\boldsymbol{U}^{\mathrm{T}}\boldsymbol{AU}=\boldsymbol{U}^{-1}\boldsymbol{AU}$为对角矩阵，其对角线元为$\boldsymbol{A}$的$n$个特征值（重根按重数计算）.

求正交矩阵$\boldsymbol{U}$将n阶实对称矩阵$\boldsymbol{A}$对角化的步骤如下：

第一步： 求出n阶实对称矩阵 $\boldsymbol{A}$ 的全部特征值$\lambda_1,\lambda_2,\cdots,\lambda_r$，$\lambda_i$的重数为$k_i(i=1,2,\cdots,r)$，$\sum\limits_{i=1}^{r}k_i=n$；

第二步： 对每一个特征值$\lambda_i(i=1,2,\cdots,r)$，解方程组$(\lambda_i\boldsymbol{E}-\boldsymbol{A})\boldsymbol{X}=\boldsymbol{0}$得到基础解系（特征向量）；

第三步： 将基础解系（特征向量）正交化，单位化；

第四步： 以这些单位向量为列构造一个正交矩阵$\boldsymbol{U}$，使得$\boldsymbol{U}^{\mathrm{T}}\boldsymbol{AU}=\boldsymbol{U}^{-1}\boldsymbol{AU}$为对角矩阵.

例 1 求正交矩阵$\boldsymbol{U}$，将下列矩阵化为对角矩阵.

（1）$\boldsymbol{A}=\begin{pmatrix}3&0&0\\0&2&3\\0&3&2\end{pmatrix}$；　　（2）$\boldsymbol{A}=\begin{pmatrix}0&1&1\\1&0&1\\1&1&0\end{pmatrix}$.

解 （1）$\boldsymbol{A}$的特征多项式为

$$|\lambda\boldsymbol{E}-\boldsymbol{A}|=\begin{vmatrix}\lambda-3&0&0\\0&\lambda-2&-3\\0&-3&\lambda-2\end{vmatrix}=(\lambda-3)(\lambda-5)(\lambda+1).$$

所以$\boldsymbol{A}$的特征值为$\lambda_1=-1,\lambda_2=3,\lambda_3=5$.

对$\lambda_1=-1$，解齐次线性方程组$(-1\cdot\boldsymbol{E}-\boldsymbol{A})\boldsymbol{X}=\boldsymbol{0}$，即

$$\begin{pmatrix}-4&0&0\\0&-3&-3\\0&-3&-3\end{pmatrix}\begin{pmatrix}x_1\\x_2\\x_3\end{pmatrix}=\boldsymbol{0},$$

得基础解系 $\boldsymbol{\xi}_1=(0,-1,1)^{\mathrm{T}}$；

对 $\lambda_2=3$，解齐次线性方程组 $(3\cdot\boldsymbol{E}-\boldsymbol{A})\boldsymbol{X}=\boldsymbol{0}$，即

$$\begin{pmatrix}0&0&0\\0&1&-3\\0&-3&1\end{pmatrix}\begin{pmatrix}x_1\\x_2\\x_3\end{pmatrix}=\boldsymbol{0},$$

得基础解系 $\boldsymbol{\xi}_2=(1,0,0)^{\mathrm{T}}$；

对 $\lambda_3=5$，解齐次线性方程组 $(5\cdot\boldsymbol{E}-\boldsymbol{A})\boldsymbol{X}=\boldsymbol{0}$，即

$$\begin{pmatrix}2&0&0\\0&3&-3\\0&-3&3\end{pmatrix}\begin{pmatrix}x_1\\x_2\\x_3\end{pmatrix}=\boldsymbol{0},$$

得基础解系 $\boldsymbol{\xi}_3=(0,1,1)^{\mathrm{T}}$.

因为实对称矩阵的不同特征值的特征向量彼此正交，所以只需将 $\boldsymbol{\xi}_1,\boldsymbol{\xi}_2,\boldsymbol{\xi}_3$ 单位化即可.

$$\boldsymbol{\gamma}_1=\left(0,-\frac{1}{\sqrt{2}},\frac{1}{\sqrt{2}}\right)^{\mathrm{T}},\ \boldsymbol{\gamma}_2=(1,0,0)^{\mathrm{T}},\ \boldsymbol{\gamma}_3=\left(0,\frac{1}{\sqrt{2}},\frac{1}{\sqrt{2}}\right)^{\mathrm{T}},$$

令 $\boldsymbol{U}=(\boldsymbol{\gamma}_1,\boldsymbol{\gamma}_2,\boldsymbol{\gamma}_3)$，则 $\boldsymbol{U}$ 为正交矩阵，且

$$\boldsymbol{U}^{\mathrm{T}}\boldsymbol{A}\boldsymbol{U}=\boldsymbol{U}^{-1}\boldsymbol{A}\boldsymbol{U}=\begin{pmatrix}-1&&\\&3&\\&&5\end{pmatrix}.$$

（2）$\boldsymbol{A}$ 的特征多项式为

$$|\lambda\boldsymbol{E}-\boldsymbol{A}|=\begin{vmatrix}\lambda&-1&-1\\-1&\lambda&-1\\-1&-1&\lambda\end{vmatrix}=(\lambda-2)(\lambda+1)^2.$$

所以 $\boldsymbol{A}$ 的特征值为 $\lambda_1=-1$（二重根），$\lambda_2=2$.

对 $\lambda_1=-1$，解齐次线性方程组 $(-1\cdot\boldsymbol{E}-\boldsymbol{B})\boldsymbol{X}=\boldsymbol{0}$，即

$$\begin{pmatrix}-1&-1&-1\\-1&-1&-1\\-1&-1&-1\end{pmatrix}\begin{pmatrix}x_1\\x_2\\x_3\end{pmatrix}=\boldsymbol{0},$$

得基础解系

$$\boldsymbol{\xi}_1=(1,-1,0)^{\mathrm{T}},\ \boldsymbol{\xi}_2=(1,0,-1)^{\mathrm{T}}.$$

将 $\boldsymbol{\xi}_1,\boldsymbol{\xi}_2$ 正交化得

$$\boldsymbol{\alpha}_1=\boldsymbol{\xi}_1=(1,-1,0)^{\mathrm{T}},$$

$$\boldsymbol{\alpha}_2=\boldsymbol{\xi}_2-\frac{[\boldsymbol{\alpha}_1,\boldsymbol{\xi}_2]}{[\boldsymbol{\alpha}_1,\boldsymbol{\alpha}_1]}\boldsymbol{\alpha}_1=\left(\frac{1}{2},\frac{1}{2},-1\right)^{\mathrm{T}}.$$

对 $\lambda_2=2$，解齐次线性方程组 $(2\cdot\boldsymbol{E}-\boldsymbol{B})\boldsymbol{X}=\boldsymbol{0}$，即

$$\begin{pmatrix}2&-1&-1\\-1&2&-1\\-1&-1&2\end{pmatrix}\begin{pmatrix}x_1\\x_2\\x_3\end{pmatrix}=\boldsymbol{0},$$

得基础解系 $\boldsymbol{\alpha}_3=(1,1,1)^{\mathrm{T}}$，

将 $\boldsymbol{\alpha}_1,\boldsymbol{\alpha}_2,\boldsymbol{\alpha}_3$ 单位化得到

$$\boldsymbol{\gamma}_1=\left(\frac{1}{\sqrt{2}},-\frac{1}{\sqrt{2}},0\right)^{\mathrm{T}},\ \boldsymbol{\gamma}_2=\left(\frac{1}{\sqrt{6}},\frac{1}{\sqrt{6}},-\frac{2}{\sqrt{6}}\right)^{\mathrm{T}},\ \boldsymbol{\gamma}_3=\left(\frac{1}{\sqrt{3}},\frac{1}{\sqrt{3}},\frac{1}{\sqrt{3}}\right)^{\mathrm{T}}.$$

令 $\boldsymbol{U}=(\boldsymbol{\gamma}_1,\boldsymbol{\gamma}_2,\boldsymbol{\gamma}_3)$，则 $\boldsymbol{U}$ 为正交矩阵，且

$$\boldsymbol{U}^{-1}\boldsymbol{A}\boldsymbol{U}=\begin{pmatrix}-1&&\\&-1&\\&&2\end{pmatrix}.$$

例 2　设 $\boldsymbol{A}=\begin{pmatrix}0&-1&4\\-1&3&a\\4&a&0\end{pmatrix}$，正交矩阵 $\boldsymbol{U}$ 的第一列为 $\boldsymbol{\gamma}_1=\begin{pmatrix}\frac{1}{\sqrt{6}}\\\frac{2}{\sqrt{6}}\\\frac{1}{\sqrt{6}}\end{pmatrix}$，且 $\boldsymbol{U}^{\mathrm{T}}\boldsymbol{A}\boldsymbol{U}$ 为对角阵，求 $a,\boldsymbol{U}$.

解　由已知可设与 $\boldsymbol{A}$ 的特征向量 $\boldsymbol{\gamma}_1$ 对应的特征值为 λ，则

$$(\lambda\boldsymbol{E}-\boldsymbol{A})\boldsymbol{\gamma}_1=\boldsymbol{0},$$

即

$$\begin{pmatrix}\lambda&1&-4\\1&\lambda-3&-a\\-4&-a&\lambda\end{pmatrix}\begin{pmatrix}\frac{1}{\sqrt{6}}\\\frac{2}{\sqrt{6}}\\\frac{1}{\sqrt{6}}\end{pmatrix}=\boldsymbol{0}.$$

解得 $\lambda=2,a=-1$.

将 $a=-1$ 代入 $\boldsymbol{A}$，由 $|\lambda\boldsymbol{E}-\boldsymbol{A}|=0$ 得 $\boldsymbol{A}$ 的特征值为 $\lambda_1=2,\lambda_2=-4,\lambda_3=5$．求出对应于 $\lambda_2=-4$，$\lambda_3=5$ 的特征向量分别为

$$\boldsymbol{\xi}_2=(-1,0,1)^{\mathrm{T}},\ \boldsymbol{\xi}_2=(1,-1,1)^{\mathrm{T}}.$$

因为对称矩阵的不同特征值的特征向量彼此正交，所以只需单位化即可：

$$\boldsymbol{\gamma}_2=\begin{pmatrix}-\frac{1}{\sqrt{2}}\\0\\\frac{1}{\sqrt{2}}\end{pmatrix},\boldsymbol{\gamma}_3=\begin{pmatrix}\frac{1}{\sqrt{3}}\\-\frac{1}{\sqrt{3}}\\\frac{1}{\sqrt{3}}\end{pmatrix}.$$

记$U=(\gamma_1,\gamma_2,\gamma_3)$，则$U$为正交矩阵，且

$$U^{\mathrm{T}}AU=\begin{pmatrix}2 & & \\ & -4 & \\ & & 5\end{pmatrix}.$$

例 3 已知三阶实对称矩阵A满足$R(A)=2$，且

$$A\begin{pmatrix}1 & 1\\ 0 & 0\\ -1 & 1\end{pmatrix}=\begin{pmatrix}-1 & 1\\ 0 & 0\\ 1 & 1\end{pmatrix}.$$

求（1）A的特征值与特征向量；（2）A.

解 （1）令$\alpha_1=(1,0,-1)^{\mathrm{T}},\alpha_2=(1,0,1)^{\mathrm{T}}$，则

$$A\alpha_1=-\alpha_1,\ A\alpha_2=\alpha_2.$$

由此可知，$\lambda_1=-1,\lambda_2=1$是三阶实对称矩阵A的特征值，$\alpha_1=(1,0,-1)^{\mathrm{T}},\alpha_2=(1,0,1)^{\mathrm{T}}$分别是对应于特征值$\lambda_1=-1,\lambda_2=1$的特征向量.

又根据$R(A)=2$，知$|A|=0$，所以$\lambda_3=0$是三阶实对称矩阵A的特征值，令与之对应的特征向量为$\alpha_3=(x_1,x_2,x_3)^{\mathrm{T}}$，则

$$\alpha_1^{\mathrm{T}}\alpha_3=0,\ \alpha_2^{\mathrm{T}}\alpha_3=0,$$

于是

$$\begin{cases}x_1-x_3=0,\\ x_1+x_3=0.\end{cases}$$

解得$\begin{cases}x_1=0,\\ x_3=0.\end{cases}$（$x_2$为自由未知量）. 取$x_2=1$，得一特征向量$\alpha_3=(0,1,0)^{\mathrm{T}}$.

（2）由$A(\alpha_1,\alpha_2,\alpha_3)=(\lambda_1\alpha_1,\lambda_2\alpha_2,\lambda_3\alpha_3)$可得

$$A\begin{pmatrix}1 & 1 & 0\\ 0 & 0 & 1\\ -1 & 1 & 0\end{pmatrix}=\begin{pmatrix}-1 & 1 & 0\\ 0 & 0 & 0\\ 1 & 1 & 0\end{pmatrix}.$$

则

$$A=\begin{pmatrix}-1 & 1 & 0\\ 0 & 0 & 0\\ 1 & 1 & 0\end{pmatrix}\begin{pmatrix}1 & 1 & 0\\ 0 & 0 & 1\\ -1 & 1 & 0\end{pmatrix}^{-1}=\begin{pmatrix}0 & 0 & 1\\ 0 & 0 & 0\\ 1 & 1 & 0\end{pmatrix}.$$

注：也可以用下列方法求A：

先将$\alpha_1,\alpha_2,\alpha_3$单位化为标准正交向量组$\gamma_1,\gamma_2,\gamma_3$，作正交矩阵$U=(\gamma_1,\gamma_2,\gamma_3)$，利用$U^{\mathrm{T}}AU=\begin{pmatrix}\lambda_1 & & \\ & \lambda_2 & \\ & & \lambda_3\end{pmatrix}\triangleq\Lambda$得到

$$A=U\Lambda U^{\mathrm{T}}.$$

习题 4.4

1. 求正交矩阵 $\boldsymbol{U}$，将下列矩阵对角化.

（1）$\boldsymbol{A}=\begin{pmatrix}2&0&0\\0&3&2\\0&2&3\end{pmatrix}$；　　（2）$\boldsymbol{A}=\begin{pmatrix}1&-2&2\\-2&-2&4\\2&4&-2\end{pmatrix}$.

2. 设 $\lambda_1=0,\lambda_2=\lambda_3=1$ 是三阶实对称矩阵 $\boldsymbol{A}$ 的特征值，$\boldsymbol{\alpha}_1=(0,1,1)^{\mathrm{T}}$ 是对应于特征值 $\lambda_1=0$ 的特征向量，求矩阵 $\boldsymbol{A}$.

3. 设 $\boldsymbol{A}=\begin{pmatrix}2&0&0\\0&a&2\\0&2&a\end{pmatrix}(a>0)$ 有一个特征值为 1，求 a 和正交矩阵 $\boldsymbol{U}$，使 $\boldsymbol{U}^{\mathrm{T}}\boldsymbol{AU}$ 为对角阵.

4. 设 $\boldsymbol{A}=\begin{pmatrix}2&-1\\-1&2\end{pmatrix}$，求 $\boldsymbol{A}^n$.

*综合应用 + 拓展阅读

矩阵的特征值在概率统计、随机过程、电子系统、化学反应、经济学等很多领域中都有广泛应用. 下面是特征值在一些实际问题中应用的例子.

特征值在经济学中有很多应用. 如在研究进出口总额与国内生产总值、存储量、总消费量之间的依赖关系时，首先需要收集数据，然后建立线性回归分析模型，并对参数进行估计. 其中一种常用的估计方法是主成分估计法，它是基于特征值与特征向量的估计方法. 在一定条件下主成分估计法比最小二乘估计法的均方误差要小.

1940 年，美国建造了塔科马海峡大桥. 大桥从建成之初，其振动问题就使之声名狼藉，因为轻度至中度的风就可以导致大桥来回摇摆，其中心的摆动可达每 4 到 5 秒几英尺. 因此，大桥被当地居民戏称为“舞动的格蒂”. 当司机在桥上行驶时可以明显地感觉到桥的摆动. 大约 4 个月后，大桥被风吹垮. 分析大桥被吹垮的原因是风的频率太接近大桥的固有频率而引起的振动所致. 然而大桥的固有频率是桥的建模系统中绝对值最小的特征值，所以特征值在建筑物结构分析时是非常重要的元素.

特征值也可以应用于音乐的很多方面. 从乐器的最初设计到演奏时的调音与和声，甚至音乐厅的每一个座位如何接收到高品质的声音都有其应用. 音乐家为了成功地演奏乐曲，虽然不需要学习特征值，但是通过学习特征值可以帮助其了解哪种声音令观众悦耳，而其他声音则是“降半音的”或者“升半音的”.

特征值在小汽车的立体声系统设计方面也有应用. 设计者通过研究特征值可以帮助其抑制噪声，使得从扬声器传出的声音对于司机和乘客来讲都感到舒适，并且还能减少由于音乐声音太大而引起的汽车的颤动.

特征值可以用于检查固体的裂缝或者缺陷. 如在敲打一根梁时，梁的固有频率（特征值）能够被“听到”. 如果这根梁有回声，说明它没有裂缝；如果声音迟钝，说明这根梁有裂缝. 因为裂缝或者缺陷能引起特征值的变化，而灵敏的仪器能精确地“看到”和“听到”固体的特征值的变化.

利用特征值和特征向量可以解决基因问题. 在某农场的植物园中，某种植物的基因型为AA, AB, BB，农场主计划采用 AA 型植物与每种基因型植物相结合的方案来培育植物后代. 已知双亲体基因型与其后代基因型的概率如下表所示，问经过若干年后三种基因型的分布如何?

双亲体基因型与其后代基因型的概率

父体－母体基因型	后代基因型		
	AA-AA	AA-AB	AA-BB
AA	1	0.5	0
AB	0	0.5	1
BB	0	0	0

解 用 a_n, b_n, c_n 分别表示第 n 代植物中，基因型 AA, AB, BB 的植物占植物总数的百分率 $(n=1,2,\cdots)$；令 $x(n)$为第 n 代植物基因型分布：$x^{(n)}=(a_n, b_n, c_n)^{\mathrm{T}}$，当 $n=0$ 时，$x^{(0)}=(a_0, b_0, c_0)$. 显然，初始分布有 $a_0+b_0+c_0=1$. 由表 1 可得关系式：

$$\begin{cases} a_n = 1\cdot a_{n-1}+\dfrac{1}{2}\cdot b_{n-1}+0\cdot c_{n-1}, \\ b_n = 0\cdot a_{n-1}+\dfrac{1}{2}\cdot b_{n-1}+1\cdot c_{n-1}, \quad (n=1,2,\cdots), \\ c_n = 0\cdot a_{n-1}+0\cdot b_{n-1}+0\cdot c_{n-1}, \end{cases}$$

即
$$\boldsymbol{x}^{(n)}=\boldsymbol{M}\boldsymbol{x}^{(n-1)},$$

其中 $\boldsymbol{M}=\begin{pmatrix} 1 & \frac{1}{2} & 0 \\ 0 & \frac{1}{2} & 1 \\ 0 & 0 & 0 \end{pmatrix}$. 从而

$$\boldsymbol{x}^{(n)}=\boldsymbol{M}\boldsymbol{x}^{(n-1)}=\boldsymbol{M}^2\boldsymbol{x}^{(n-1)}=\cdots=\boldsymbol{M}^n\boldsymbol{x}^{(0)}.$$

为了计算 $\boldsymbol{M}^n$，可将 $\boldsymbol{M}$ 对角化，即求可逆矩阵 $\boldsymbol{P}$，使

$$\boldsymbol{P}^{-1}\boldsymbol{M}\boldsymbol{P}=\boldsymbol{D}\text{，即}\quad \boldsymbol{M}=\boldsymbol{P}\boldsymbol{D}\boldsymbol{P}^{-1},$$

其中 $\boldsymbol{D}$ 为对角阵. 由

$$\det(\lambda\boldsymbol{E}-\boldsymbol{A})=\lambda(\lambda-1)\left(\lambda-\frac{1}{2}\right),$$

可得 $\boldsymbol{M}$ 的特征值为：$\lambda_1=0,\lambda_2=1,\lambda_3=\frac{1}{2}$．取它们对应的特征向量分别为：

$$\boldsymbol{\alpha}_1=(1,0,0),\ \boldsymbol{\alpha}_2=(1,-1,0),\ \boldsymbol{\alpha}_3=(1,-2,1).$$

令 $\boldsymbol{P}=\begin{pmatrix}1&1&1\\0&-1&-2\\0&0&1\end{pmatrix}$，则有 $\boldsymbol{P}=\boldsymbol{P}^{-1}$，从而

$$\boldsymbol{P}^{-1}\boldsymbol{MP}=\boldsymbol{D},$$

其中

$$\boldsymbol{D}=\begin{pmatrix}1&0&0\\0&\frac{1}{2}&0\\0&0&0\end{pmatrix}.$$

所以

$$\boldsymbol{M}=\boldsymbol{PDP}^{-1}.$$

所以

$$\boldsymbol{M}^n=\boldsymbol{PD}^n\boldsymbol{P}^{-1},\quad \boldsymbol{x}^{(n)}=\cdots=\boldsymbol{PD}^n\boldsymbol{P}^{-1}\boldsymbol{x}^{(0)}.$$

即有

$$\begin{cases}a_n=a_0+b_0+c_0-\dfrac{1}{2^n}b_0-\dfrac{1}{2^{n-1}}c_0,\\ b_n=\dfrac{1}{2^n}b_0+\dfrac{1}{2^{n-1}}c_0,\\ c_n=0.\end{cases}$$

当 $n\to\infty$ 时，$a_n\to1$，$b_n\to0$，$c_n=0$，因此，在极限趋势下，培育的植物都是 AA 型.

对这个问题，利用特征值和特征向量理论解决了其基因分布问题．结果发现，采用 AA 型植物与每种基因型植物相结合的方案培育植物后代，会使三种基因最终趋于一个“稳定状态”.

*数学实验

通过实验达到以下目的：

（1）会利用 MATLAB 计算矩阵的特征值与向量.

（2）进一步了解矩阵分解.

MATLAB 中主要用 eig 求矩阵的特征值和特征向量:

eig(A)　　　　　　　%计算矩阵 $\boldsymbol{A}$ 的特征值

[X,D] = eig(A)　　　　%$\boldsymbol{D}$ 的对角线元素是特征值，$\boldsymbol{X}$ 是矩阵，它的列是相应的特征向量

例 1　求矩阵 $\boldsymbol{A}=\begin{pmatrix}3&-1\\-1&3\end{pmatrix}$ 的特征值和特征向量.

它的相应的 MATLAB 代码和计算结果为：

```
A = [3 -1;-1 3]
A =
     3  -1
    -1   3
eig(A)                %A 的特征值
ans =
     4
     2
[X,D] = eig(A)        %D 的对角线元素是特征值，X 是矩阵
X =
    -0.7071    -0.7071
     0.7071    -0.7071
D =
     4     0
     0     2
```

例 2 求矩阵 $A=\begin{pmatrix}2&3\\4&5\\8&4\end{pmatrix}$ 的奇异值分解.

相应的 MATLAB 代码和计算结果为：

```
A = [2 3;4 5;8 4]
A =
     2     3
     4     5
     8     4
>> [U,V] = svd(A)
U =
    - 0.3011    - 0.4694    - 0.8301
    - 0.5491    - 0.6263      0.5534
    - 0.7796      0.6224    - 0.0692
V =
   11.2889          0
         0     2.5612
         0          0
```

第五章 二次型

二次型理论起源于解析几何中化二次曲线和二次曲面方程为标准形的问题，这一理论在数理统计理论、物理学、力学及现代控制理论等诸多领域都有很重要的应用. 本章主要介绍二次型的基本概念，讨论化二次型为标准形及正定二次型的判定等问题.

第一节 实二次型及其标准形

一、二次型及其矩阵表示

在解析几何中，曾介绍过二次曲线及二次曲面的分类，下面以平面二次曲线为例. 一条二次曲线可以由一个二元二次方程给出：

$$ax^2+bxy+cy^2+dx+ey+f=0\ ,$$

但要区分上面方程是哪一种曲线（椭圆、双曲线、抛物线或其退化形式），通常分两步来进行：首先，将坐标轴旋转一个角度以消去 xy 项；其次，将坐标轴平移以消去一次项. 这里的关键是消去 xy 项，通常的坐标变换公式为

$$\begin{cases} x=x'\cos\theta-y'\sin\theta, \\ y=x'\sin\theta+y'\cos\theta. \end{cases}$$

最后，将之化为标准形：

$$mx_1^2+ny_1^2=1\,.$$

这种情形在空间二次曲面的分类时也出现过，类似的问题在数学的其他分支、物理学、力学中也会遇到.

定义 5.1 含有 n 个变量 $x_1,x_2,\cdots,x_n$ 的二次齐次函数

$$\begin{aligned} f(x_1,x_2,\cdots,x_n)=&\,a_{11}x_1^2+2a_{12}x_1x_2+\cdots+2a_{1n}x_1x_n \\ &+a_{22}x_2^2+2a_{23}x_2x_3+\cdots+2a_{2n}x_2x_n \\ &+\cdots+a_{n-1,n-1}x_{n-1}^2+2a_{n-1,n}x_{n-1}x_n \\ &+a_{nn}x_n^2, \end{aligned} \tag{5.1}$$

称为数域 P 上的 n **元二次型**，简称**二次型**，其中 $a_{ij}\in P,i,j=1,2,\cdots,n$. 如果数域 P 为实数域 $\mathbf{R}$,

则称 f 为实二次型；如果数域 P 为复数域 $\mathbf{C}$，则称 f 为复二次型；如果二次型中只含有平方项，即

$$f(x_1,x_2,\cdots,x_n)=d_1x_1^2+d_2x_2^2+\cdots+d_nx_n^2,$$

则称之为**标准形式的二次型**，简称为**标准形**. 进一步，在实数域上，如果标准形中的系数 $d_1,d_2,\cdots,d_n$ 只在 $1,-1,0$ 三个数中取值，即

$$f(x_1,x_2,\cdots,x_n)=x_1^2+\cdots+x_p^2-x_{p+1}^2-\cdots-x_r^2,$$

则称之为实二次型的**规范形**，并称 r 是实二次型的**秩**，p 为实二次型的**正惯性指数**，$r-p$ 为**负惯性指数**，$p-(r-p)=2p-r$ 为实二次型的**符号差**.

说明：在上面的定义中，交叉项系数用 $2a_{ij}$ 主要是为了后面矩阵表示的方便.

在研究二次型时，矩阵是一个有力工具，下面先把二次型用矩阵来表示. 令 $a_{ij}=a_{ji}$，则有 $2a_{ij}x_ix_j=a_{ij}x_ix_j+a_{ji}x_jx_i$，于是（5.1）式可以改写为

$$\begin{aligned}
f(x_1,x_2,\cdots,x_n)&=a_{11}x_1^2+a_{12}x_1x_2+\cdots+a_{1n}x_1x_n\\
&\quad+a_{21}x_2x_1+a_{22}x_2^2+\cdots+a_{2n}x_2x_n\\
&\quad+\cdots+a_{n1}x_nx_1+a_{n2}x_nx_2+\cdots+a_{nn}x_n^2\\
&=x_1(a_{11}x_1+a_{12}x_2+\cdots+a_{1n}x_n)\\
&\quad+x_2(a_{21}x_1+a_{22}x_2+\cdots+a_{2n}x_n)\\
&\quad+\cdots+x_n(a_{n1}x_1+a_{n2}x_2+\cdots+a_{nn}x_n)\\
&=(x_1,x_2,\cdots,x_n)\begin{pmatrix}a_{11}x_1+a_{12}x_2+\cdots+a_{1n}x_n\\a_{21}x_1+a_{22}x_2+\cdots+a_{2n}x_n\\\vdots\\a_{n1}x_1+a_{n2}x_2+\cdots+a_{nn}x_n\end{pmatrix}\\
&=(x_1,x_2,\cdots,x_n)\begin{pmatrix}a_{11}&a_{12}&\cdots&a_{1n}\\a_{21}&a_{22}&\cdots&a_{2n}\\\vdots&\vdots&&\vdots\\a_{n1}&a_{n2}&\cdots&a_{nn}\end{pmatrix}\begin{pmatrix}x_1\\x_2\\\vdots\\x_n\end{pmatrix}.
\end{aligned}$$

记 $\boldsymbol{A}=\begin{pmatrix}a_{11}&a_{12}&\cdots&a_{1n}\\a_{21}&a_{22}&\cdots&a_{2n}\\\vdots&\vdots&&\vdots\\a_{n1}&a_{n2}&\cdots&a_{nn}\end{pmatrix}$，$\boldsymbol{x}=\begin{pmatrix}x_1\\x_2\\\vdots\\x_n\end{pmatrix}$，则二次型可记为

$$f=\boldsymbol{x}^{\mathrm{T}}\boldsymbol{A}\boldsymbol{x},$$

称为二次型的矩阵形式，其中 $\boldsymbol{A}$ 是对称矩阵.

说明：任给一个二次型，都能唯一地确定一个对称矩阵；反之，任给一个对称矩阵，也都可唯一地确定一个二次型. 因此，二次型与对称矩阵之间有着一一对应的关系. 把对称矩阵 $\boldsymbol{A}$ 称为二次型 f 的矩阵，也把 f 称为对称矩阵 $\boldsymbol{A}$ 的二次型. 对称矩阵 $\boldsymbol{A}$ 的秩称为二次型 f 的秩.

例 1　二次型 $f(x,y,z)=2x^2+2xy-3xz+y^2+4yz-\sqrt{3}z^2$ 的矩阵形式为

$$f(x,y,z)=(x,y,z)\begin{pmatrix} 2 & 1 & -\frac{3}{2} \\ 1 & 1 & 2 \\ -\frac{3}{2} & 2 & -\sqrt{3} \end{pmatrix}\begin{pmatrix} x \\ y \\ z \end{pmatrix}.$$

例 2　给定对称矩阵

$$\boldsymbol{A}=\begin{pmatrix} 1 & 2 & -1 & -3 \\ 2 & 2 & 3 & -1 \\ -1 & 3 & 3 & 0 \\ -3 & -1 & 0 & 4 \end{pmatrix},$$

则其对应的二次型为

$$f(x_1,x_2,x_3,x_4)=x_1^2+4x_1x_2-2x_1x_3-6x_1x_4+2x_2^2+6x_2x_3-2x_2x_4+3x_3^2+4x_4^2.$$

定义 5.2　设 $x_1,x_2,\cdots,x_n;y_1,y_2,\cdots,y_n$ 是两组变量，系数在数域 P 中的一组关系式：

$$\begin{cases} x_1=c_{11}y_1+c_{12}y_2+\cdots+c_{1n}y_n, \\ x_2=c_{21}y_1+c_{22}y_2+\cdots+c_{2n}y_n, \\ \cdots\cdots\cdots\cdots \\ x_n=c_{n1}y_1+c_{n2}y_2+\cdots+c_{nn}y_n \end{cases} \tag{5.2}$$

称为由变量 $x_1,x_2,\cdots,x_n$ 到变量 $y_1,y_2,\cdots,y_n$ 的一个线性替换，或简称为**线性替换**. 如果系数行列式 $\left|c_{ij}\right|\neq 0$，那么线性替换（5.2）就称为**可逆线性替换**，或者**非退化的线性替换**.

对于二次型 $f=\boldsymbol{x}^{\mathrm{T}}\boldsymbol{A}\boldsymbol{x}$，作线性替换 $\boldsymbol{x}=\boldsymbol{C}\boldsymbol{y}$，其中

$$\boldsymbol{C}=\begin{pmatrix} c_{11} & c_{12} & \cdots & c_{1n} \\ c_{21} & c_{22} & \cdots & c_{2n} \\ \vdots & \vdots & & \vdots \\ c_{n1} & c_{n2} & \cdots & c_{nn} \end{pmatrix},\ \boldsymbol{y}=\begin{pmatrix} y_1 \\ y_2 \\ \vdots \\ y_n \end{pmatrix},$$

则有

$$f=\boldsymbol{x}^{\mathrm{T}}\boldsymbol{A}\boldsymbol{x}=(\boldsymbol{C}\boldsymbol{y})^{\mathrm{T}}\boldsymbol{A}(\boldsymbol{C}\boldsymbol{y})=\boldsymbol{y}^{\mathrm{T}}\boldsymbol{C}^{\mathrm{T}}\boldsymbol{A}\boldsymbol{C}\boldsymbol{y}=\boldsymbol{y}^{\mathrm{T}}(\boldsymbol{C}^{\mathrm{T}}\boldsymbol{A}\boldsymbol{C})\boldsymbol{y}.$$

令 $\boldsymbol{B}=\boldsymbol{C}^{\mathrm{T}}\boldsymbol{A}\boldsymbol{C}$，则有

$$\boldsymbol{B}^{\mathrm{T}}=(\boldsymbol{C}^{\mathrm{T}}\boldsymbol{A}\boldsymbol{C})^{\mathrm{T}}=\boldsymbol{C}^{\mathrm{T}}\boldsymbol{A}^{\mathrm{T}}(\boldsymbol{C}^{\mathrm{T}})^{\mathrm{T}}=\boldsymbol{C}^{\mathrm{T}}\boldsymbol{A}\boldsymbol{C}=\boldsymbol{B},$$

即 $\boldsymbol{B}$ 是对称矩阵. 这样，对称矩阵 $\boldsymbol{B}$ 同样定义了一个二次型. 于是，线性替换将二次型化为二次型.

定义 5.3　设 $\boldsymbol{A},\boldsymbol{B}$ 是数域 P 上的 n 阶方阵，如果有数域 P 上的 n 阶可逆矩阵 $\boldsymbol{C}$，使得

$$\boldsymbol{C}^{\mathrm{T}}\boldsymbol{A}\boldsymbol{C}=\boldsymbol{B},$$

则称矩阵 $\boldsymbol{A}$ 与 $\boldsymbol{B}$ **合同**.

合同是矩阵之间的一种关系．易知，合同关系具有如下性质：

（1）反身性：即 $\boldsymbol{A}$ 与 $\boldsymbol{A}$ 合同，因为 $\boldsymbol{A}=\boldsymbol{E}^{\mathrm{T}}\boldsymbol{A}\boldsymbol{E}$．

（2）对称性：即若 $\boldsymbol{A}$ 与 $\boldsymbol{B}$ 合同，则 $\boldsymbol{B}$ 与 $\boldsymbol{A}$ 合同.

这是因为由 $\boldsymbol{B}=\boldsymbol{C}^{\mathrm{T}}\boldsymbol{A}\boldsymbol{C}$，即得 $\boldsymbol{A}=(\boldsymbol{C}^{-1})^{\mathrm{T}}\boldsymbol{B}\boldsymbol{C}^{-1}$.

（3）传递性：即若 $\boldsymbol{A}$ 与 $\boldsymbol{B}$ 合同，$\boldsymbol{B}$ 与 $\boldsymbol{C}$ 合同，则 $\boldsymbol{A}$ 与 $\boldsymbol{C}$ 合同.

这是因为由 $\boldsymbol{B}=\boldsymbol{C}_1^{\mathrm{T}}\boldsymbol{A}\boldsymbol{C}_1$ 和 $\boldsymbol{C}=\boldsymbol{C}_2^{\mathrm{T}}\boldsymbol{B}\boldsymbol{C}_2$，即得 $\boldsymbol{C}=\boldsymbol{C}_2^{\mathrm{T}}\boldsymbol{B}\boldsymbol{C}_2=(\boldsymbol{C}_1\boldsymbol{C}_2)^{\mathrm{T}}\boldsymbol{A}(\boldsymbol{C}_1\boldsymbol{C}_2)$.

说明：经过可逆线性替换后，新二次型的矩阵与原二次型的矩阵是合同的．这样就把二次型的变换通过矩阵表示出来，也为以后的讨论提供了有力工具．另外，在二次型变换时，总是要求所做的线性替换是可逆的，因为这样可以把所得的二次型还原.

定理 5.1 若 $\boldsymbol{A}$ 与 $\boldsymbol{B}$ 合同，则 $R(\boldsymbol{A})=R(\boldsymbol{B})$.

证明 因为 $\boldsymbol{A}$ 与 $\boldsymbol{B}$ 合同，所以存在 n 阶可逆矩阵 $\boldsymbol{C}$，使得

$$\boldsymbol{C}^{\mathrm{T}}\boldsymbol{A}\boldsymbol{C}=\boldsymbol{B}.$$

由于用可逆矩阵乘以矩阵两边后不改变矩阵的秩，故 $R(\boldsymbol{A})=R(\boldsymbol{B})$.

说明：这个定理为化二次型为标准形提供了理论保证．这样，若 $\boldsymbol{B}$ 是对角矩阵，则非退化的线性替换 $\boldsymbol{x}=\boldsymbol{C}\boldsymbol{y}$ 就把二次型化为了标准形．因此说，化二次型为标准形的问题的实质是：对于对称矩阵 $\boldsymbol{A}$，寻找可逆矩阵 $\boldsymbol{C}$，使得 $\boldsymbol{C}^{\mathrm{T}}\boldsymbol{A}\boldsymbol{C}=\boldsymbol{B}$ 为对角矩阵.

二、用配方法化二次型为标准形

现在来讨论用非退化的线性替换化简二次型的问题.

定理 5.2 数域 P 上任意一个二次型都可以经过可逆线性替换化为标准形.

证明 对变量的个数 n 做数学归纳法.

对于 $n=1$，二次型就是 $f(x_1)=a_{11}x_1^2$，显然已经是平方项了.

现假定对 $n-1$ 元的二次型，结论成立，再设

$$f(x_1,x_2,\cdots,x_n)=\sum_{i=1}^{n}\sum_{j=1}^{n}a_{ij}x_ix_j ,$$

其中 $a_{ij}=a_{ji}$，下面分三种情形来讨论：

（1）$a_{ii}(i=1,2,\cdots,n)$ 中至少有一个不为零，不妨设 $a_{11}\neq 0$，则有

$$\begin{aligned}
f(x_1,x_2,\cdots,x_n)&=a_{11}x_1^2+\sum_{j=2}^{n}a_{1j}x_1x_j+\sum_{i=2}^{n}a_{i1}x_ix_1+\sum_{i=2}^{n}\sum_{j=2}^{n}a_{ij}x_ix_j\\
&=a_{11}x_1^2+2\sum_{j=2}^{n}a_{1j}x_1x_j+\sum_{i=2}^{n}\sum_{j=2}^{n}a_{ij}x_ix_j\\
&=a_{11}\left(x_1+\sum_{j=2}^{n}a_{11}^{-1}a_{1j}x_j\right)^2-a_{11}^{-1}\left(\sum_{j=2}^{n}a_{1j}x_j\right)^2+\sum_{i=2}^{n}\sum_{j=2}^{n}a_{ij}x_ix_j\\
&=a_{11}\left(x_1+\sum_{j=2}^{n}a_{11}^{-1}a_{1j}x_j\right)^2+\sum_{i=2}^{n}\sum_{j=2}^{n}b_{ij}x_ix_j,
\end{aligned}$$

其中

$$\sum_{i=2}^{n}\sum_{j=2}^{n}b_{ij}x_ix_j=-a_{11}^{-1}\left(\sum_{j=2}^{n}a_{1j}x_j\right)^2+\sum_{i=2}^{n}\sum_{j=2}^{n}a_{ij}x_ix_j$$

是一个关于$x_2,x_3,\cdots,x_n$的二次型．令

$$\begin{cases}y_1=x_1+\sum_{j=2}^{n}a_{11}^{-1}a_{1j}x_j,\\ y_2=x_2,\\ \cdots\cdots\cdots\cdots\\ y_n=x_n,\end{cases}$$

即

$$\begin{cases}x_1=y_1-\sum_{j=2}^{n}a_{11}^{-1}a_{1j}y_j,\\ x_2=y_2,\\ \cdots\cdots\cdots\cdots\\ x_n=y_n,\end{cases}$$

这是一个可逆线性替换，它使

$$f(x_1,x_2,\cdots,x_n)=a_{11}y_1{}^2+\sum_{i=2}^{n}\sum_{j=2}^{n}b_{ij}y_iy_j\ .$$

由归纳法假定，关于$\sum_{i=2}^{n}\sum_{j=2}^{n}b_{ij}y_iy_j$，有可逆线性替换：

$$\begin{cases}z_2=c_{22}y_2+c_{23}y_3+\cdots+c_{2n}y_n,\\ z_3=c_{32}y_2+c_{33}y_3+\cdots+c_{3n}y_n,\\ \cdots\cdots\cdots\cdots\\ z_n=c_{n2}y_2+c_{n3}y_3+\cdots+c_{nn}y_n,\end{cases}$$

且能使它变成平方和：

$$d_2z_2^2+d_3z_3^2+\cdots+d_nz_n^2.$$

于是可逆线性替换

$$\begin{cases}z_1=y_1,\\ z_2=c_{22}y_2+c_{23}y_3+\cdots+c_{2n}y_n,\\ \cdots\cdots\cdots\cdots\\ z_n=c_{n2}y_2+c_{n3}y_3+\cdots+c_{nn}y_n\end{cases}$$

就使$f(x_1,x_2,\cdots,x_n)$变成

$$f(x_1,x_2,\cdots,x_n)=a_{11}z_1^2+d_2z_2^2+d_3z_3^2+\cdots+d_nz_n^2,$$

即变成平方和了．根据归纳假设，定理得证．

（2）所有 $a_{ii}(i=1,2,\cdots,n)$ 都等于零，但是至少有一个 $a_{1j}\neq 0(j=2,3,\cdots,n)$，不失普遍性，设 $a_{12}\neq 0$．令

$$\begin{cases}x_1=z_1+z_2,\\x_2=z_1-z_2,\\x_3=z_3,\\\cdots\cdots\cdots\cdots\\x_n=z_n,\end{cases}$$

它是可逆线性变换，且使

$$\begin{aligned}f(x_1,x_2,\cdots,x_n)&=2a_{12}x_1x_2+\cdots\\&=2a_{12}(z_1+z_2)(z_1-z_2)+\cdots\\&=2a_{12}z_1^2-2a_{12}z_2^2+\cdots,\end{aligned}$$

这时，上式右端是 $z_1,z_2,\cdots,z_n$ 的二次型，且 z_1^2 的系数不为零，属于第一种情况，定理成立．

（3）$a_{11}=a_{12}=\cdots=a_{1n}=0$，由对称性知 $a_{21}=a_{31}=\cdots=a_{n1}=0$，这时

$$f(x_1,x_2,\cdots,x_n)=\sum_{i=2}^{n}\sum_{j=2}^{n}a_{ij}x_ix_j$$

是 $n-1$ 元的二次型，根据归纳法假定，它能用可逆线性替换变成平方和．

注：定理 5.2 的证明过程给出了用配方法化二次型为标准形的具体方法．

例 3 用配方法化二次型

$$f(x_1,x_2,x_3)=x_1^2+2x_2^2+5x_3^2+2x_1x_2+2x_1x_3+6x_2x_3$$

为标准形，并写出所用的可逆线性替换．

解 由定理 5.2 的证明过程可知，令

$$\begin{cases}y_1=x_1+x_2+x_3,\\y_2=x_2,\\y_3=x_3,\end{cases}$$

即

$$\begin{cases}x_1=y_1-y_2-y_3,\\x_2=y_2,\\x_3=y_3,\end{cases}$$

从而得

$$f(x_1,x_2,x_3)=y_1^2+y_2^2+4y_2y_3+4y_3^2.$$

上式右端除第一项外已不再含 y_1，继续配方，令

$$\begin{cases}z_1=y_1,\\z_2=y_2+2y_3,\\z_3=y_3,\end{cases}$$

即

$$\begin{cases} y_1 = z_1, \\ y_2 = z_2 - 2z_3, \\ y_3 = z_3, \end{cases}$$

可得
$$f(x_1, x_2, x_3) = z_1^2 + z_2^2 .$$

所用的可逆线性替换为

$$\begin{cases} x_1 = z_1 - z_2 + z_3, \\ x_2 = z_2 - 2z_3, \\ x_3 = z_3. \end{cases}$$

例 4　用配方法化二次型

$$f(x_1, x_2, x_3, x_4) = 2x_1x_2 - x_1x_3 + x_1x_4 - x_2x_3 + x_2x_4 - 2x_3x_4$$

为标准形，并写出所用的可逆线性替换.

解　由定理 5.2 的证明过程可知，令

$$\begin{cases} x_1 = y_1 + y_2, \\ x_2 = y_1 - y_2, \\ x_3 = y_3, \\ x_4 = y_4, \end{cases}$$

代入原二次型得

$$f(x_1, x_2, x_3, x_4) = 2y_1^2 - 2y_2^2 - 2y_1y_3 + 2y_1y_4 - 2y_3y_4 .$$

这时 y_1^2 项不为零，于是

$$\begin{aligned} f(x_1, x_2, x_3, x_4) &= (2y_1^2 - 2y_1y_3 + 2y_1y_4) - 2y_2^2 - 2y_3y_4 \\ &= 2\left[\left(y_1 - \frac{1}{2}y_3 + \frac{1}{2}y_4\right)^2 - \frac{1}{4}y_3^2 - \frac{1}{4}y_4^2 + \frac{1}{2}y_3y_4\right] - 2y_2^2 - 2y_3y_4 \\ &= 2\left(y_1 - \frac{1}{2}y_3 + \frac{1}{2}y_4\right)^2 - 2y_2^2 - \frac{1}{2}y_3^2 - y_3y_4 - \frac{1}{2}y_4^2 \\ &= 2\left(y_1 - \frac{1}{2}y_3 + \frac{1}{2}y_4\right)^2 - 2y_2^2 - \frac{1}{2}(y_3 + y_4)^2. \end{aligned}$$

令

$$\begin{cases} z_1 = y_1 - \dfrac{1}{2}y_3 + \dfrac{1}{2}y_4, \\ z_2 = y_2, \\ z_3 = y_3 + y_4, \\ z_4 = y_4, \end{cases}$$

于是
$$f(x_1,x_2,x_3,x_4)=2z_1^2-2z_2^2-\frac{1}{2}z_3^2,$$
其中 z_4^2 的系数为零，没有写出.

为求可逆线性替换，可将第二个替换代入第一个替换中，得
$$\begin{cases}x_1=z_1+z_2+\frac{1}{2}z_3-z_4,\\ x_2=z_1-z_2+\frac{1}{2}z_3-z_4,\\ x_3=z_3-z_4,\\ x_4=z_4.\end{cases}$$

说明：在用配方法化二次型为标准形时，必须保证线性替换是可逆的. 有时，我们在配方过程中会遇到看似简单的方法，但得到的结果未必正确. 如
$$\begin{aligned}f(x_1,x_2,x_3)&=2x_1^2+2x_2^2+2x_3^2-2x_1x_2+2x_1x_3+2x_2x_3\\&=(x_1-x_2)^2+(x_1+x_3)^2+(x_2+x_3)^2.\end{aligned}$$
若令
$$\begin{cases}y_1=x_1-x_2,\\ y_2=x_1+x_3,\\ y_3=x_2+x_3,\end{cases}$$
则
$$f(x_1,x_2,x_3)=y_1^2+y_2^2+y_3^2.$$
然而，$\begin{vmatrix}1&-1&0\\1&0&1\\0&1&1\end{vmatrix}=0$，所以，此处所做的线性替换不是可逆的，最后的结果并不是所求的.

三、用矩阵变换化二次型为标准形

鉴于二次型与对称矩阵之间一一对应的关系，用非退化线性替换化二次型为标准形时也可以用矩阵进行转化. 由前面可知，通过矩阵合同关系可以将矩阵化为对角阵，于是，定理 5.2 可以用矩阵的语言来描述.

定理 5.3　数域 P 上任意一个对称矩阵 $\boldsymbol{A}$ 都合同于一对角矩阵 $\boldsymbol{D}$. 即存在可逆矩阵 $\boldsymbol{C}$，使得
$$\boldsymbol{C}^{\mathrm{T}}\boldsymbol{A}\boldsymbol{C}=\boldsymbol{D}=\begin{pmatrix}d_1&&&\\&d_2&&\\&&\ddots&\\&&&d_n\end{pmatrix}.$$

现在我们根据定理 5.3，讨论用矩阵的初等变换来求定理 5.2 中的可逆矩阵 $\boldsymbol{C}$ 及对角矩阵 $\boldsymbol{D}$. 由前面的知识我们知道，可逆矩阵 $\boldsymbol{C}$ 可以表示为有限个初等矩阵 $\boldsymbol{P}_1,\boldsymbol{P}_2,\cdots,\boldsymbol{P}_m$ 的乘积，即

$$\boldsymbol{C}=\boldsymbol{P}_1\boldsymbol{P}_2\cdots\boldsymbol{P}_m=\boldsymbol{E}\boldsymbol{P}_1\boldsymbol{P}_2\cdots\boldsymbol{P}_m\,, \tag{5.3}$$

由定理 5.3 可得

$$\boldsymbol{P}_m^{\mathrm{T}}\cdots\boldsymbol{P}_2^{\mathrm{T}}\boldsymbol{P}_1^{\mathrm{T}}\boldsymbol{A}\boldsymbol{P}_1\boldsymbol{P}_2\cdots\boldsymbol{P}_m=\boldsymbol{D}\,.$$

上式表明，对对称矩阵 $\boldsymbol{A}$ 施行 m 次行初等变换及相同的 m 次列初等变换，$\boldsymbol{A}$ 就变成了对角矩阵 $\boldsymbol{D}$.

对一个方阵施行一次行初等变换，再施行一次相同类型的列初等变换，称为对该矩阵施行了一次**合同变换**. 由此对对称矩阵 $\boldsymbol{A}$ 施行 m 次合同变换可得对角矩阵 $\boldsymbol{D}$. 而（5.3）式表明，对单位矩阵 $\boldsymbol{E}$ 施行上述的列初等变换，$\boldsymbol{E}$ 就变为可逆矩阵 $\boldsymbol{C}$. 这种利用矩阵的合同变换求可逆矩阵 $\boldsymbol{C}$ 及对角矩阵 $\boldsymbol{D}$，使得 $\boldsymbol{A}$ 与 $\boldsymbol{D}$ 合同的方法称为**合同变换法**. 具体做法：先将 n 阶对称矩阵 $\boldsymbol{A}$ 和 n 阶单位矩阵 $\boldsymbol{E}$ 做成 $2n\times n$ 矩阵，再对 $2n\times n$ 矩阵进行合同变换：

$$\begin{pmatrix}\boldsymbol{A}\\ \boldsymbol{E}\end{pmatrix}\xrightarrow[\text{对 }2n\times n\text{ 矩阵施行相同的列初等变换}]{\text{对 }\boldsymbol{A}\text{ 施行行初等变换}}\begin{pmatrix}\boldsymbol{D}\\ \boldsymbol{C}\end{pmatrix},$$

则 $\boldsymbol{C}^{\mathrm{T}}\boldsymbol{A}\boldsymbol{C}=\boldsymbol{D}$.

注：在第四章第三节中介绍了正交变换，即如果线性替换 $\boldsymbol{x}=\boldsymbol{C}\boldsymbol{y}$ 中的系数矩阵 $\boldsymbol{C}$ 是正交矩阵，则这个线性替换为正交变换. 且知，正交变换保持向量内积不变，以及保持向量的长度与夹角不变. 因此，在正交变换下，几何图形的形状不会发生改变. 这个特征是一般可逆线性替换不具备的.

在实二次型 $f=\boldsymbol{x}^{\mathrm{T}}\boldsymbol{A}\boldsymbol{x}$ 中，$\boldsymbol{A}$ 是实对称矩阵，从而存在正交矩阵 $\boldsymbol{C}$ 使得

$$\boldsymbol{C}^{\mathrm{T}}\boldsymbol{A}\boldsymbol{C}=\begin{pmatrix}\lambda_1 & & & \\ & \lambda_2 & & \\ & & \ddots & \\ & & & \lambda_n\end{pmatrix},$$

其中 $\lambda_1,\lambda_2,\cdots,\lambda_n$ 是 $\boldsymbol{A}$ 的全部特征值. 作正交变换 $\boldsymbol{x}=\boldsymbol{C}\boldsymbol{y}$，则有

$$f=\boldsymbol{x}^{\mathrm{T}}\boldsymbol{C}^{\mathrm{T}}\boldsymbol{A}\boldsymbol{C}\boldsymbol{x}=\lambda_1y_1^2+\lambda_2y_2^2+\cdots+\lambda_ny_n^2.$$

定理 5.4　任何一个实二次型都可以通过正交变换化为标准形.

例 5　已知对称矩阵

$$\boldsymbol{A}=\begin{pmatrix}1 & 1 & 1\\ 1 & 2 & 3\\ 1 & 3 & 5\end{pmatrix},$$

用合同变换法求可逆矩阵 $\boldsymbol{C}$ 及对角矩阵 $\boldsymbol{D}$，使得 $\boldsymbol{A}$ 与 $\boldsymbol{D}$ 合同.

解 $\begin{pmatrix} A \\ E \end{pmatrix}=\begin{pmatrix} 1 & 1 & 1 \\ 1 & 2 & 3 \\ 1 & 3 & 5 \\ 1 & 0 & 0 \\ 0 & 1 & 0 \\ 0 & 0 & 1 \end{pmatrix} \xrightarrow[c_2+(-1)c_1]{r_2+(-1)r_1} \begin{pmatrix} 1 & 0 & 1 \\ 0 & 1 & 2 \\ 1 & 2 & 5 \\ 1 & -1 & 0 \\ 0 & 1 & 0 \\ 0 & 0 & 1 \end{pmatrix} \xrightarrow[c_3+(-1)c_1]{r_3+(-1)r_1} \begin{pmatrix} 1 & 0 & 0 \\ 0 & 1 & 2 \\ 0 & 2 & 4 \\ 1 & -1 & -1 \\ 0 & 1 & 0 \\ 0 & 0 & 1 \end{pmatrix}$

$$\xrightarrow[c_3+(-2)c_2]{r_3+(-2)r_2} \begin{pmatrix} 1 & 0 & 0 \\ 0 & 1 & 0 \\ 0 & 0 & 0 \\ 1 & -1 & 1 \\ 0 & 1 & -2 \\ 0 & 0 & 1 \end{pmatrix}.$$

因此，所求可逆矩阵 $\boldsymbol{C}$ 及对角矩阵 $\boldsymbol{D}$ 为

$$\boldsymbol{C}=\begin{pmatrix} 1 & -1 & 1 \\ 0 & 1 & -2 \\ 0 & 0 & 1 \end{pmatrix}, \boldsymbol{D}=\begin{pmatrix} 1 & 0 & 0 \\ 0 & 1 & 0 \\ 0 & 0 & 0 \end{pmatrix},$$

且 $\boldsymbol{C}^{\mathrm{T}}\boldsymbol{AC}=\boldsymbol{D}$.

例 6 已知二次型

$$f(x_1,x_2,x_3)=x_1^2-2x_2^2-2x_3^2-4x_1x_2+4x_1x_3+8x_2x_3,$$

用正交变换法将其化为标准形，并求正交线性替换.

解 二次型对应的矩阵为

$$\boldsymbol{A}=\begin{pmatrix} 1 & -2 & 2 \\ -2 & -2 & 4 \\ 2 & 4 & -2 \end{pmatrix}.$$

可求得特征值为 $\lambda_1=2$（2 重），$\lambda_2=-7$.

根据实对称矩阵正交对角化过程可求出正交矩阵：

$$\boldsymbol{C}=\begin{pmatrix} -\frac{2}{\sqrt{5}} & \frac{2}{3\sqrt{5}} & \frac{1}{3} \\ \frac{1}{\sqrt{5}} & \frac{4}{3\sqrt{5}} & \frac{2}{3} \\ 0 & \frac{5}{3\sqrt{5}} & -\frac{2}{3} \end{pmatrix},$$

则 $\boldsymbol{x}=\boldsymbol{Cy}$ 是正交变换，且 $f(x_1,x_2,x_3)=2y_1^2+2y_2^2-7y_3^2$.

习题 5.1

1. 写出下面二次型的矩阵，并求出二次型的秩.

（1）$x_1^2-2x_2^2+6x_3^2-4x_1x_2+2x_2x_3$；

（2）$2x_1x_2-6x_1x_3+x_2x_3$.

2. 分别用配方法、合同变换法和正交变换法将下面的二次型化为标准形.

（1）$2x_1^2-x_2^2-x_3^2+4x_1x_2-4x_1x_3+8x_2x_3$；

（2）$x_1^2+2x_2^2+3x_3^2-4x_1x_2-4x_2x_3$；

（3）$-4x_1x_2+2x_1x_3+2x_2x_3$；

（4）$4x_1x_3-x_2^2$.

3. 设 $\boldsymbol{A}$ 是数域 P 上的一个 n 阶可逆对称矩阵，证明：$\boldsymbol{A}^{-1}$ 与 $\boldsymbol{A}$ 合同.

4. 若可逆矩阵 $\boldsymbol{A}$ 和 $\boldsymbol{B}$ 合同，求证：$\boldsymbol{A}^{-1}$ 和 $\boldsymbol{B}^{-1}$ 也合同.

5. 设 $\boldsymbol{A}$ 是数域 P 上的一个 n 阶对称矩阵，如果对任意 n 维向量 $\boldsymbol{X}$，都有 $\boldsymbol{X}^{\mathrm{T}}\boldsymbol{A}\boldsymbol{X}=\boldsymbol{O}$，证明：$\boldsymbol{A}=\boldsymbol{O}$.

第二节　正定二次型

通过前面化二次型为标准形的过程可知，一个二次型的标准形不一定是唯一的，但标准形中所含平方项的项数是不变的，而且对实二次型而言，标准形中正惯性指数（负惯性指数）也是不变的. 因此，有下面的结论.

定理 5.5（惯性定理）　任意实二次型总可以经过一个适当的可逆线性替换化成规范形，且规范形是唯一的，即正、负惯性指数由二次型唯一确定.

证明略.

定义 5.4　设 $f(x_1,x_2,\cdots,x_n)=\boldsymbol{x}^{\mathrm{T}}\boldsymbol{A}\boldsymbol{x}$ 是一个实二次型，如果对于任意非零向量 $\boldsymbol{x}=(x_1,x_2,\cdots,x_n)^{\mathrm{T}}$，恒有

$$f(x_1,x_2,\cdots,x_n)=\boldsymbol{x}^{\mathrm{T}}\boldsymbol{A}\boldsymbol{x}>0,$$

则称实二次型 f 为**正定二次型**，实对称矩阵 $\boldsymbol{A}$ 称为**正定矩阵**.

例 1　n 元二次型 $f(x_1,x_2,\cdots,x_n)=x_1^2+x_2^2+\cdots+x_n^2$ 是正定二次型；但 n 元二次型 $f(x_1,x_2,\cdots,x_n)=x_1^2+x_2^2+\cdots+x_r^2\,(r<n)$ 不是正定二次型. 单位矩阵是正定矩阵.

定理 5.6　若 $\boldsymbol{A}$ 是 n 阶**实对称**矩阵，则下列命题等价：

（1）$\boldsymbol{x}^{\mathrm{T}}\boldsymbol{A}\boldsymbol{x}$ 是正定二次型（或 $\boldsymbol{A}$ 是正定矩阵）；

（2）二次型的正惯性指数为 n（或 $\boldsymbol{A}$ 的正惯性指数等于 $\boldsymbol{A}$ 的秩等于 n）；

（3）$\boldsymbol{A}$ 与单位矩阵合同，即存在可逆矩阵 $\boldsymbol{C}$，使得 $\boldsymbol{C}^{\mathrm{T}}\boldsymbol{A}\boldsymbol{C}=\boldsymbol{E}$；

（4）存在可逆矩阵 $\boldsymbol{B}$，使得 $\boldsymbol{A}=\boldsymbol{B}^{\mathrm{T}}\boldsymbol{B}$.

证明略.

下面从矩阵的角度给出实对称矩阵正定的判别法.

定义 5.5 设 $\boldsymbol{A}=(a_{ij})$ 是 n 阶矩阵，称

$$P_k=\begin{vmatrix} a_{11} & a_{12} & \cdots & a_{1k} \\ a_{21} & a_{22} & \cdots & a_{2k} \\ \vdots & \vdots & & \vdots \\ a_{k1} & a_{k2} & \cdots & a_{kk} \end{vmatrix}, (k=1,2,\cdots,n)$$

为 $\boldsymbol{A}$ 的 $\boldsymbol{k}$ **阶顺序主子式**.

显然，一个 n 阶矩阵有 n 个顺序主子式.

定理 5.7 n 阶实对称矩阵 $\boldsymbol{A}$ 正定的充要条件是 $\boldsymbol{A}$ 的所有顺序主子式都大于零.

证明略.

例 2 证明：若 $\boldsymbol{A}$ 是正定矩阵，则 $\boldsymbol{A}^{-1}$ 也是正定矩阵.

证明 因为 $\boldsymbol{A}$ 是正定矩阵，所以 $\boldsymbol{A}$ 是实对称矩阵，从而

$$(\boldsymbol{A}^{-1})^{\mathrm{T}}=(\boldsymbol{A}^{\mathrm{T}})^{-1}=\boldsymbol{A}^{-1},$$

即 $\boldsymbol{A}^{-1}$ 是实对称矩阵.

由 $\boldsymbol{A}$ 是正定矩阵可知，存在可逆矩阵 $\boldsymbol{C}$ 使得 $\boldsymbol{A}=\boldsymbol{C}^{\mathrm{T}}\boldsymbol{C}$，所以

$$\boldsymbol{A}^{-1}=(\boldsymbol{C}^{\mathrm{T}}\boldsymbol{C})^{-1}=\boldsymbol{C}^{-1}(\boldsymbol{C}^{\mathrm{T}})^{-1}=\boldsymbol{C}^{-1}(\boldsymbol{C}^{-1})^{\mathrm{T}}=((\boldsymbol{C}^{-1})^{\mathrm{T}})^{\mathrm{T}}(\boldsymbol{C}^{-1})^{\mathrm{T}}=\boldsymbol{P}^{\mathrm{T}}\boldsymbol{P},$$

其中 $\boldsymbol{P}=(\boldsymbol{C}^{-1})^{\mathrm{T}}$. 由 $\boldsymbol{P}$ 可逆可得 $\boldsymbol{A}^{-1}$ 也是正定矩阵.

例 3 判断二次型 $f(x_1,x_2,x_3)=x_1^2+x_2^2+x_3^2-x_1x_2+x_2x_3$ 是否为正定二次型.

解 （方法 1）用配方法化二次型为标准形.

$$\begin{aligned} f(x_1,x_2,x_3) &= \left(x_1-\frac{1}{2}x_2\right)^2+\frac{3}{4}x_2^2+x_3^2+x_2x_3 \\ &= \left(x_1-\frac{1}{2}x_2\right)^2+\left(\frac{\sqrt{3}}{2}x_2+\frac{1}{\sqrt{3}}x_3\right)^2+\frac{2}{3}x_3^2 \\ &= y_1^2+y_2^2+\frac{2}{3}y_3^2. \end{aligned}$$

显然，正惯性指数等于二次型的秩，所以二次型 f 为正定二次型.

（方法 2）二次型 f 的矩阵为

$$\boldsymbol{A}=\begin{pmatrix} 1 & -\frac{1}{2} & 0 \\ -\frac{1}{2} & 1 & \frac{1}{2} \\ 0 & \frac{1}{2} & 1 \end{pmatrix},$$

其各阶顺序主子式为

$$|1|>0,\ \begin{vmatrix} 1 & -\dfrac{1}{2} \\ -\dfrac{1}{2} & 1 \end{vmatrix}=\frac{5}{4}>0,\ |\boldsymbol{A}|=\frac{1}{2}>0\ ,$$

所以矩阵 $\boldsymbol{A}$ 正定，从而二次型 f 正定.

例 4　t 为何值时，下列二次型是正定的？

$$f(x_1,x_2,x_3)=2x_1^2+x_2^2+x_3^2+2x_1x_2+tx_2x_3.$$

解　二次型 f 的矩阵为

$$\boldsymbol{A}=\begin{pmatrix} 2 & 1 & 0 \\ 1 & 1 & \dfrac{t}{2} \\ 0 & \dfrac{t}{2} & 1 \end{pmatrix},$$

要使 f 正定，其各阶顺序主子式都必须大于零，即

$$|2|>0,\ \begin{vmatrix} 2 & 1 \\ 1 & 1 \end{vmatrix}=1>0,\ |A|=1-\frac{t^2}{2}>0\ ,$$

从而，当 $-\sqrt{2}<t<\sqrt{2}$ 时，二次型 f 正定.

习题 5.2

1. 判断下列二次型是否为正定二次型.

（1）$3x_1^2+4x_2^2+5x_3^2+4x_1x_2-4x_2x_3$；

（2）$10x_1^2-2x_2^2+3x_3^2+4x_1x_2+4x_1x_3$；

（3）$x_1^2-x_2^2-x_3^2+2x_1x_2+4x_2x_3$.

2. 设 $\boldsymbol{A}$ 是一个 n 阶正定矩阵，$\boldsymbol{C}$ 是 n 阶可逆矩阵，证明：$\boldsymbol{C}^{\mathrm{T}}\boldsymbol{AC}$ 是正定矩阵.

3. 设 $\boldsymbol{A}$ 是一个 n 阶正定矩阵，证明 $\boldsymbol{A}^*$ 也是正定矩阵.

4. 设 $\boldsymbol{A}, \boldsymbol{B}$ 都是 n 阶正定矩阵，证明：对任意正实数 a, b，$a\boldsymbol{A}+b\boldsymbol{B}$ 也是正定矩阵.

5. 设 $\boldsymbol{A}, \boldsymbol{B}$ 都是 n 阶正定矩阵，证明：$\boldsymbol{AB}$ 正定的充要条件是 $\boldsymbol{AB}=\boldsymbol{BA}$.

6. t 取何值时，下面的二次型是正定二次型？

（1）$x_1^2+x_2^2+5x_3^2+2tx_1x_2-2x_1x_3+4x_2x_3$；

（2）$5x_1^2+x_2^2+tx_3^2+4x_1x_2-2x_1x_3-2x_2x_3$；

（3）$x_1^2+4x_2^2+2x_3^2+2tx_1x_2+2x_1x_3$.

*综合应用

小行星的轨道问题

要确定一颗小行星绕太阳运行的轨道，需要在轨道平面内建立以太阳为原点的空间直角坐标系，然后在不同时刻对小行星进行观测，以确定其轨道. 已知在五个不同时刻对某颗小行星进行了五次观测，下表给出了相应的观测数据.

观测数据表

坐标	编号				
	1	2	3	4	5
x 坐标	5.764	6.286	6.759	7.168	7.480
y 坐标	0.648	1.202	1.832	2.526	3.360

由开普勒第一定律可知，小行星的轨迹是以太阳为焦点的椭圆. 求解小行星轨迹时，需将小行星轨迹问题转化为数学模型问题. 首先建立椭圆的一般方程：

$$a_1x^2+2a_2xy+a_3y^2+2a_4x+2a_5y+1=0.$$

将五个点的坐标代入上面的方程可求出参数如下（利用 MATLAB 软件计算）:

$$a_1=0.6143,\ a_2=-0.3440,\ a_3=0.6942,\ a_4=-1.6351,\ a_5=-0.2165.$$

从而椭圆的一般方程为

$$0.6143x^2-0.688xy+0.6942y^2-3.2702x-0.433y+1=0.$$

利用二次型的正交变换与坐标平移变换可求出椭圆的标准方程为

$$\frac{(x_1-4.4334)^2}{4.3805^2}+\frac{(y_1+0.9252)^2}{2.43^2}=1.$$

由此可得小行星运行轨道椭圆的长半轴 $a=4.3805$，短半轴 $b=2.43$，半焦距 $c=\sqrt{a^2-b^2}=3.6447$，近日点 $h=a-c=0.7358$，远日点 $H=a+c=8.0253$，椭圆周长的近似值 $l=\pi\left[\frac{3}{2}(a+b)-\sqrt{ab}\right]\approx 42.3437$ (天文单位).

数学实验

用 MATLAB 化二次型为标准形可以用 schur 和 eig 实现：

```
[Q,D] = schur(A)
```

```
[Q,D] = eig(A)
```

其实，$\boldsymbol{A}$ 为二次型的矩阵，$\boldsymbol{D}$ 为 $\boldsymbol{A}$ 的特征值构成的对角矩阵，$\boldsymbol{Q}$ 为正交矩阵.

例 1　将二次型 $f=-2x_1^2-6x_2^2-9x_3^2-9x_4^2+4x_1x_2+4x_1x_3+4x_1x_4+6x_3x_4$ 化为标准形.

```
A = [-2 2 2 2;2 -6 0 0;2 0 -9 3;2 0 3 -9];
[Q,D] = schur(A)
Q =

     0.0000    -0.5000    -0.0000    -0.8660
     0.0000     0.5000     0.8165    -0.2887
     0.7071     0.5000    -0.4082    -0.2887
    -0.7071     0.5000    -0.4082    -0.2887
D =

   -12.0000          0          0          0
          0    -8.0000          0          0
          0          0    -6.0000          0
          0          0          0     0.0000
>> [Q D] = eig(A)
Q =

     0.0000    -0.5000    -0.0000    -0.8660
     0.0000     0.5000     0.8165    -0.2887
     0.7071     0.5000    -0.4082    -0.2887
    -0.7071     0.5000    -0.4082    -0.2887
D =

   -12.0000          0          0          0
          0    -8.0000          0          0
          0          0    -6.0000          0
          0          0          0     0.0000
```

经过正交变换 $\boldsymbol{X}=\boldsymbol{QY}$，二次型化为标准形：

$$f=-12y_1^2-8y_2^2-6y_3^2.$$

例 2　将二次型 $f=3x_1^2-4x_1x_2+6x_2^2$ 化为标准形，并画出标准化前后 $f=40$ 对应的二次曲线.

```
A = [3 -2;-2 6];
D = schur(A)
D =

     2.0000          0
          0     7.0000
```

二次型的标准形为：

$$f=2x_1^2+7x_2^2.$$

标准化前 f = 40 的图形：

```
ezplot('3*x^2-4*x*y+6*y^2-40',[-5,5,-5,5])
```

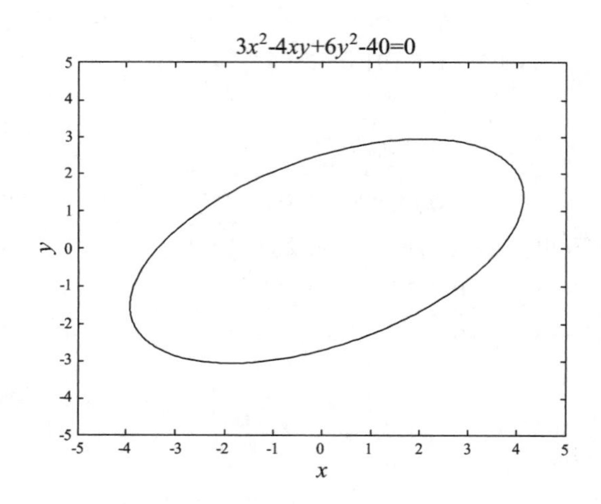

标准化后 f = 40 的图形：

```
ezplot('2*x^2+7*y^2-40',[-5,5,-5,5])
```

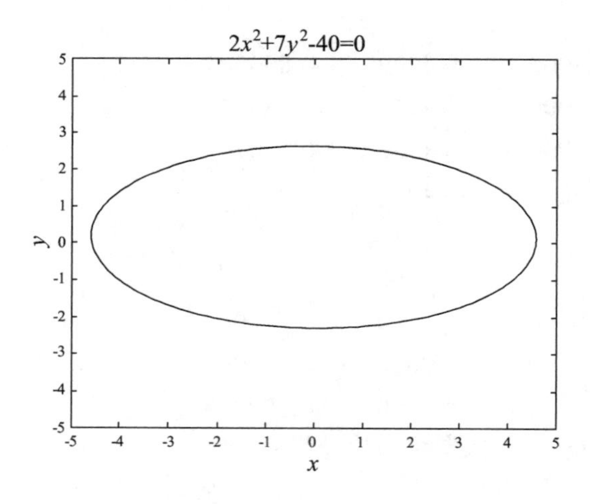

*拓展阅读

关于二次型的系统研究是从 18 世纪开始的，它起源于对二次曲线和二次曲面的分类问题的讨论：将二次曲线和二次曲面的方程变形，选有主轴方向的轴作为坐标轴以简化方程的形状．柯西在其著作中给出结论：当方程是标准形时，二次曲面可用二次型的符号进行分类．然而，那时并不太清楚，在化简成标准形时，为何总是得到同样数目的正项和负项．西尔维斯特回答了这个问题．他给出了 n 个变数的二次型的惯性定律，但没有证明．这个定律后来被雅克比重新发现和证明．

1801年，高斯在《算术研究》中引进了二次型的正定、负定、半正定和半负定等术语. 至此，关于二次型化简的进一步研究又涉及二次型或行列式的特征方程的概念. 特征方程的概念隐约地出现在欧拉的著作中，拉格朗日在其关于线性微分方程组的著作中首次明确地给出了这个概念.

关于三个变数的二次型的特征值的实性则是由阿歇特（J-R.P. Hachette）、蒙日和泊松（S.D. Poisson, 1781—1840）建立的. 柯西在别人工作的基础上，着手研究化简变数的二次型问题，并证明了特征方程在直角坐标系的任何变换下的不变性. 后来，他又证明了 n 个变数的两个二次型能用同一个线性变换同时化成平方和.

1851年，西尔维斯特在研究二次曲线和二次曲面的切触和相交时考虑了这种二次曲线和二次曲面束的分类. 他在分类方法中引进了初等因子和不变因子的概念，但没有证明"不变因子组成两个二次型的不变量的完全集"这一结论. 1858年，维尔斯特拉斯对同时化两个二次型成平方和给出了一个一般的方法，并证明：如果两个二次型之一是正定的，那么即使某些特征根相等，这个化简也是可能的. 维尔斯特拉斯比较系统地完成了二次型的理论并将其推广到双线性型.

*第六章　线性空间与线性变换

在第四章，我们介绍了向量空间，本章把向量空间推广到线性空间，以便在更广泛的范围内研究向量之间的线性关系．线性空间和线性变换是线性代数的核心，它的理论和方法在自然科学、工程技术、经济管理等领域具有重要的应用．

第一节　线性空间

一、线性空间的定义

如果数集 P 中任何两个数的某种运算结果仍在 P 中，我们称数集 P 对这种运算封闭．

定义 6.1（数域）　设 P 是一个非空数集，若 P 对数的加、减、乘、除四则运算封闭，则称数集 P 为数域．

有理数集 $\mathbf{Q}$、实数集 $\mathbf{R}$、复数集 $\mathbf{C}$ 都是常见的数域，而整数集不是数域．

例 1　验证 $\mathbf{Q}(\sqrt{2})=\{a+b\sqrt{2}\mid a,b\in\mathbf{Q}\}$ 是一个数域．

解　显然，$\mathbf{Q}(\sqrt{2})\neq\varnothing$．又对任意的 $x=a_1+b_1\sqrt{2}\in\mathbf{Q}\sqrt{2},y=a_2+b_2\sqrt{2}\in\mathbf{Q}\sqrt{2}$，有

$$x\pm y=(a_1\pm a_2)+(b_1\pm b_2)\sqrt{2}\in\mathbf{Q}(\sqrt{2});$$

$$x\cdot y=(a_1+b_1\sqrt{2})\cdot(a_2+b_2\sqrt{2})=(a_1a_2+2b_1b_2)+(a_1b_2+a_2b_1)\sqrt{2}\in\mathbf{Q}(\sqrt{2}).$$

当 $y\neq 0$ 时，

$$\frac{x}{y}=\frac{a_1+b_1\sqrt{2}}{a_2+b_2\sqrt{2}}=\frac{(a_1a_2-2b_1b_2)+(a_2b_1-a_1b_2)\sqrt{2}}{a_2^2-2b_2^2}\in\mathbf{Q}(\sqrt{2}),$$

因此，$\mathbf{Q}(\sqrt{2})=\{a+b\sqrt{2}\mid a,b\in\mathbf{Q}\}$ 是一个数域．

定义 6.2（线性空间）　设 V 是一个非空集合，P 是一个数域，在 V 中定义了一个称为加法的运算“+”；在 P 与 V 之间定义了一个称为数乘的运算“·”（运算符 · 可以省略），“+”和“•”在 V 中封闭，且满足以下八条运算规则：

（1）对任意 $\boldsymbol{\alpha},\boldsymbol{\beta}\in V$，都有 $\boldsymbol{\alpha}+\boldsymbol{\beta}=\boldsymbol{\beta}+\boldsymbol{\alpha}$；

（2）对任意 $\boldsymbol{\alpha},\boldsymbol{\beta},\boldsymbol{\gamma}\in V$，都有 $(\boldsymbol{\alpha}+\boldsymbol{\beta})+\boldsymbol{\gamma}=\boldsymbol{\alpha}+(\boldsymbol{\beta}+\boldsymbol{\gamma})$；

（3）在 V 中存在一个称为零元的元素“$\mathbf{0}$”，使得对任意的 $\boldsymbol{\alpha}\in V$，都有 $\boldsymbol{\alpha}+\mathbf{0}=\mathbf{0}+\boldsymbol{\alpha}$；

（4）对 V 中任意元素 $\boldsymbol{\alpha}$，都存在元素 $\boldsymbol{\beta}$，使得 $\boldsymbol{\alpha}+\boldsymbol{\beta}=\mathbf{0}$，称 $\boldsymbol{\beta}$ 为 $\boldsymbol{\alpha}$ 的负元素，记为“$-\boldsymbol{\alpha}$”；

（5）对任意 $k,l\in P,\ \boldsymbol{\alpha}\in V$，都有 $k(l\boldsymbol{\alpha})=(kl)\boldsymbol{\alpha}$；

（6）对任意 $k\in P,\ \boldsymbol{\alpha},\boldsymbol{\beta}\in V$，都有 $k(\boldsymbol{\alpha}+\boldsymbol{\beta})=k\boldsymbol{\alpha}+k\boldsymbol{\beta}$；

（7）对任意 $k,l\in P,\ \boldsymbol{\alpha}\in V$，都有 $(k+l)\boldsymbol{\alpha}=k\boldsymbol{\alpha}+l\boldsymbol{\alpha}$；

（8）P 中存在单位元 1，使得对任意 $\boldsymbol{\alpha}\in V$，都有 $1\boldsymbol{\alpha}=\boldsymbol{\alpha}$.

则称集合 V 是数域 P 上的线性空间，也称系统$(V, P, +, \cdot)$ 为线性空间. V 中的元素称为向量.

注：（1）线性空间 V 总要依赖于一个数域 P，V 中的元素不再局限于有序数组.

（2）实（复）数域上的线性空间称为实（复）线性空间. 本章在没有特别说明时都指实线性空间.

例 2　复数集 $\mathbf{C}$ 对于普通的加法和数乘运算构成实数域 $\mathbf{R}$ 上的线性空间.

注：实数集 $\mathbf{R}$ 对于实数的加法和数乘运算不构成复数集 $\mathbf{C}$ 上的线性空间，因为数乘运算在 $\mathbf{R}$ 中不封闭.

例 3　n 维向量空间 $\mathbf{R}^n$ 对于向量的加法和数乘运算构成实数域 $\mathbf{R}$ 上的线性空间.

例 4　$\mathbf{R}^{m\times n}=\{\boldsymbol{A}=(a_{ij})_{m\times n}\mid a_{ij}\in\mathbf{R},i=1,2,\cdots,m,j=1,2,\cdots,n\}$ 对于矩阵的加法和数乘矩阵构成实数集 $\mathbf{R}$ 上的线性空间.

例 5　次数不超过 n 的多项式全体及零多项式组成的集合：

$$\mathbf{R}_n[x]=\{a_0+a_1x+a_2x^2+\cdots+a_nx^n\mid a_i\in\mathbf{R},i=0,1,2,\cdots n\},$$

对于多项式的加法和数乘多项式运算构成实数集 $\mathbf{R}$ 上的线性空间.

例 6　记 $\mathbf{C}[a,b]=\{f(x)\mid f(x)$ 是区间$[a,b]$上的连续函数$\}$，则 $\mathbf{C}[a,b]$ 对于函数的加法和数乘函数运算构成实数集 $\mathbf{R}$ 上的线性空间.

例 7　设 $\mathbf{R}^+=\{$所有正实数$\}$，$\boldsymbol{P}=$实数集 $\mathbf{R}$，定义加法“$\oplus$”与数乘“$\circ$”如下：

$$\boldsymbol{a}\oplus\boldsymbol{b}=\boldsymbol{ab}\quad(\boldsymbol{a},\boldsymbol{b}\in\mathbf{R}^+);$$
$$k\circ\boldsymbol{a}=\boldsymbol{a}^k\quad(k\in\mathbf{R},\boldsymbol{a}\in\mathbf{R}^+),$$

不难验证，上述两种运算均满足封闭性.

下面验证八条运算规则：

（1）$\boldsymbol{a}\oplus\boldsymbol{b}=\boldsymbol{ab}=\boldsymbol{ba}=\boldsymbol{b}\oplus\boldsymbol{a}$；

（2）$(\boldsymbol{a}\oplus\boldsymbol{b})\oplus\boldsymbol{c}=(\boldsymbol{ab})\oplus\boldsymbol{c}=(\boldsymbol{ab})\boldsymbol{c}=\boldsymbol{a}(\boldsymbol{bc})=\boldsymbol{a}\oplus(\boldsymbol{b}\oplus\boldsymbol{c})$；

（3）存在零元素 $\mathbf{1}\in\mathbf{R}^+$，对任意的 $\boldsymbol{a}\in\mathbf{R}^+$，有 $\boldsymbol{a}\oplus\mathbf{1}=\boldsymbol{a}\mathbf{1}=\boldsymbol{a}$；

（4）对任意的 $\boldsymbol{a}\in\mathbf{R}^+$，存在负元素 $\boldsymbol{a}^{-1}\in\mathbf{R}^+$，使 $\boldsymbol{a}\oplus\boldsymbol{a}^{-1}=\boldsymbol{a}\boldsymbol{a}^{-1}=\mathbf{1}$；

（5）$1\circ\boldsymbol{a}=\boldsymbol{a}^1=\boldsymbol{a}$；

（6）$k\circ(l\circ\boldsymbol{a})=k\circ\boldsymbol{a}^l=(\boldsymbol{a}^l)^k=\boldsymbol{a}^{kl}=(kl)\circ\boldsymbol{a}$；

（7）$k\circ(\boldsymbol{a}\oplus\boldsymbol{b})=k\circ(\boldsymbol{ab})=(\boldsymbol{ab})^k=\boldsymbol{a}^k\boldsymbol{b}^k=(k\circ\boldsymbol{a})\oplus(k\circ\boldsymbol{b})$；

（8）$(k+l)\circ\boldsymbol{a}=\boldsymbol{a}^{k+l}=\boldsymbol{a}^k\boldsymbol{a}^l=\boldsymbol{a}^k\oplus\boldsymbol{a}^l=(k\circ\boldsymbol{a})\oplus(l\circ\boldsymbol{a})$.

所以，系统 $(\mathbf{R}^+,\mathbf{R},\oplus,\circ)$ 构成线性空间.

注：如果将例 7 的加法与数乘规定为普通实数的加法“+”与数乘“·”，则乘法在 $\mathbf{R}^+$ 中不封闭，于是 $(\mathbf{R}^+,\mathbf{R},+,\cdot)$ 不构成线性空间.

二、线性空间的性质

根据线性空间的定义，不难得到：

（1）零元素是唯一的；

（2）任一元素的负元素是唯一的；

（3）$0\boldsymbol{\alpha}=\mathbf{0}$, $(-1)\boldsymbol{\alpha}=-\boldsymbol{\alpha}$, $k\mathbf{0}=\mathbf{0}$；

（4）如果 $k\boldsymbol{\alpha}=\mathbf{0}$，则 $k=0$ 或 $\boldsymbol{\alpha}=\mathbf{0}$.

三、线性空间的基、维数与坐标

线性空间是向量空间的推广，所以在第四章中有关向量空间的定义、性质、定理等重要结论都可以推广到线性空间中.

定义 6.3（基、维数） 在线性空间 V 中，如果存在向量组 $\boldsymbol{\alpha}_1,\boldsymbol{\alpha}_2,\cdots,\boldsymbol{\alpha}_n$ 满足：

（1）$\boldsymbol{\alpha}_1,\boldsymbol{\alpha}_2,\cdots,\boldsymbol{\alpha}_n$ 线性无关；

（2）V 中任意向量 $\boldsymbol{\alpha}$ 都可以由 $\boldsymbol{\alpha}_1,\boldsymbol{\alpha}_2,\cdots,\boldsymbol{\alpha}_n$ 线性表示，

则称 $\boldsymbol{\alpha}_1,\boldsymbol{\alpha}_2,\cdots,\boldsymbol{\alpha}_n$ 为 V 的一个基，n 称为 V 的维数，记作 $\dim V=n$，V 称为 n 维线性空间，记作 V_n.

只含有零元素的线性空间称为零空间. 零空间没有基，**规定：**它的维数是 0.

不难证明：

（1）$\boldsymbol{\alpha}_1,\boldsymbol{\alpha}_2,\cdots,\boldsymbol{\alpha}_n$ 是 V 的一个基的充要条件是 $\boldsymbol{\alpha}_1,\boldsymbol{\alpha}_2,\cdots,\boldsymbol{\alpha}_n$ 线性无关，且 V 的任意 $n+1$ 个向量都线性相关.

（2）n 维线性空间的任意 n 个线性无关的向量都是 V 的一个基. 因此，线性空间的基是不唯一的，但是不同的基中所含向量的个数是唯一的.

例 8 在例 2 中，向量组 1, i 是向量空间 $\mathbf{C}$ 的一组基，$\dim\mathbf{C}=2$.

例 9 在例 3 中，向量组 $\boldsymbol{\varepsilon}_1=(1,0,\cdots,0)^{\mathrm{T}},\boldsymbol{\varepsilon}_2=(0,1,\cdots,0)^{\mathrm{T}},\cdots,\boldsymbol{\varepsilon}_n=(0,0,\cdots,1)^{\mathrm{T}}$ 是向量空间 $\mathbf{R}^n$ 的一个基. 向量组 $\boldsymbol{\alpha}_1=(1,2,3,\cdots,n)^{\mathrm{T}},\boldsymbol{\alpha}_2=(0,2,3,\cdots,n)^{\mathrm{T}},\boldsymbol{\alpha}_3=(0,0,3,\cdots,n)^{\mathrm{T}},\cdots,\boldsymbol{\alpha}_n=(0,0,0,\cdots,n)^{\mathrm{T}}$ 也是 $\mathbf{R}^n$ 的一个基. $\dim\mathbf{R}^n=n$.

例 10 求例 5 中向量空间 $\mathbf{R}_n[x]=\{a_0+a_1x+a_2x^2+\cdots+a_nx^n \mid a_i\in\mathbf{R}, i=0,1,2,\cdots,n\}$ 的一个基和维数.

解 $\mathbf{R}_n[x]$ 中的向量组 $1,x,x^2,\cdots,x^n$ 线性无关，且对任意 $f(x)=a_0+a_1x+\cdots+a_nx^n\in\mathbf{R}_n[x]$，$f(x)$ 都可以由向量组 $1,x,x^2,\cdots,x^n$ 线性表示，所以向量组 $1,x,x^2,\cdots,x^n$ 是 $\mathbf{R}_n[x]$ 的一个基，$\dim\mathbf{R}_n[x]=n+1$.

定义 6.4（坐标） 设 $\boldsymbol{\alpha}_1,\boldsymbol{\alpha}_2,\cdots,\boldsymbol{\alpha}_n$ 是 n 维向量空间 V_n 的一个基，对任意向量 $\boldsymbol{\alpha}\in V_n$，存在唯一一组数 $x_1,x_2,\cdots,x_n\in P$，使得

$$\boldsymbol{\alpha}=x_1\boldsymbol{\alpha}_1+x_2\boldsymbol{\alpha}_2+\cdots+x_n\boldsymbol{\alpha}_n=(\boldsymbol{\alpha}_1,\boldsymbol{\alpha}_2,\cdots,\boldsymbol{\alpha}_n)\begin{pmatrix}x_1\\x_2\\\vdots\\x_n\end{pmatrix},$$

称有序数组 $x_1,x_2,\cdots,x_n$ 为向量 $\boldsymbol{\alpha}$ 在基 $\boldsymbol{\alpha}_1,\boldsymbol{\alpha}_2,\cdots,\boldsymbol{\alpha}_n$ 下的坐标，记作 $(x_1,x_2,\cdots,x_n)^{\mathrm{T}}$.

例 11　在例 10 中，向量 $f(x)=a_0+a_1x+a_2x^2+\cdots+a_nx^n$ 在基 $1,x,x^2,\cdots,x^n$ 下的坐标为 $(a_0,a_1,a_2,\cdots,a_n)^{\mathrm{T}}$.

例 12　在线性空间 $\mathbf{R}^{2\times2}=\{\boldsymbol{A}=(a_{ij})_{2\times2}\mid a_{ij}\in\mathbf{R}\}$ 中，向量组

$$\boldsymbol{E}_{11}=\begin{pmatrix}1&0\\0&0\end{pmatrix},\boldsymbol{E}_{12}=\begin{pmatrix}0&1\\0&0\end{pmatrix},\boldsymbol{E}_{21}=\begin{pmatrix}0&0\\1&0\end{pmatrix},\boldsymbol{E}_{22}=\begin{pmatrix}0&0\\0&1\end{pmatrix}$$

线性无关，且对任意 $\boldsymbol{A}=\begin{pmatrix}a_{11}&a_{12}\\a_{21}&a_{22}\end{pmatrix}\in\mathbf{R}^{2\times2}$，有

$$\boldsymbol{A}=a_{11}\boldsymbol{E}_{11}+a_{12}\boldsymbol{E}_{12}+a_{21}\boldsymbol{E}_{21}+a_{22}\boldsymbol{E}_{22},$$

故 $\boldsymbol{E}_{11},\boldsymbol{E}_{12},\boldsymbol{E}_{21},\boldsymbol{E}_{22}$ 是 $\mathbf{R}^{2\times2}$ 的一个基，且 $\dim\mathbf{R}^{2\times2}=4$，$\boldsymbol{A}$ 在基 $\boldsymbol{E}_{11},\boldsymbol{E}_{12},\boldsymbol{E}_{21},\boldsymbol{E}_{22}$ 下的坐标为 $(a_{11},a_{12},a_{21},a_{22})^{\mathrm{T}}$.

建立了坐标以后，就可以把 n 维实线性空间 V 中的向量与 $\mathbf{R}^n$ 中的向量 $(x_1,x_2,\cdots,x_n)^{\mathrm{T}}$ 联系起来，以使 V 中抽象向量的线性运算与 $\mathbf{R}^n$ 中向量 $(x_1,x_2,\cdots,x_n)^{\mathrm{T}}$ 的线性运算联系起来.

设向量组 $\boldsymbol{\alpha}_1,\boldsymbol{\alpha}_2,\cdots,\boldsymbol{\alpha}_n$ 是 V_n 的基，$\boldsymbol{\alpha},\boldsymbol{\beta}\in V$，则

$$\boldsymbol{\alpha}=x_1\boldsymbol{\alpha}_1+x_2\boldsymbol{\alpha}_2+\cdots+x_n\boldsymbol{\alpha}_n,$$

$$\boldsymbol{\beta}=y_1\boldsymbol{\beta}_1+y_2\boldsymbol{\beta}_2+\cdots+y_n\boldsymbol{\beta}_n,$$

则有

$$\boldsymbol{\alpha}\leftrightarrow(x_1,x_2,\cdots,x_n)^{\mathrm{T}},\quad ①$$

$$\boldsymbol{\beta}\leftrightarrow(y_1,y_2,\cdots,y_n)^{\mathrm{T}}.\quad ②$$

又因

$$\boldsymbol{\alpha}+\boldsymbol{\beta}=(x_1+y_1)\boldsymbol{\alpha}_1+(x_2+y_2)\boldsymbol{\alpha}_2+\cdots+(x_n+y_n)\boldsymbol{\alpha}_n,$$

$$k\boldsymbol{\alpha}=(kx_1)\boldsymbol{\alpha}_1+(kx_2)\boldsymbol{\alpha}_2+\cdots+(kx_n)\boldsymbol{\alpha}_n,$$

所以

$$\boldsymbol{\alpha}+\boldsymbol{\beta}\leftrightarrow(x_1+y_1,x_2+y_2,\cdots,x_n+y_n)^{\mathrm{T}},\quad ③$$

$$k\boldsymbol{\alpha}\leftrightarrow(kx_1,kx_2,\cdots,kx_n)^{\mathrm{T}}.\quad ④$$

由①, ②, ③, ④可见，在 n 维实线性空间 V 中取定一个基后，V 中的向量与 $\mathbf{R}^n$ 中的向量存在一一对应关系. 即如果 V 中的向量 $\boldsymbol{\alpha}$ 与 $\boldsymbol{\beta}$ 在 $\mathbf{R}^n$ 中分别对应着向量 $\boldsymbol{\alpha}'=(x_1,x_2,\cdots,x_n)^{\mathrm{T}}$ 与 $\boldsymbol{\beta}'=(y_1,y_2,\cdots,y_n)^{\mathrm{T}}$，则 $\boldsymbol{\alpha}+\boldsymbol{\beta}$ 与 $k\boldsymbol{\alpha}$ 在 $\mathbf{R}^n$ 中分别对应着 $\boldsymbol{\alpha}'+\boldsymbol{\beta}'$ 与 $k\boldsymbol{\alpha}'$，我们称这种对应关系为保持运算关系不变，同时称 V 与 $\mathbf{R}^n$ **同构**.

任何一个 n 维实线性空间 V 都与 $\mathbf{R}^n$ 同构. 又同构关系保持线性运算关系不变，因此，V 中抽象的线性运算就可以转化为 $\mathbf{R}^n$ 中的线性运算，并且 $\mathbf{R}^n$ 中凡是只涉及线性运算的性质都适用于 V.

四、线性空间的基变换与坐标变换

我们知道，n 维线性空间 V 中的任意 n 个线性无关的向量都可以作为 V 的一个基，那么，不同的基之间有什么关系呢？同一个向量在不同的基之下的坐标又有什么关系呢？

设$\boldsymbol{\alpha}_1,\boldsymbol{\alpha}_2,\cdots,\boldsymbol{\alpha}_n$与$\boldsymbol{\beta}_1,\boldsymbol{\beta}_2,\cdots,\boldsymbol{\beta}_n$是$n$维线性空间$V$的两个基，为叙述方便，我们将前者称为旧基，后者称为新基，而且有下列关系式成立：

$$\begin{cases}\boldsymbol{\beta}_1=a_{11}\boldsymbol{\alpha}_1+a_{21}\boldsymbol{\alpha}_2+\cdots+a_{n1}\boldsymbol{\alpha}_n,\\ \boldsymbol{\beta}_2=a_{12}\boldsymbol{\alpha}_1+a_{22}\boldsymbol{\alpha}_2+\cdots+a_{n2}\boldsymbol{\alpha}_n,\\ \cdots\cdots\cdots\cdots\\ \boldsymbol{\beta}_n=a_{1n}\boldsymbol{\alpha}_1+a_{2n}\boldsymbol{\alpha}_2+\cdots+a_{nn}\boldsymbol{\alpha}_n\end{cases}. \tag{6.1}$$

将式（6.1）写成矩阵形式为

$$(\boldsymbol{\beta}_1,\boldsymbol{\beta}_2,\cdots,\boldsymbol{\beta}_n)=(\boldsymbol{\alpha}_1,\boldsymbol{\alpha}_2,\cdots,\boldsymbol{\alpha}_n)\boldsymbol{A}. \tag{6.2}$$

式（6.1）和（6.2）反映了新、旧基之间的关系，称为**基变换公式**. 式（6.2）中的矩阵 $\boldsymbol{A}=\begin{pmatrix}a_{11}&a_{12}&\cdots&a_{1n}\\a_{21}&a_{22}&\cdots&a_{2n}\\\vdots&\vdots&&\vdots\\a_{n1}&a_{n2}&\cdots&a_{nn}\end{pmatrix}$称为由旧基$\boldsymbol{\alpha}_1,\boldsymbol{\alpha}_2,\cdots,\boldsymbol{\alpha}_n$到新基$\boldsymbol{\beta}_1,\boldsymbol{\beta}_2,\cdots,\boldsymbol{\beta}_n$的**过渡矩阵**.

可以证明，过渡矩阵是可逆矩阵. 于是有

$$(\boldsymbol{\alpha}_1,\boldsymbol{\alpha}_2,\cdots,\boldsymbol{\alpha}_n)=(\boldsymbol{\beta}_1,\boldsymbol{\beta}_2,\cdots,\boldsymbol{\beta}_n)\boldsymbol{A}^{-1}.$$

设n维线性空间V中的向量$\boldsymbol{\alpha}$在基$\boldsymbol{\alpha}_1,\boldsymbol{\alpha}_2,\cdots,\boldsymbol{\alpha}_n$与$\boldsymbol{\beta}_1,\boldsymbol{\beta}_2,\cdots,\boldsymbol{\beta}_n$下的坐标分别为$(x_1,x_2,\cdots,x_n)^{\mathrm{T}}$和$(y_1,y_2,\cdots,y_n)^{\mathrm{T}}$，则

$$\boldsymbol{\alpha}=(\boldsymbol{\alpha}_1,\boldsymbol{\alpha}_2,\cdots,\boldsymbol{\alpha}_n)\begin{pmatrix}x_1\\x_2\\\vdots\\x_n\end{pmatrix}=(\boldsymbol{\beta}_1,\boldsymbol{\beta}_2,\cdots,\boldsymbol{\beta}_n)\begin{pmatrix}y_1\\y_2\\\vdots\\y_n\end{pmatrix}.$$

又

$$(\boldsymbol{\beta}_1,\boldsymbol{\beta}_2,\cdots,\boldsymbol{\beta}_n)\begin{pmatrix}y_1\\y_2\\\vdots\\y_n\end{pmatrix}=\left((\boldsymbol{\alpha}_1,\boldsymbol{\alpha}_2,\cdots,\boldsymbol{\alpha}_n)\boldsymbol{A}\right)\begin{pmatrix}y_1\\y_2\\\vdots\\y_n\end{pmatrix}=(\boldsymbol{\alpha}_1,\boldsymbol{\alpha}_2,\cdots,\boldsymbol{\alpha}_n)\left(\boldsymbol{A}\begin{pmatrix}y_1\\y_2\\\vdots\\y_n\end{pmatrix}\right),$$

于是

$$\begin{pmatrix}x_1\\x_2\\\vdots\\x_n\end{pmatrix}=\boldsymbol{A}\begin{pmatrix}y_1\\y_2\\\vdots\\y_n\end{pmatrix}\text{或}\begin{pmatrix}y_1\\y_2\\\vdots\\y_n\end{pmatrix}=\boldsymbol{A}^{-1}\begin{pmatrix}x_1\\x_2\\\vdots\\x_n\end{pmatrix}. \tag{6.3}$$

（6.3）式称为**坐标变换公式**.

例 13　在线性空间 $\mathbf{R}^n$ 中，向量组

$$\text{I}:\boldsymbol{\varepsilon}_1=(1,0,\cdots,0)^{\mathrm{T}},\boldsymbol{\varepsilon}_2=(0,1,\cdots,0)^{\mathrm{T}},\cdots,\boldsymbol{\varepsilon}_n=(0,0,\cdots,1)^{\mathrm{T}},$$

$$\text{II}:\boldsymbol{\alpha}_1=(1,0,\cdots,0)^{\mathrm{T}},\boldsymbol{\alpha}_2=(1,1,\cdots,0)^{\mathrm{T}},\cdots,\boldsymbol{\alpha}_n=(1,1,\cdots,1)^{\mathrm{T}}$$

都是 $\mathbf{R}^n$ 的基.

（1）求基Ⅰ到基Ⅱ的过渡矩阵；

（2）求向量 $\boldsymbol{\alpha}=(1,2,\cdots,n)^{\mathrm{T}}$ 在基Ⅰ和基Ⅱ下的坐标.

解　（1）由向量组Ⅰ,Ⅱ可得

$$(\boldsymbol{\alpha}_1,\boldsymbol{\alpha}_2,\cdots,\boldsymbol{\alpha}_n)=(\boldsymbol{\varepsilon}_1,\boldsymbol{\varepsilon}_2,\cdots,\boldsymbol{\varepsilon}_n)\begin{pmatrix}1&1&\cdots&1\\0&1&\cdots&1\\\vdots&\vdots&&\vdots\\0&0&\cdots&1\end{pmatrix}=(\boldsymbol{\varepsilon}_1,\boldsymbol{\varepsilon}_2,\cdots,\boldsymbol{\varepsilon}_n)\boldsymbol{A}. \tag{6.4}$$

所以基Ⅰ到基Ⅱ的过渡矩阵为 $\boldsymbol{A}=\begin{pmatrix}1&1&\cdots&1\\0&1&\cdots&1\\\vdots&\vdots&&\vdots\\0&0&\cdots&1\end{pmatrix}$.

（2）因为

$$\boldsymbol{\alpha}=(1,2,\cdots,n)^{\mathrm{T}}=(\boldsymbol{\varepsilon}_1,\boldsymbol{\varepsilon}_2,\cdots,\boldsymbol{\varepsilon}_n)\begin{pmatrix}1\\2\\\vdots\\n\end{pmatrix},$$

所以向量 $\boldsymbol{\alpha}$ 在基Ⅰ下的坐标为 $(1,2,\cdots,n)^{\mathrm{T}}$.

由式（6.4）可得 $(\boldsymbol{\varepsilon}_1,\boldsymbol{\varepsilon}_2,\cdots,\boldsymbol{\varepsilon}_n)=(\boldsymbol{\alpha}_1,\boldsymbol{\alpha}_2,\cdots,\boldsymbol{\alpha}_n)\boldsymbol{A}^{-1}$，于是

$$\boldsymbol{\alpha}=(1,2,\cdots,n-1,n)^{\mathrm{T}}=(\boldsymbol{\varepsilon}_1,\boldsymbol{\varepsilon}_2,\cdots,\boldsymbol{\varepsilon}_n)\begin{pmatrix}1\\2\\\vdots\\n-1\\n\end{pmatrix}$$

$$=(\boldsymbol{\alpha}_1,\boldsymbol{\alpha}_2,\cdots,\boldsymbol{\alpha}_n)\boldsymbol{A}^{-1}\begin{pmatrix}1\\2\\\vdots\\n-1\\n\end{pmatrix}=(\boldsymbol{\alpha}_1,\boldsymbol{\alpha}_2,\cdots,\boldsymbol{\alpha}_n)\begin{pmatrix}-1\\-1\\\vdots\\-1\\n\end{pmatrix}.$$

所以向量 $\boldsymbol{\alpha}$ 在基Ⅱ下的坐标为 $(-1-1,\cdots,-1,n)^{\mathrm{T}}$.

例 14　n 维线性空间 V 中，如果由基 $\boldsymbol{\alpha}_1,\boldsymbol{\alpha}_2,\cdots,\boldsymbol{\alpha}_n$ 到基 $\boldsymbol{\beta}_1,\boldsymbol{\beta}_2,\cdots,\boldsymbol{\beta}_n$ 的过渡矩阵是 $\boldsymbol{A}$，由基 $\boldsymbol{\beta}_1,\boldsymbol{\beta}_2,\cdots,\boldsymbol{\beta}_n$ 到其 $\boldsymbol{\gamma}_1,\boldsymbol{\gamma}_2,\cdots,\boldsymbol{\gamma}_n$ 的过渡矩阵为 $\boldsymbol{B}$，那么，由基 $\boldsymbol{\alpha}_1,\boldsymbol{\alpha}_2,\cdots,\boldsymbol{\alpha}_n$ 到基 $\boldsymbol{\gamma}_1,\boldsymbol{\gamma}_2,\cdots,\boldsymbol{\gamma}_n$ 的过渡矩阵为 $\boldsymbol{AB}$.

证明 由题意可得

$$(\boldsymbol{\beta}_1,\boldsymbol{\beta}_2,\cdots,\boldsymbol{\beta}_n)=(\boldsymbol{\alpha}_1,\boldsymbol{\alpha}_2,\cdots,\boldsymbol{\alpha}_n)\boldsymbol{A},$$

$$(\boldsymbol{\gamma}_1,\boldsymbol{\gamma}_2,\cdots,\boldsymbol{\gamma}_n)=(\boldsymbol{\beta}_1,\boldsymbol{\beta}_2,\cdots,\boldsymbol{\beta}_n)\boldsymbol{B}.$$

于是
$$(\boldsymbol{\gamma}_1,\boldsymbol{\gamma}_2,\cdots,\boldsymbol{\gamma}_n)=(\boldsymbol{\beta}_1,\boldsymbol{\beta}_2,\cdots,\boldsymbol{\beta}_n)\boldsymbol{B}=(\boldsymbol{\alpha}_1,\boldsymbol{\alpha}_2,\cdots,\boldsymbol{\alpha}_n)(\boldsymbol{AB}).$$

所以由基$\boldsymbol{\alpha}_1,\boldsymbol{\alpha}_2,\cdots,\boldsymbol{\alpha}_n$到基$\boldsymbol{\gamma}_1,\boldsymbol{\gamma}_2,\cdots,\boldsymbol{\gamma}_n$的过渡矩阵为$\boldsymbol{AB}$.

例 15 在$\mathbf{R}^3$中求向量$\boldsymbol{\alpha}=(2,6,3)^{\mathrm{T}}$在基

$$\boldsymbol{\alpha}_1=(-2,1,3)^{\mathrm{T}},\boldsymbol{\alpha}_2=(-1,0,1)^{\mathrm{T}},\boldsymbol{\alpha}_3=(-2,-5,-1)^{\mathrm{T}}$$

下的坐标.

解 设

$$\boldsymbol{\alpha}=x_1\boldsymbol{\alpha}_1+x_2\boldsymbol{\alpha}_2+x_3\boldsymbol{\alpha}_3=(\boldsymbol{\alpha}_1,\boldsymbol{\alpha}_2,\boldsymbol{\alpha}_3)\begin{pmatrix}x_1\\x_2\\x_3\end{pmatrix},$$

则
$$\begin{pmatrix}x_1\\x_2\\x_3\end{pmatrix}=(\boldsymbol{\alpha}_1,\boldsymbol{\alpha}_2,\boldsymbol{\alpha}_3)^{-1}\boldsymbol{\alpha}=\begin{pmatrix}-2&-1&-2\\1&0&-5\\3&1&-1\end{pmatrix}^{-1}\begin{pmatrix}2\\6\\3\end{pmatrix}=\begin{pmatrix}\frac{7}{2}\\-8\\-\frac{1}{2}\end{pmatrix}.$$

五、子空间

定义 6.5（子空间） 设系统$(V,P,+,\cdot)$为线性空间，W是V的一个非空子集，如果$(W,P,+,\cdot)$也是线性空间，则称$(W,P,+,\cdot)$是$(V,P,+,\cdot)$的**线性子空间**（简称**子空间**）.

定理 6.1 设W是V的一个非空子集，$(W,P,+,\cdot)$是$(V,P,+,\cdot)$的子空间的充要条件是：

（1）加法封闭：对任意$\boldsymbol{\alpha},\boldsymbol{\beta}\in W$，都有$\boldsymbol{\alpha}+\boldsymbol{\beta}\in W$；

（2）数乘封闭：对任意$\boldsymbol{\alpha}\in W,k\in P$，都有$k\boldsymbol{\alpha}\in W$.

推论 设W是V的一个非空子集，$(W,P,+,\cdot)$是$(V,P,+,\cdot)$的子空间的充要条件是对任意$\boldsymbol{\alpha},\boldsymbol{\beta}\in W$，$k,l\in P$，都有$k\boldsymbol{\alpha}+l\boldsymbol{\beta}\in W$.

线性空间V至少有两个子空间：一个是只含有零向量的零空间，一个是V本身，我们称这两个子空间为V的平凡子空间，其他的子空间称为非平凡子空间.

设$\boldsymbol{\alpha}_1,\boldsymbol{\alpha}_2,\cdots,\boldsymbol{\alpha}_r\in V$，令

$$L(\boldsymbol{\alpha}_1,\boldsymbol{\alpha}_2,\cdots,\boldsymbol{\alpha}_r)=\{k_1\boldsymbol{\alpha}_1+k_2\boldsymbol{\alpha}_2+\cdots+k_r\boldsymbol{\alpha}_r\mid k_i\in P,i=1,2,\cdots,r\},$$

容易验证，$L(\boldsymbol{\alpha}_1,\boldsymbol{\alpha}_2,\cdots,\boldsymbol{\alpha}_r)$是$V$的子空间. 称为由$\boldsymbol{\alpha}_1,\boldsymbol{\alpha}_2,\cdots,\boldsymbol{\alpha}_r$**生成的子空间**.

$$\dim L(\boldsymbol{\alpha}_1,\boldsymbol{\alpha}_2,\cdots,\boldsymbol{\alpha}_r)=\text{向量组}\ \boldsymbol{\alpha}_1,\boldsymbol{\alpha}_2,\cdots,\boldsymbol{\alpha}_r\ \text{的秩}.$$

例 16　设 $W=\{(s,t,0)\mid s,t\in\mathbf{R}\}$，则 W 又可以表示为

$$W=\{s\boldsymbol{\alpha}_1+t\boldsymbol{\alpha}_2\mid\boldsymbol{\alpha}_1=(1,0,0)^{\mathrm{T}},\boldsymbol{\alpha}_2=(0,1,0)^{\mathrm{T}},s,t\in\mathbf{R}\}.$$

所以 W 是由 $\boldsymbol{\alpha}_1=(1,0,0)^{\mathrm{T}},\boldsymbol{\alpha}_2=(0,1,0)^{\mathrm{T}}$ 生成的 $\mathbf{R}^3$ 的子空间．其维数为 2.

例 17　设 $\boldsymbol{A}\in\mathbf{R}^{n\times n}$，全体与 $\boldsymbol{A}$ 可交换的矩阵构成的集合记为

$$\mathbf{C}(\boldsymbol{A})=\{\boldsymbol{X}\in\mathbf{R}^{n\times n}\mid\boldsymbol{AX}=\boldsymbol{XA}\},$$

则 $\mathbf{C}(\boldsymbol{A})$ 是 $\mathbf{R}^{n\times n}$ 的子空间.

证明　显然，单位矩阵 $\boldsymbol{E}\in\mathbf{C}(\boldsymbol{A})$，即 $\mathbf{C}(\boldsymbol{A})\neq\varnothing$．又对任意 $\boldsymbol{X}_1,\boldsymbol{X}_2\in\mathbf{C}(\boldsymbol{A}),k,l\in\mathbf{R}$，有

$$\boldsymbol{A}(k\boldsymbol{X}_1+l\boldsymbol{X}_2)=k(\boldsymbol{AX}_1)+l(\boldsymbol{AX}_2)=k(\boldsymbol{X}_1\boldsymbol{A})+l(\boldsymbol{X}_2\boldsymbol{A})=(k\boldsymbol{X}_1+l\boldsymbol{X}_2)\boldsymbol{A},$$

所以 $k\boldsymbol{X}_1+l\boldsymbol{X}_2\in\mathbf{C}(\boldsymbol{A})$．所以 $\mathbf{C}(\boldsymbol{A})$ 是 $\mathbf{R}^{n\times n}$ 的子空间.

习题 6.1

1. 以下集合对于所给的线性运算是否构成实数域上的线性空间.

（1）二阶反对称（上三角）矩阵，对于矩阵的加法和数量乘法；

（2）平面上的全体向量，对于通常的加法和如下定义的数量乘法：

$$k\cdot\boldsymbol{\alpha}=\boldsymbol{\alpha};$$

（3）n 阶可逆矩阵的全体，对于通常矩阵的加法与数量乘法；

（4）与向量(1, 1, 0)不平行的全体三维数组向量，对于数组向量的加法与数量乘法；

（5）次数为 n 的多项式全体，对多项式的加法和数乘多项式.

2. 求下列线性空间的一个基和维数.

（1）复数域 $\mathbf{C}$ 对于复数的加法和乘法构成复数域上的线性空间；

（2）$\mathbf{C}^2=\{(x,y)^{\mathrm{T}}\mid x,y\in\mathbf{C}\}$ 作为复数域 $\mathbf{C}$ 上的线性空间；

（3）$\mathbf{C}^2=\{(x,y)^{\mathrm{T}}\mid x,y\in\mathbf{C}\}$ 作为实数域 $\mathbf{R}$ 上的线性空间；

（4）$\mathbf{R}^{n\times n}$ 作为实数域 $\mathbf{R}$ 上的线性空间；

（5）$\mathbf{R}^{n\times n}$ 中全体对称矩阵作为实数域 $\mathbf{R}$ 上的线性空间 V；

（6）$\mathbf{R}^{n\times n}$ 中全体反对称矩阵作为实数域 $\mathbf{R}$ 上的线性空间 V.

3. 在 $\mathbf{R}^4$ 中求向量 $\boldsymbol{\alpha}=(0,0,0,1)$ 在基 $\boldsymbol{\varepsilon}_1=(1,1,0,1),\boldsymbol{\varepsilon}_2=(2,1,3,1)$，$\boldsymbol{\varepsilon}_3=(1,1,0,0)$，$\boldsymbol{\varepsilon}_4=(0,1,-1,-1)$ 下的坐标.

4. 在线性空间 $\mathbf{R}^{2\times2}$ 中，试证

$$\boldsymbol{A}_1=\begin{pmatrix}1&1\\1&1\end{pmatrix},\boldsymbol{A}_2=\begin{pmatrix}1&1\\-1&-1\end{pmatrix},\boldsymbol{A}_3=\begin{pmatrix}1&-1\\1&-1\end{pmatrix},\boldsymbol{A}_4=\begin{pmatrix}-1&1\\1&-1\end{pmatrix}$$

是一组基，并求 $\boldsymbol{A}=\begin{pmatrix}1&2\\3&4\end{pmatrix}$ 在基 $\boldsymbol{A}_1,\boldsymbol{A}_2,\boldsymbol{A}_3,\boldsymbol{A}_4$ 下的坐标.

5. 在 $\mathbf{R}^3$ 中，取两个基：

$$\boldsymbol{\alpha}_1=(1,2,1),\quad \boldsymbol{\alpha}_2=(2,3,3),\quad \boldsymbol{\alpha}_3=(3,7,1);$$

$$\boldsymbol{\beta}_1=(3,1,4),\quad \boldsymbol{\beta}_2=(5,2,1),\quad \boldsymbol{\beta}_3=(1,1,-6),$$

试求：（1）基 $\boldsymbol{\alpha}_1,\boldsymbol{\alpha}_2,\boldsymbol{\alpha}_3$ 到 $\boldsymbol{\beta}_1,\boldsymbol{\beta}_2,\boldsymbol{\beta}_3$ 的过渡矩阵；

（2）向量 $\boldsymbol{\alpha}=(2,1,1)$ 这在两个基下的坐标.

6. 在 $\mathbf{R}^4$ 中取两个基：

$$\begin{cases}\boldsymbol{\varepsilon}_1=(1,0,0,0),\\ \boldsymbol{\varepsilon}_2=(0,1,0,0),\\ \boldsymbol{\varepsilon}_3=(0,0,1,0),\\ \boldsymbol{\varepsilon}_4=(0,0,0,1),\end{cases}\qquad \begin{cases}\boldsymbol{\alpha}_1=(2,1,-1,1),\\ \boldsymbol{\alpha}_2=(0,3,1,0),\\ \boldsymbol{\alpha}_3=(5,3,2,1),\\ \boldsymbol{\alpha}_4=(6,6,1,3),\end{cases}$$

（1）求由前一个基到后一个基的过渡矩阵；

（2）求向量(x_1,x_2,x_3,x_4)在后一个基下的坐标；

（3）求在这两个基下有相同坐标的向量.

7. 下列集合是否构成 $\mathbf{R}^n$ 的子空间？

（1）$W_1=\{(a_1,a_2,\cdots,a_n)^{\mathrm{T}}\mid a_1+a_2=0,a_i\in\mathbf{R},i=1,2,\cdots,n\}$；

（2）$W_2=\{(a_1,a_2,\cdots,a_n)^{\mathrm{T}}\mid a_1+a_2\neq 0,a_i\in\mathbf{R},i=1,2,\cdots,n\}$.

8. 下列集合是否构成 $\mathbf{R}^{3\times 2}$ 的子空间？

（1）$W_1=\left\{\begin{pmatrix}1&0\\a&b\\0&c\end{pmatrix}\middle| a,b,c\in\mathbf{R}\right\}$；

（2）$W_2=\left\{\begin{pmatrix}a&0\\0&b\\0&c\end{pmatrix}\middle| a+b+c=0,a,b,c\in\mathbf{R}\right\}$.

第二节　线性变换

线性空间中向量之间的联系是通过线性空间到线性空间的映射来实现的. 线性空间 V 到自身的映射称为 V 的一个变换. 线性变换是线性空间中最简单、最基本的变换，是线性代数研究的中心问题.

一、线性变换的定义

定义 6.6（线性变换）　设 V 是数域 P 上的线性空间，σ 是 V 的一个变换，如果

（1）对任意 $\boldsymbol{\alpha},\boldsymbol{\beta}\in V$，都有 $\sigma(\boldsymbol{\alpha}+\boldsymbol{\beta})=\sigma(\boldsymbol{\alpha})+\sigma(\boldsymbol{\beta})$；

（2）对任意 $\boldsymbol{\alpha}\in V,\ k\in P$，都有 $\sigma(k\boldsymbol{\alpha})=k\sigma(\boldsymbol{\alpha})$，

则称 σ 是线性空间 V 的一个**线性变换**.

由定义可得:

（1）线性变换是保持线性空间的线性运算的变换.

（2）σ 是线性空间 V 的一个线性变换的充要条件是对任意 $\boldsymbol{\alpha},\boldsymbol{\beta}\in V,\ k,l\in P$，都有

$$\sigma(k\boldsymbol{\alpha}+l\boldsymbol{\beta})=k\sigma(\boldsymbol{\alpha})+l\sigma(\boldsymbol{\beta}).$$

例 1　在数域 P 上的线性空间 V 中，定义变换 σ 为：对任意 $\boldsymbol{\alpha}\in V$，有

$$\sigma(\boldsymbol{\alpha})=\lambda\boldsymbol{\alpha},\quad \lambda \text{ 为 } P \text{ 中的一个常数},$$

证明 σ 为 V 的一个线性变换（称为**数乘变换**）.

证明　（1）对任意 $\boldsymbol{\alpha},\boldsymbol{\beta}\in V$，都有

$$\sigma(\boldsymbol{\alpha}+\boldsymbol{\beta})=\lambda(\boldsymbol{\alpha}+\boldsymbol{\beta})=\lambda\boldsymbol{\alpha}+\lambda\boldsymbol{\beta}=\sigma(\boldsymbol{\alpha})+\sigma(\boldsymbol{\beta});$$

（2）对任意 $\boldsymbol{\alpha}\in V,\ k\in P$，都有

$$\sigma(k\boldsymbol{\alpha})=\lambda(k\boldsymbol{\alpha})=k(\lambda\boldsymbol{\alpha})=k\sigma(\boldsymbol{\alpha}),$$

所以 σ 为 V 的一个线性变换.

注：也可以用上述充要条件证明，留作练习.

当 $\lambda=0$ 时，$\sigma(\boldsymbol{\alpha})=0\boldsymbol{\alpha}=\boldsymbol{0}$，即 $\boldsymbol{\sigma}$ 把 V 中任意向量都变成零向量，我们称这个特殊的数乘变换为**零变换**.

当 $\lambda=1$ 时，$\sigma(\boldsymbol{\alpha})=1\boldsymbol{\alpha}=\boldsymbol{\alpha}$，即 $\boldsymbol{\sigma}$ 把 V 中任意向量都变成它本身，我们称这个特殊的数乘变换为**恒等变换**，记作 I.

例 2　在线性空间 $\mathbf{R}_n[x]$ 中，定义变换 $D:D(f(x))=f'(x),\forall f(x)\in\mathbf{R}_n[x]$，不难验证，变换 D 是线性空间 $\mathbf{R}_n[x]$ 的一个线性变换.

例 3　平面上的旋转变换 $\sigma:\mathbf{R}^2\to\mathbf{R}^2$ 定义为平面上的每个向量绕坐标原点按逆时针方向旋转角度 θ 的变换. 即对任意 $\boldsymbol{\alpha}=\begin{pmatrix}x\\y\end{pmatrix}\in\mathbf{R}^{2\times2},\ \sigma(\boldsymbol{\alpha})=\begin{pmatrix}x'\\y'\end{pmatrix}$，则有

$$\sigma(\boldsymbol{\alpha})=\sigma\begin{pmatrix}x\\y\end{pmatrix}=\begin{pmatrix}x'\\y'\end{pmatrix}=\begin{pmatrix}x\cos\theta-y\sin\theta\\x\sin\theta+y\cos\theta\end{pmatrix}=\begin{pmatrix}\cos\theta&-\sin\theta\\\sin\theta&\cos\theta\end{pmatrix}\begin{pmatrix}x\\y\end{pmatrix},$$

证明它是线性变换.

证明　设 $\boldsymbol{\alpha}=\begin{pmatrix}x_1\\y_1\end{pmatrix},\boldsymbol{\beta}=\begin{pmatrix}x_2\\y_2\end{pmatrix}\in\mathbf{R}^{2\times2},\ k,l\in\mathbf{R}$，则

$$\begin{aligned}\sigma(k\boldsymbol{\alpha}+l\boldsymbol{\beta})&=\sigma\begin{pmatrix}kx_1+lx_2\\ky_1+ly_2\end{pmatrix}=\begin{pmatrix}(kx_1+lx_2)\cos\theta-(ky_1+ly_2)\sin\theta\\(kx_1+lx_2)\sin\theta+(ky_1+ly_2)\cos\theta\end{pmatrix}\\&=k\begin{pmatrix}x_1\cos\theta-y_1\sin\theta\\x_1\sin\theta+y_1\cos\theta\end{pmatrix}+l\begin{pmatrix}x_2\cos\theta-y_2\sin\theta\\x_2\sin\theta+y_2\cos\theta\end{pmatrix}\\&=k\sigma(\boldsymbol{\alpha})+l\sigma(\boldsymbol{\beta}).\end{aligned}$$

所以旋转变换是线性变换.

二、线性变换的性质

定理 6.2 设 σ 是线性空间 V 上的线性变换，则：

（1）$\sigma(\mathbf{0})=\mathbf{0}$, $\sigma(-\boldsymbol{\alpha})=-\sigma(\boldsymbol{\alpha})$；

（2）$\sigma(k_1\boldsymbol{\alpha}_1+k_2\boldsymbol{\alpha}_2+\cdots+k_m\boldsymbol{\alpha}_m)=k_1\sigma(\boldsymbol{\alpha}_1)+k_2\sigma(\boldsymbol{\alpha}_2)+\cdots+k_m\sigma(\boldsymbol{\alpha}_m)$；

（3）若向量组 $\boldsymbol{\alpha}_1,\boldsymbol{\alpha}_2,\cdots,\boldsymbol{\alpha}_m$ 线性相关，则 $\sigma(\boldsymbol{\alpha}_1),\sigma(\boldsymbol{\alpha}_2),\cdots,\sigma(\boldsymbol{\alpha}_m)$ 也线性相关.

证明 （1）$\sigma(\mathbf{0})=\sigma(0\boldsymbol{\alpha})=0\sigma(\boldsymbol{\alpha})=\mathbf{0}$；

$$\sigma(-\boldsymbol{\alpha})=\sigma((-1)\boldsymbol{\alpha})=-1\sigma(\boldsymbol{\alpha})=-\sigma(\boldsymbol{\alpha}).$$

（2）利用 $\sigma(k\boldsymbol{\alpha}+l\boldsymbol{\beta})=k\sigma(\boldsymbol{\alpha})+l\sigma(\boldsymbol{\beta})$ 及数学归纳法即可证明.

（3）若向量组 $\boldsymbol{\alpha}_1,\boldsymbol{\alpha}_2,\cdots,\boldsymbol{\alpha}_m$ 线性相关，则存在不全为零的数 $k_1,k_2,\cdots,k_m$，使得

$$k_1\boldsymbol{\alpha}_1+k_2\boldsymbol{\alpha}_2+\cdots+k_m\boldsymbol{\alpha}_m=\mathbf{0}.$$

于是

$$k_1\sigma(\boldsymbol{\alpha}_1)+k_2\sigma(\boldsymbol{\alpha}_2)+\cdots+k_m\sigma(\boldsymbol{\alpha}_m)=\sigma(k_1\boldsymbol{\alpha}_1+k_2\boldsymbol{\alpha}_2+\cdots+k_m\boldsymbol{\alpha}_m)=\sigma(\mathbf{0})=\mathbf{0}.$$

故 $\sigma(\boldsymbol{\alpha}_1),\sigma(\boldsymbol{\alpha}_2),\cdots,\sigma(\boldsymbol{\alpha}_m)$ 也线性相关.

注意：线性变换可能将线性无关的向量变成线性相关的向量，如零变换，所以定理 6.2 中（3）的逆命题不成立.

三、线性变换的运算

定义 6.7 设 σ,τ 是数域 P 上的线性空间 V 的线性变换，对任意 $\boldsymbol{\alpha}\in V$, 变换

$$(\sigma+\tau)(\boldsymbol{\alpha})=\sigma(\boldsymbol{\alpha})+\tau(\boldsymbol{\alpha})$$

称为 σ 与 τ 的**和变换**，记作 $\sigma+\tau$.

线性变换的和变换是线性变换.

定义 6.8 设 σ 是数域 P 上的线性空间 V 的线性变换，对任意 $\boldsymbol{\alpha}\in V$, $k\in P$，变换

$$(k\sigma)(\boldsymbol{\alpha})=k\sigma(\boldsymbol{\alpha})$$

称为 σ 的**数乘变换**，记作 $k\sigma$.

数乘变换是线性变换.

当 $k=-1$ 时的数乘变换称为 σ 的负变换，记作 $-\sigma$.

规定： $\sigma-\tau=\sigma+(-\tau)$，称为 σ 与 τ 的**差变换**.

线性变换的差变换是线性变换.

设 V 是数域 P 上的线性空间，$L(V)$ 表示线性空间 V 上的全体线性变换的集合，由定义 6.7 和 6.8 可知，$L(V)$ 构成数域 P 上的线性空间，称为**线性变换空间**.

定义 6.9 设 σ,τ 是数域 P 上的线性空间 V 的线性变换，对任意 $\boldsymbol{\alpha}\in V$, 变换

$$(\sigma\tau)(\boldsymbol{\alpha})=\sigma(\tau(\boldsymbol{\alpha}))$$

称为 σ 与 τ 的**乘积变换**，记作 $\sigma\tau$.

线性变换的乘积变换是线性变换.

当 $\sigma=\tau$ 时，$\sigma\tau=\sigma\sigma$，记为 σ^2.

一般地，$\overbrace{\sigma\sigma\cdots\sigma}^{m个}$ 记为 σ^m.

线性变换的乘法满足下列运算规则：

（1）$(\sigma\tau)\varphi=\sigma(\tau\varphi)$；

（2）$\sigma(\tau+\varphi)=\sigma\tau+\sigma\varphi$；

（3）$(\sigma+\tau)\varphi=\sigma\varphi+\tau\varphi$.

线性变换的乘法一般不满足交换律. 如

在 $\mathbf{R}^2$ 中，线性变换 σ,τ 分别是 $\sigma(a,b)=(b,-a)$, $\tau(a,b)=(a,-b)$，则有

$$(\sigma\tau)(a,b)=\sigma(\tau(a,b))=\sigma(a,-b)=(-b,-a),$$

$$(\tau\sigma)(a,b)=\tau(\sigma(a,b))=\tau(b,-a)=(b,a).$$

所以 $\sigma\tau\neq\tau\sigma$.

定义 6.10　设 σ 是数域 P 上的线性空间 V 的线性变换，若存在线性变换 τ，使得

$$\sigma\tau=\tau\sigma=I,$$

则称 τ 是 σ 的**逆变换**，也称 σ 是可逆变换.

线性变换的逆变换是线性变换.

不难验证，可逆变换的逆变换是唯一的，记作 σ^{-1}.

于是有下面的结论：

若 σ 是数域 P 上的线性空间 V 的可逆线性变换，则向量组 $\boldsymbol{\alpha}_1,\boldsymbol{\alpha}_2,\cdots,\boldsymbol{\alpha}_m$ 线性相关的充分必要条件是 $\sigma(\boldsymbol{\alpha}_1),\sigma(\boldsymbol{\alpha}_2),\cdots,\sigma(\boldsymbol{\alpha}_m)$ 线性相关.

例 4　设 σ,τ 是 $\mathbf{R}^2$ 中的线性变换，且

$$\sigma(x_1,x_2)=(x_1-x_2,x_1+x_2),\quad \tau(x_1,x_2)=(x_1+3x_2,x_1),$$

（1）求 $\sigma\tau,\sigma^2$；

（2）证明 σ 可逆，且 $\sigma^{-1}(x_1,x_2)=\left(\dfrac{x_1+x_2}{2},\dfrac{x_2-x_1}{2}\right)$.

（1）**解**　$(\sigma\tau)(x_1,x_2)=\sigma(\tau(x_1,x_2))=\sigma(x_1+3x_2,x_1)=(3x_2,2x_1+3x_2)$.

$$\begin{aligned}\sigma^2(x_1,x_2)&=\sigma(\sigma(x_1,x_2))=\sigma(x_1-x_2,x_1+x_2)\\&=((x_1-x_2)-(x_1+x_2),(x_1-x_2)+(x_1+x_2))\\&=(-2x_2,2x_1).\end{aligned}$$

（2）**证明**　设 $\varphi(x_1,x_2)=\left(\dfrac{x_1+x_2}{2},\dfrac{x_2-x_1}{2}\right)$，则

$$(\sigma\varphi)(x_1,x_2)=\sigma\left(\frac{x_1+x_2}{2},\frac{x_2-x_1}{2}\right)=(x_1,x_2),$$

$$(\varphi\sigma)(x_1,x_2)=\varphi(x_1-x_2,x_1+x_2)=(x_1,x_2).$$

所以 σ 可逆，且 $\sigma^{-1}(x_1,x_2)=\left(\dfrac{x_1+x_2}{2},\dfrac{x_2-x_1}{2}\right)$.

四、线性变换的矩阵

线性变换与矩阵之间有着密切的联系,我们可以通过对矩阵的分析来了解线性变换的性质.

定义 6.11　σ 是数域 P 上的线性空间 V 的线性变换，$\boldsymbol{\alpha}_1,\boldsymbol{\alpha}_2,\cdots,\boldsymbol{\alpha}_n$ 是 V 的一个基，这个基在 σ 之下的象可以由基 $\boldsymbol{\alpha}_1,\boldsymbol{\alpha}_2,\cdots,\boldsymbol{\alpha}_n$ 线性表示出来：

$$\begin{cases}\sigma(\boldsymbol{\alpha}_1)=a_{11}\boldsymbol{\alpha}_1+a_{21}\boldsymbol{\alpha}_2+\cdots+a_{n1}\boldsymbol{\alpha}_n,\\ \sigma(\boldsymbol{\alpha}_2)=a_{12}\boldsymbol{\alpha}_1+a_{22}\boldsymbol{\alpha}_2+\cdots+a_{n2}\boldsymbol{\alpha}_n,\\ \cdots\cdots\cdots\cdots\\ \sigma(\boldsymbol{\alpha}_n)=a_{1n}\boldsymbol{\alpha}_1+a_{2n}\boldsymbol{\alpha}_2+\cdots+a_{nn}\boldsymbol{\alpha}_n,\end{cases}\tag{6.5}$$

则称矩阵

$$\boldsymbol{A}=\begin{pmatrix}a_{11}&a_{12}&\cdots&a_{1n}\\a_{21}&a_{22}&\cdots&a_{2n}\\\vdots&\vdots&&\vdots\\a_{n1}&a_{n2}&\cdots&a_{nn}\end{pmatrix}$$

为**线性变换 σ 在基 $\boldsymbol{\alpha}_1,\boldsymbol{\alpha}_2,\cdots,\boldsymbol{\alpha}_n$ 下的矩阵**.

利用矩阵的乘法，式（6.5）可以改写为下列形式：

$$(\sigma(\boldsymbol{\alpha}_1),\sigma(\boldsymbol{\alpha}_2),\cdots,\sigma(\boldsymbol{\alpha}_n))=(\boldsymbol{\alpha}_1,\boldsymbol{\alpha}_2,\cdots,\boldsymbol{\alpha}_n)\boldsymbol{A},$$

或简写为

$$\sigma(\boldsymbol{\alpha}_1,\boldsymbol{\alpha}_2,\cdots,\boldsymbol{\alpha}_n)=(\boldsymbol{\alpha}_1,\boldsymbol{\alpha}_2,\cdots,\boldsymbol{\alpha}_n)\boldsymbol{A}.$$

由坐标的唯一性可知，线性变换 σ 在确定的基下对应唯一的一个矩阵 $\boldsymbol{A}$；反过来，给定一个矩阵 $\boldsymbol{A}$，在给定的线性空间 V 的一个基下，存在唯一的一个 V 的线性变换与之对应．于是，线性变换与矩阵之间就建立了一一对应关系.

易知，零变换和恒等变换在任一基下的矩阵分别为零矩阵和单位矩阵.

定理 6.3　设 $\boldsymbol{\alpha}_1,\boldsymbol{\alpha}_2,\cdots,\boldsymbol{\alpha}_n$ 是 n 维线性空间 V 的一组基,V 的任意向量 $\boldsymbol{\alpha}$ 关于基 $\boldsymbol{\alpha}_1,\boldsymbol{\alpha}_2,\cdots,\boldsymbol{\alpha}_n$ 的坐标是 $(x_1,x_2,\cdots,x_n)^{\mathrm{T}}$，$\sigma$ 是 V 的一个线性变换，σ 在基 $\boldsymbol{\alpha}_1,\boldsymbol{\alpha}_2,\cdots,\boldsymbol{\alpha}_n$ 下的矩阵为 $\boldsymbol{A}$，$\sigma(\boldsymbol{\alpha})$ 关于基 $\boldsymbol{\alpha}_1,\boldsymbol{\alpha}_2,\cdots,\boldsymbol{\alpha}_n$ 的坐标为 $(y_1,y_2,\cdots,y_n)^{\mathrm{T}}$，则

$$(y_1,y_2,\cdots,y_n)^{\mathrm{T}}=\boldsymbol{A}(x_1,x_2,\cdots,x_n)^{\mathrm{T}}.$$

证明　由已知条件可得

$$\boldsymbol{\alpha}=x_1\boldsymbol{\alpha}_1+x_2\boldsymbol{\alpha}_2+\cdots+x_n\boldsymbol{\alpha}_n=(\boldsymbol{\alpha}_1,\boldsymbol{\alpha}_2,\cdots,\boldsymbol{\alpha}_n)\begin{pmatrix}x_1\\x_2\\\vdots\\x_n\end{pmatrix},$$

$$\sigma(\boldsymbol{\alpha})=y_1\boldsymbol{\alpha}_1+y_2\boldsymbol{\alpha}_2+\cdots+y_n\boldsymbol{\alpha}_n=(\boldsymbol{\alpha}_1,\boldsymbol{\alpha}_2,\cdots,\boldsymbol{\alpha}_n)\begin{pmatrix}y_1\\y_2\\\vdots\\y_n\end{pmatrix}.$$

又
$$\begin{aligned}\sigma(\boldsymbol{\alpha})&=\sigma(x_1\boldsymbol{\alpha}_1+x_2\boldsymbol{\alpha}_2+\cdots+x_n\boldsymbol{\alpha}_n)\\&=\sigma(\boldsymbol{\alpha}_1,\boldsymbol{\alpha}_2,\cdots,\boldsymbol{\alpha}_n)\begin{pmatrix}x_1\\x_2\\\vdots\\x_n\end{pmatrix}=(\boldsymbol{\alpha}_1,\boldsymbol{\alpha}_2,\cdots,\boldsymbol{\alpha}_n)\boldsymbol{A}\begin{pmatrix}x_1\\x_2\\\vdots\\x_n\end{pmatrix},\end{aligned}$$

于是
$$\begin{pmatrix}y_1\\y_2\\\vdots\\y_n\end{pmatrix}=\boldsymbol{A}\begin{pmatrix}x_1\\x_2\\\vdots\\x_n\end{pmatrix}.$$

定理 6.4　设 $\boldsymbol{\alpha}_1,\boldsymbol{\alpha}_2,\cdots,\boldsymbol{\alpha}_n$ 和 $\boldsymbol{\beta}_1,\boldsymbol{\beta}_2,\cdots,\boldsymbol{\beta}_n$ 是 n 维线性空间 V 的两组基，从基 $\boldsymbol{\alpha}_1,\boldsymbol{\alpha}_2,\cdots,\boldsymbol{\alpha}_n$ 到基 $\boldsymbol{\beta}_1,\boldsymbol{\beta}_2,\cdots,\boldsymbol{\beta}_n$ 的过渡矩阵为 $\boldsymbol{P}$，V 中线性变换 σ 在两组基下的矩阵分别为 $\boldsymbol{A}$ 和 $\boldsymbol{B}$，则
$$\boldsymbol{B}=\boldsymbol{P}^{-1}\boldsymbol{AP}.$$

证明　由已知条件可知
$$\sigma(\boldsymbol{\alpha}_1,\boldsymbol{\alpha}_2,\cdots,\boldsymbol{\alpha}_n)=(\boldsymbol{\alpha}_1,\boldsymbol{\alpha}_2,\cdots,\boldsymbol{\alpha}_n)\boldsymbol{A},$$
$$\sigma(\boldsymbol{\beta}_1,\boldsymbol{\beta}_2,\cdots,\boldsymbol{\beta}_n)=(\boldsymbol{\beta}_1,\boldsymbol{\beta}_2,\cdots,\boldsymbol{\beta}_n)\boldsymbol{A},$$
$$(\boldsymbol{\beta}_1,\boldsymbol{\beta}_2,\cdots,\boldsymbol{\beta}_n)=(\boldsymbol{\alpha}_1,\boldsymbol{\alpha}_2,\cdots,\boldsymbol{\alpha}_n)\boldsymbol{P},$$
所以
$$\sigma(\boldsymbol{\beta}_1,\boldsymbol{\beta}_2,\cdots,\boldsymbol{\beta}_n)=(\boldsymbol{\beta}_1,\boldsymbol{\beta}_2,\cdots,\boldsymbol{\beta}_n)\boldsymbol{A}=(\boldsymbol{\alpha}_1,\boldsymbol{\alpha}_2,\cdots,\boldsymbol{\alpha}_n)\boldsymbol{PB},$$
又
$$\sigma(\boldsymbol{\beta}_1,\boldsymbol{\beta}_2,\cdots,\boldsymbol{\beta}_n)=\sigma(\boldsymbol{\alpha}_1,\boldsymbol{\alpha}_2,\cdots,\boldsymbol{\alpha}_n)\boldsymbol{P}=(\boldsymbol{\alpha}_1,\boldsymbol{\alpha}_2,\cdots,\boldsymbol{\alpha}_n)\boldsymbol{AP},$$
于是
$$\boldsymbol{PB}=\boldsymbol{AP},$$
所以
$$\boldsymbol{B}=\boldsymbol{P}^{-1}\boldsymbol{AP}.$$

定理 6.4 说明，同一线性变换在不同基下的矩阵是相似的.

定理 6.5　设 σ,τ 是线性空间 V 的线性变换，$\boldsymbol{\alpha}_1,\boldsymbol{\alpha}_2,\cdots,\boldsymbol{\alpha}_n$ 是 V 的一组基，σ,τ 在这组基下的矩阵分别是 $\boldsymbol{A},\boldsymbol{B}$，则 $\sigma+\tau,k\sigma,\sigma\tau$ 在这组基下的矩阵分别是 $\boldsymbol{A}+\boldsymbol{B},k\boldsymbol{A},\boldsymbol{AB}$. 且 σ 是可逆的充分必要条件是 $\boldsymbol{A}$ 可逆.

证明　由已知条件知
$$\sigma(\boldsymbol{\alpha}_1,\boldsymbol{\alpha}_2,\cdots,\boldsymbol{\alpha}_n)=(\boldsymbol{\alpha}_1,\boldsymbol{\alpha}_2,\cdots,\boldsymbol{\alpha}_n)\boldsymbol{A},$$
$$\tau(\boldsymbol{\alpha}_1,\boldsymbol{\alpha}_2,\cdots,\boldsymbol{\alpha}_n)=(\boldsymbol{\alpha}_1,\boldsymbol{\alpha}_2,\cdots,\boldsymbol{\alpha}_n)\boldsymbol{B},$$
所以
$$\begin{aligned}(\sigma+\tau)(\boldsymbol{\alpha}_1,\boldsymbol{\alpha}_2,\cdots,\boldsymbol{\alpha}_n)&=\sigma(\boldsymbol{\alpha}_1,\boldsymbol{\alpha}_2,\cdots,\boldsymbol{\alpha}_n)+\tau(\boldsymbol{\alpha}_1,\boldsymbol{\alpha}_2,\cdots,\boldsymbol{\alpha}_n)\\&=(\boldsymbol{\alpha}_1,\boldsymbol{\alpha}_2,\cdots,\boldsymbol{\alpha}_n)\boldsymbol{A}+(\boldsymbol{\alpha}_1,\boldsymbol{\alpha}_2,\cdots,\boldsymbol{\alpha}_n)\boldsymbol{B}\\&=(\boldsymbol{\alpha}_1,\boldsymbol{\alpha}_2,\cdots,\boldsymbol{\alpha}_n)(\boldsymbol{A}+\boldsymbol{B}).\end{aligned}$$

所以$\alpha+\tau$在基$\boldsymbol{\alpha}_1,\boldsymbol{\alpha}_2,\cdots,\boldsymbol{\alpha}_n$下的矩阵是$\boldsymbol{A}+\boldsymbol{B}$.

其余留作练习.

例 5 在$\mathbf{R}^3$中，取基$\boldsymbol{e}_1=(1,0,0)^{\mathrm{T}}$，$\boldsymbol{e}_2=(0,1,0)^{\mathrm{T}}$，$\boldsymbol{e}_3=(0,0,1)^{\mathrm{T}}$，$\sigma$表示将向量投影到$yOz$平面的线性变换，即

$$\sigma(x\boldsymbol{e}_1+y\boldsymbol{e}_2+z\boldsymbol{e}_3)=y\boldsymbol{e}_2+z\boldsymbol{e}_3.$$

（1）求σ在基$\boldsymbol{e}_1,\boldsymbol{e}_2,\boldsymbol{e}_3$下的矩阵；

（2）取基为$\boldsymbol{\varepsilon}_1=2\boldsymbol{e}_1$，$\boldsymbol{\varepsilon}_2=\boldsymbol{e}_1-2\boldsymbol{e}_2$，$\boldsymbol{\varepsilon}_3=\boldsymbol{e}_3$，求$\sigma$在该基下的矩阵.

解 （1）由已知得

$$\sigma(\boldsymbol{e}_1)=\sigma(\boldsymbol{e}_1+0\boldsymbol{e}_2+0\boldsymbol{e}_3)=\boldsymbol{0},$$

$$\sigma(\boldsymbol{e}_2)=\sigma(0\boldsymbol{e}_1+\boldsymbol{e}_2+0\boldsymbol{e}_3)=\boldsymbol{e}_2,$$

$$\sigma(\boldsymbol{e}_3)=\sigma(0\boldsymbol{e}_1+0\boldsymbol{e}_2+\boldsymbol{e}_3)=\boldsymbol{e}_3,$$

即

$$\sigma(\boldsymbol{e}_1,\boldsymbol{e}_2,\boldsymbol{e}_3)=(\boldsymbol{e}_1,\boldsymbol{e}_2,\boldsymbol{e}_3)\begin{pmatrix}0&0&0\\0&1&0\\0&0&1\end{pmatrix}.$$

所以σ在基$\boldsymbol{e}_1,\boldsymbol{e}_2,\boldsymbol{e}_3$下的矩阵为

$$\boldsymbol{A}=\begin{pmatrix}0&0&0\\0&1&0\\0&0&1\end{pmatrix}.$$

（2）（证法 1）由已知得

$$\sigma(\boldsymbol{\varepsilon}_1)=\sigma(2\boldsymbol{e}_1)=2\sigma(\boldsymbol{e}_1)=\boldsymbol{0},$$

$$\sigma(\boldsymbol{\varepsilon}_2)=\sigma(\boldsymbol{e}_1-2\boldsymbol{e}_2)=\sigma(\boldsymbol{e}_1)-2\sigma(\boldsymbol{e}_2)=-2\boldsymbol{e}_2=-\frac{1}{2}\boldsymbol{\varepsilon}_1+\boldsymbol{\varepsilon}_2,$$

$$\sigma(\boldsymbol{\varepsilon}_3)=\sigma(\boldsymbol{e}_3)=\boldsymbol{e}_3=\boldsymbol{\varepsilon}_3.$$

即

$$\sigma(\boldsymbol{\varepsilon}_1,\boldsymbol{\varepsilon}_2,\boldsymbol{\varepsilon}_3)=(\boldsymbol{\varepsilon}_1,\boldsymbol{\varepsilon}_2,\boldsymbol{\varepsilon}_3)\begin{pmatrix}0&-\frac{1}{2}&0\\0&1&0\\0&0&1\end{pmatrix}.$$

所以σ在基$\boldsymbol{\varepsilon}_1,\boldsymbol{\varepsilon}_2,\boldsymbol{\varepsilon}_3$下的矩阵为

$$\boldsymbol{B}=\begin{pmatrix}0&-\frac{1}{2}&0\\0&1&0\\0&0&1\end{pmatrix}.$$

（证法 2）　由已知得

$$(\boldsymbol{\varepsilon}_1,\boldsymbol{\varepsilon}_2,\boldsymbol{\varepsilon}_3)=(\boldsymbol{e}_1,\boldsymbol{e}_2,\boldsymbol{e}_3)\begin{pmatrix}2&1&0\\0&-2&0\\0&0&1\end{pmatrix},$$

所以基 $\boldsymbol{e}_1,\boldsymbol{e}_2,\boldsymbol{e}_3$ 到基 $\boldsymbol{\varepsilon}_1,\boldsymbol{\varepsilon}_2,\boldsymbol{\varepsilon}_3$ 的过渡矩阵为

$$\boldsymbol{P}=\begin{pmatrix}2&1&0\\0&-2&0\\0&0&1\end{pmatrix}.$$

又 σ 在基 $\boldsymbol{e}_1,\boldsymbol{e}_2,\boldsymbol{e}_3$ 下的矩阵为：$\boldsymbol{A}=\begin{pmatrix}0&0&0\\0&1&0\\0&0&1\end{pmatrix}$，所以 σ 在基 $\boldsymbol{\varepsilon}_1,\boldsymbol{\varepsilon}_2,\boldsymbol{\varepsilon}_3$ 下的矩阵为

$$\boldsymbol{B}=\boldsymbol{P}^{-1}\boldsymbol{A}\boldsymbol{P}=\begin{pmatrix}2&1&0\\0&-2&0\\0&0&1\end{pmatrix}^{-1}\begin{pmatrix}0&0&0\\0&1&0\\0&0&1\end{pmatrix}\begin{pmatrix}2&1&0\\0&-2&0\\0&0&1\end{pmatrix}=\begin{pmatrix}0&-\frac{1}{2}&0\\0&1&0\\0&0&1\end{pmatrix}.$$

例 6　在 $\mathbf{R}^{2\times 2}$ 中定义线性变换：

$$\sigma(\boldsymbol{A})=\begin{pmatrix}a&b\\c&d\end{pmatrix}\boldsymbol{A},\quad \tau(\boldsymbol{A})=\boldsymbol{A}\begin{pmatrix}a&b\\c&d\end{pmatrix},$$

求 $\sigma,\tau,\sigma+\tau,\sigma\tau$ 在 $\mathbf{R}^{2\times 2}$ 的基 $\boldsymbol{E}_{11}=\begin{pmatrix}1&0\\0&0\end{pmatrix},\boldsymbol{E}_{12}=\begin{pmatrix}0&1\\0&0\end{pmatrix},\boldsymbol{E}_{21}=\begin{pmatrix}0&0\\1&0\end{pmatrix},\boldsymbol{E}_{22}=\begin{pmatrix}0&0\\0&1\end{pmatrix}$ 下的矩阵.

解　由已知可得

$$\sigma(\boldsymbol{E}_{11})=\begin{pmatrix}a&b\\c&d\end{pmatrix}\begin{pmatrix}1&0\\0&0\end{pmatrix}=\begin{pmatrix}a&0\\c&0\end{pmatrix}=(\boldsymbol{E}_{11},\boldsymbol{E}_{12},\boldsymbol{E}_{21},\boldsymbol{E}_{22})\begin{pmatrix}a\\0\\c\\0\end{pmatrix},$$

$$\sigma(\boldsymbol{E}_{12})=\begin{pmatrix}a&b\\c&d\end{pmatrix}\begin{pmatrix}0&1\\0&0\end{pmatrix}=\begin{pmatrix}0&a\\0&c\end{pmatrix}=(\boldsymbol{E}_{11},\boldsymbol{E}_{12},\boldsymbol{E}_{21},\boldsymbol{E}_{22})\begin{pmatrix}0\\a\\0\\c\end{pmatrix},$$

$$\sigma(\boldsymbol{E}_{21})=\begin{pmatrix}a&b\\c&d\end{pmatrix}\begin{pmatrix}0&0\\1&0\end{pmatrix}=\begin{pmatrix}b&0\\d&0\end{pmatrix}=(\boldsymbol{E}_{11},\boldsymbol{E}_{12},\boldsymbol{E}_{21},\boldsymbol{E}_{22})\begin{pmatrix}b\\0\\d\\0\end{pmatrix},$$

$$\sigma(\boldsymbol{E}_{22})=\begin{pmatrix}a&b\\c&d\end{pmatrix}\begin{pmatrix}0&0\\0&1\end{pmatrix}=\begin{pmatrix}0&b\\0&d\end{pmatrix}=(\boldsymbol{E}_{11},\boldsymbol{E}_{12},\boldsymbol{E}_{21},\boldsymbol{E}_{22})\begin{pmatrix}0\\b\\0\\d\end{pmatrix}.$$

所以

$$\sigma(\boldsymbol{E}_{11},\boldsymbol{E}_{12},\boldsymbol{E}_{21},\boldsymbol{E}_{22})=(\boldsymbol{E}_{11},\boldsymbol{E}_{12},\boldsymbol{E}_{21},\boldsymbol{E}_{22})\begin{pmatrix}a&0&b&0\\0&a&0&b\\c&0&d&0\\0&c&0&d\end{pmatrix}\triangleq(\boldsymbol{E}_{11},\boldsymbol{E}_{12},\boldsymbol{E}_{21},\boldsymbol{E}_{22})\boldsymbol{B}.$$

所以σ在基$\boldsymbol{E}_{11},\boldsymbol{E}_{12},\boldsymbol{E}_{21},\boldsymbol{E}_{22}$下的矩阵为

$$\boldsymbol{B}=\begin{pmatrix}a&0&b&0\\0&a&0&b\\c&0&d&0\\0&c&0&d\end{pmatrix}.$$

同理可得

$$\tau(\boldsymbol{E}_{11},\boldsymbol{E}_{12},\boldsymbol{E}_{21},\boldsymbol{E}_{22})=(\boldsymbol{E}_{11},\boldsymbol{E}_{12},\boldsymbol{E}_{21},\boldsymbol{E}_{22})\begin{pmatrix}a&c&0&0\\b&d&0&0\\0&0&a&c\\0&0&b&d\end{pmatrix}\triangleq(\boldsymbol{E}_{11},\boldsymbol{E}_{12},\boldsymbol{E}_{21},\boldsymbol{E}_{22})\boldsymbol{C}.$$

所以τ在基$\boldsymbol{E}_{11},\boldsymbol{E}_{12},\boldsymbol{E}_{21},\boldsymbol{E}_{22}$下的矩阵为

$$\boldsymbol{C}=\begin{pmatrix}a&c&0&0\\b&d&0&0\\0&0&a&c\\0&0&b&d\end{pmatrix}.$$

于是，$\sigma+\tau$在基$\boldsymbol{E}_{11},\boldsymbol{E}_{12},\boldsymbol{E}_{21},\boldsymbol{E}_{22}$下的矩阵为

$$\boldsymbol{B}+\boldsymbol{C}=\begin{pmatrix}2a&c&b&0\\b&a+d&0&b\\c&0&a+d&c\\0&c&b&2d\end{pmatrix}.$$

$\sigma\tau$在基$\boldsymbol{E}_{11},\boldsymbol{E}_{12},\boldsymbol{E}_{21},\boldsymbol{E}_{22}$下的矩阵为

$$\boldsymbol{BC}=\begin{pmatrix}a^2&ac&ab&bc\\ab&ad&b^2&bd\\ac&c^2&ad&cd\\bc&cd&bd&d^2\end{pmatrix}.$$

习题 6.2

1. 说明 xOy 平面上变换 $\sigma\begin{pmatrix}x\\y\end{pmatrix}=\boldsymbol{A}\begin{pmatrix}x\\y\end{pmatrix}$ 的几何意义，其中

（1）$\boldsymbol{A}=\begin{pmatrix}-1 & 0\\0 & 1\end{pmatrix}$；　　（2）$\boldsymbol{A}=\begin{pmatrix}-1 & 0\\0 & -1\end{pmatrix}$.

2. 证明 $\sigma(x_1,x_2)=(x_1,-x_2)$, $\tau(x_1,x_2)=(-x_2,x_1)$ 是 $\mathbf{R}^2$ 的线性变换，并求 $\sigma+\tau,\sigma\tau,\tau\sigma$.

3. 设 V 是 n 阶对称矩阵的全体构成的线性空间（维数为 $\dfrac{n(n+1)}{2}$），给定 n 阶方阵 P, 变换

$$\sigma(\boldsymbol{A})=\boldsymbol{P}^{\mathrm{T}}\boldsymbol{A}\boldsymbol{P},\forall\boldsymbol{A}\in V$$

称为合同变换，试证合同变换 σ 是 V 中的线性变换.

4. 函数集合

$$V_3=\left\{\boldsymbol{\alpha}=(a_2x^2+a_1x+a_0)\boldsymbol{e}^x\,\middle|\,a_2,a_1,a_0\in\mathbf{R}\right\}$$

对于函数的加法与数乘运算构成三维线性空间，在其中取一个基

$$\boldsymbol{\alpha}_1=x^2\boldsymbol{e}^x,\boldsymbol{\alpha}_2=2x\boldsymbol{e}^x,\boldsymbol{\alpha}_3=3\boldsymbol{e}^x,$$

求微分运算 D 在这个基下的矩阵.

5. 二阶对称矩阵的全体

$$V_3=\left\{\boldsymbol{A}=\begin{pmatrix}a_1 & a_2\\a_2 & a_3\end{pmatrix}\,\middle|\,a_1,a_2,a_3\in\mathbf{R}\right\}$$

对于矩阵的加法与数乘运算构成三维线性空间，在 V_3 中取一个基

$$\boldsymbol{A}_1=\begin{pmatrix}1 & 0\\0 & 0\end{pmatrix},\boldsymbol{A}_2=\begin{pmatrix}0 & 1\\1 & 0\end{pmatrix},\boldsymbol{A}_3=\begin{pmatrix}0 & 0\\0 & 1\end{pmatrix},$$

（1）在 V_3 中定义合同变换：

$$\sigma(\boldsymbol{A})=\begin{pmatrix}1 & 1\\0 & 1\end{pmatrix}\boldsymbol{A}\begin{pmatrix}1 & 0\\1 & 1\end{pmatrix},\forall\boldsymbol{A}\in V_3,$$

求 σ 在基 $\boldsymbol{A}_1,\boldsymbol{A}_2,\boldsymbol{A}_3$ 下的矩阵.

（2）在 V_3 中定义线性变换

$$\tau(\boldsymbol{A})=\begin{pmatrix}1 & 1\\1 & 1\end{pmatrix}\boldsymbol{A}\begin{pmatrix}1 & 1\\1 & 1\end{pmatrix},\forall\boldsymbol{A}\in V_3,$$

求 τ 在基 $\boldsymbol{A}_1,\boldsymbol{A}_2,\boldsymbol{A}_3$ 下的矩阵.

附　录

2010—2018 年全国《高等数学》中线性代数部分考研试题汇编

一、填空题

1.（2010 年）设 $\boldsymbol{A},\boldsymbol{B}$ 为三阶矩阵，且 $|\boldsymbol{A}|=3,\ |\boldsymbol{B}|=2,\ |\boldsymbol{A}^{-1}+\boldsymbol{B}|=2$，则 $|\boldsymbol{A}+\boldsymbol{B}^{-1}|=$ ________.

2.（2010 年）设

$$\boldsymbol{\alpha}_1=(1,2,-1,0)^{\mathrm{T}},\boldsymbol{\alpha}_2=(1,1,0,2)^{\mathrm{T}},\boldsymbol{\alpha}_3=(2,1,1,a)^{\mathrm{T}},$$

若由 $\boldsymbol{\alpha}_1,\boldsymbol{\alpha}_2,\boldsymbol{\alpha}_3$ 生成的向量空间的维数是 2，则 $a=$______.

3.（2011 年）若二次曲面方程 $x^2+3y^2+z^2+2axy+2xz+2yz=4$ 经正交变换化为 $y_1^2+4y_2^2$，则 $a=$________.

4.（2011 年）二次型 $f(x_1,x_2,x_3)=x_1^2+3x_2^2+x_3^2+2x_1x_2+2x_1x_3+2x_2x_3$，则 f 的正惯性指标为______.

5.（2011 年）设二次型 $f(x_1,x_2,x_3)=\boldsymbol{x}^{\mathrm{T}}\boldsymbol{A}\boldsymbol{x}$ 的秩为 1，$\boldsymbol{A}$ 的各行元素之和为 3，则 f 在正交变换 $\boldsymbol{x}=\boldsymbol{Q}\boldsymbol{y}$ 下的标准形为______.

6.（2012 年）设 $\boldsymbol{A}$ 为三阶矩阵，$|\boldsymbol{A}|=3$，$\boldsymbol{A}^*$为 $\boldsymbol{A}$ 的伴随矩阵，若交换 $\boldsymbol{A}$ 的第 1,2 两行得到矩阵 $\boldsymbol{B}$，则 $|\boldsymbol{B}\boldsymbol{A}^*|=$________.

7.（2012 年）设 $\boldsymbol{\alpha}$ 为三维单位列向量，$\boldsymbol{E}$ 为三阶单位矩阵，则矩阵 $\boldsymbol{E}-\boldsymbol{\alpha}\boldsymbol{\alpha}^{\mathrm{T}}$ 的秩为______.

8.（2013 年）设 $\boldsymbol{A}=(a_{ij})$ 是三阶非零矩阵，$|\boldsymbol{A}|$ 为 $\boldsymbol{A}$ 的行列式，A_{ij} 为 $\boldsymbol{A}$ 的代数余子式，若 $a_{ij}+A_{ij}=0(i,j=1,2,3)$，则 $|\boldsymbol{A}|$______.

9.（2014 年）设二次型 $f(x_1,x_2,x_3)=x_1^2-x_2^2+2ax_1x_3+4x_2x_3$ 的负惯性指标为 1，则 a 的取值范围是______.

10.（2015 年）n 阶行列式 $\begin{vmatrix} 2 & 0 & \cdots & 0 & 2 \\ -1 & 2 & \cdots & 0 & 2 \\ \vdots & \vdots & & \vdots & \vdots \\ 0 & 0 & \cdots & 2 & 2 \\ 0 & 0 & \cdots & -1 & 2 \end{vmatrix}$______.

11.（2015 年）设三阶矩阵 $\boldsymbol{A}$ 的特征值为 2, −2, 1，$\boldsymbol{B}=\boldsymbol{A}^2-\boldsymbol{A}+\boldsymbol{E}$（$\boldsymbol{E}$是三阶单位矩阵），则行列式 $|\boldsymbol{B}|=$______.

12.（2016 年）设矩阵 $\begin{pmatrix} a & -1 & -1 \\ -1 & a & -1 \\ -1 & -1 & a \end{pmatrix}$ 和 $\begin{pmatrix} 1 & 1 & 0 \\ 0 & -1 & 1 \\ 1 & 0 & 1 \end{pmatrix}$ 等价，则 $a=$______.

13.（2016 年）行列式 $\begin{vmatrix} \lambda & -1 & 0 & 0 \\ 0 & \lambda & -1 & 0 \\ 0 & 0 & \lambda & -1 \\ 4 & 3 & 2 & \lambda+1 \end{vmatrix}=$________.

14.（2017 年）设矩阵 $\boldsymbol{A}=\begin{pmatrix} 1 & 0 & 1 \\ 1 & 1 & 2 \\ 0 & 1 & 1 \end{pmatrix}$，$\boldsymbol{\alpha}_1,\boldsymbol{\alpha}_2,\boldsymbol{\alpha}_3$ 为线性无关的三维列向量组，则向量组 $\boldsymbol{A\alpha}_1,\boldsymbol{A\alpha}_2,\boldsymbol{A\alpha}_3$ 的秩为________.

15.（2018 年）设 $\boldsymbol{A}$ 为三阶矩阵，$\boldsymbol{\alpha}_1,\boldsymbol{\alpha}_2,\boldsymbol{\alpha}_3$ 为线性无关的三维列向量组，$\boldsymbol{A\alpha}_1=2\boldsymbol{\alpha}_1+\boldsymbol{\alpha}_2+\boldsymbol{\alpha}_3$，$\boldsymbol{A\alpha}_2=\boldsymbol{\alpha}_2+2\boldsymbol{\alpha}_3$，$\boldsymbol{A\alpha}_3=-\boldsymbol{\alpha}_2+\boldsymbol{\alpha}_3$，则 $\boldsymbol{A}$ 的特征值为________.

16.（2018 年）设二阶矩阵 $\boldsymbol{A}$ 有两个不同的特征值，$\boldsymbol{\alpha}_1,\boldsymbol{\alpha}_2$ 是 $\boldsymbol{A}$ 的两个线性无关的特征向量，且满足 $\boldsymbol{A}^2(\boldsymbol{\alpha}_1+\boldsymbol{\alpha}_2)=\boldsymbol{\alpha}_1+\boldsymbol{\alpha}_2$，则 $|\boldsymbol{A}|=$______.

二、选择题

1.（2010 年）设向量组Ⅰ：$\boldsymbol{\alpha}_1,\boldsymbol{\alpha}_2,\cdots,\boldsymbol{\alpha}_r$ 可以由向量组Ⅱ：$\boldsymbol{\beta}_1,\boldsymbol{\beta}_2,\cdots,\boldsymbol{\beta}_s$ 线性表示，下列命题正确的是（　　）.

A. 若向量组Ⅰ线性无关，则 $r \leqslant s$　　B. 若向量组Ⅰ线性相关，则 $r > s$

C. 若向量组Ⅱ线性无关，则 $r \leqslant s$　　D. 若向量组Ⅱ线性相关，则 $r > s$

2.（2010 年）设 $\boldsymbol{A}$ 为 $m\times n$ 矩阵，$\boldsymbol{B}$ 为 $n\times m$ 矩阵，$\boldsymbol{E}$ 为 m 阶单位矩阵，若 $\boldsymbol{AB}=\boldsymbol{E}$，则（　　）.

A. $r(\boldsymbol{A})=m,r(\boldsymbol{B})=m$　　B. $r(\boldsymbol{A})=m,r(\boldsymbol{B})=n$

C. $r(\boldsymbol{A})=n,r(\boldsymbol{B})=m$　　D. $r(\boldsymbol{A})=n,r(\boldsymbol{B})=n$

3.（2010 年）设 $\boldsymbol{A}$ 为四阶实对称矩阵，且 $\boldsymbol{A}^2+\boldsymbol{A}=\boldsymbol{O}$，若 $\boldsymbol{A}$ 的秩为 3，则 $\boldsymbol{A}$ 相似于（　　）.

A. $\begin{pmatrix} 1 & & & \\ & 1 & & \\ & & 1 & \\ & & & 0 \end{pmatrix}$　　B. $\begin{pmatrix} 1 & & & \\ & 1 & & \\ & & -1 & \\ & & & 0 \end{pmatrix}$

C. $\begin{pmatrix} 1 & & & \\ & -1 & & \\ & & -1 & \\ & & & 0 \end{pmatrix}$　　D. $\begin{pmatrix} -1 & & & \\ & -1 & & \\ & & -1 & \\ & & & 0 \end{pmatrix}$

4.（2011 年）设 $\boldsymbol{A}$ 为三阶矩阵，将 $\boldsymbol{A}$ 的第 2 列加到第 1 列得到矩阵 $\boldsymbol{B}$，再交换 $\boldsymbol{B}$ 的第 2 行与第 3 行得单位矩阵 $\boldsymbol{E}$，记 $\boldsymbol{P}_1=\begin{pmatrix} 1 & 0 & 0 \\ 1 & 1 & 0 \\ 0 & 0 & 1 \end{pmatrix}$，$\boldsymbol{P}_2=\begin{pmatrix} 1 & 0 & 0 \\ 0 & 0 & 1 \\ 0 & 1 & 0 \end{pmatrix}$，则 $\boldsymbol{A}=$（　　）.

A. $\boldsymbol{P}_1\boldsymbol{P}_2$　　B. $\boldsymbol{P}_1^{-1}\boldsymbol{P}_2$　　C. $\boldsymbol{P}_2\boldsymbol{P}_1$　　D. $\boldsymbol{P}_2^{-1}\boldsymbol{P}_1$

5.（2011 年）设 $\boldsymbol{A}=(\boldsymbol{\alpha}_1,\boldsymbol{\alpha}_2,\boldsymbol{\alpha}_3,\boldsymbol{\alpha}_4)$ 是四阶矩阵，$\boldsymbol{A}^*$为 $\boldsymbol{A}$ 的伴随矩阵．若 $(1,0,1,0)^{\mathrm{T}}$ 是方程组 $\boldsymbol{Ax}=\boldsymbol{0}$ 的一个基础解系，则 $\boldsymbol{A}^*\boldsymbol{x}=\boldsymbol{0}$ 的基础解系可为（　　）．

A. $\boldsymbol{\alpha}_1,\boldsymbol{\alpha}_2$　　B. $\boldsymbol{\alpha}_1,\boldsymbol{\alpha}_3$　　C. $\boldsymbol{\alpha}_1,\boldsymbol{\alpha}_2,\boldsymbol{\alpha}_3$　　D. $\boldsymbol{\alpha}_2,\boldsymbol{\alpha}_3,\boldsymbol{\alpha}_4$

6.（2011 年）设 $\boldsymbol{A}$ 为 4×3 矩阵，$\boldsymbol{\eta}_1,\boldsymbol{\eta}_2,\boldsymbol{\eta}_3$ 是非齐次线性方程组 $\boldsymbol{Ax}=\boldsymbol{b}$ 的三个线性无关的解，k_1,k_2 为任意常数，则 $\boldsymbol{Ax}=\boldsymbol{b}$ 的通解为（　　）．

A. $\dfrac{\boldsymbol{\eta}_2+\boldsymbol{\eta}_3}{2}+k_1(\boldsymbol{\eta}_2-\boldsymbol{\eta}_1)$　　B. $\dfrac{\boldsymbol{\eta}_2-\boldsymbol{\eta}_3}{2}+k_2(\boldsymbol{\eta}_2-\boldsymbol{\eta}_1)$

C. $\dfrac{\boldsymbol{\eta}_2+\boldsymbol{\eta}_3}{2}+k_1(\boldsymbol{\eta}_2-\boldsymbol{\eta}_1)+k_2(\boldsymbol{\eta}_3-\boldsymbol{\eta}_1)$　　C. $\dfrac{\boldsymbol{\eta}_2-\boldsymbol{\eta}_3}{2}+k_1(\boldsymbol{\eta}_2-\boldsymbol{\eta}_1)+k_2(\boldsymbol{\eta}_3-\boldsymbol{\eta}_1)$

7.（2012 年）设 $\boldsymbol{\alpha}_1=\begin{pmatrix}0\\0\\c_1\end{pmatrix},\boldsymbol{\alpha}_2=\begin{pmatrix}0\\1\\c_2\end{pmatrix},\boldsymbol{\alpha}_3=\begin{pmatrix}1\\-1\\c_3\end{pmatrix},\boldsymbol{\alpha}_4=\begin{pmatrix}-1\\1\\c_4\end{pmatrix}$，其中 c_1,c_2,c_3,c_4 为任意常数，则下列向量组线性相关的是（　　）．

A. $\boldsymbol{\alpha}_1,\boldsymbol{\alpha}_2,\boldsymbol{\alpha}_3$　　B. $\boldsymbol{\alpha}_1,\boldsymbol{\alpha}_2,\boldsymbol{\alpha}_4$

C. $\boldsymbol{\alpha}_1,\boldsymbol{\alpha}_3,\boldsymbol{\alpha}_4$　　D. $\boldsymbol{\alpha}_2,\boldsymbol{\alpha}_3,\boldsymbol{\alpha}_4$

8.（2012 年）设 $\boldsymbol{A}$ 为三阶矩阵，$\boldsymbol{P}$ 为三阶可逆矩阵，且 $\boldsymbol{P}^{-1}\boldsymbol{AP}=\begin{pmatrix}1&0&0\\0&1&0\\0&0&2\end{pmatrix}$，若 $\boldsymbol{P}=(\boldsymbol{\alpha}_1,\boldsymbol{\alpha}_2,\boldsymbol{\alpha}_3)$，$\boldsymbol{Q}=(\boldsymbol{\alpha}_1+\boldsymbol{\alpha}_2,\boldsymbol{\alpha}_2,\boldsymbol{\alpha}_3)$，则 $\boldsymbol{Q}^{-1}\boldsymbol{AQ}=$（　　）．

A. $\begin{pmatrix}1&0&0\\0&2&0\\0&0&1\end{pmatrix}$　　B. $\begin{pmatrix}1&0&0\\0&1&0\\0&0&2\end{pmatrix}$

C. $\begin{pmatrix}2&0&0\\0&1&0\\0&0&2\end{pmatrix}$　　D. $\begin{pmatrix}2&0&0\\0&2&0\\0&0&1\end{pmatrix}$

9.（2013 年）设矩阵 $\boldsymbol{A},\boldsymbol{B},\boldsymbol{C}$ 均为 n 阶矩阵，若 $\boldsymbol{AB}=\boldsymbol{C}$，且 $\boldsymbol{B}$ 可逆，则（　　）．

A. 矩阵 $\boldsymbol{C}$ 的行向量组与矩阵 $\boldsymbol{A}$ 的行向量组等价

B. 矩阵 $\boldsymbol{C}$ 的列向量组与矩阵 $\boldsymbol{A}$ 的列向量组等价

C. 矩阵 $\boldsymbol{C}$ 的行向量组与矩阵 $\boldsymbol{B}$ 的行向量组等价

D. 矩阵 $\boldsymbol{C}$ 的行向量组与矩阵 $\boldsymbol{B}$ 的列向量组等价

10.（2013 年）矩阵 $\begin{pmatrix}1&a&1\\a&b&a\\1&a&1\end{pmatrix}$ 和 $\begin{pmatrix}2&0&0\\0&b&0\\0&0&0\end{pmatrix}$ 相似的充要条件为（　　）．

A. $a=0,b=2$　　B. $a=0,b$ 为任意常数

C. $a=2,b=0$　　D. $a=2,b$ 为任意常数

11.（2014 年）行列式 $\begin{vmatrix}0&a&b&0\\a&0&0&b\\0&c&d&0\\c&0&0&d\end{vmatrix}=$（　　）．

A. $(ad-bc)^2$　　B. $-(ad-bc)^2$　　C. $a^2d^2-b^2c^2$　　D. $b^2c^2-a^2d^2$

12.（2014 年）设 $\boldsymbol{\alpha}_1,\boldsymbol{\alpha}_2,\boldsymbol{\alpha}_3$ 是三维向量，则对任意常数 k,l，向量 $\boldsymbol{\alpha}_1+k\boldsymbol{\alpha}_3,\boldsymbol{\alpha}_2+l\boldsymbol{\alpha}_3$ 线性无关是向量 $\boldsymbol{\alpha}_1,\boldsymbol{\alpha}_2,\boldsymbol{\alpha}_3$ 线性无关的（　　）.

A. 必要不充分条件　　B. 充分不必要条件

C. 充要条件　　D. 既不充分也不必要条件

13.（2015 年）设矩阵 $\boldsymbol{A}=\begin{pmatrix}1&1&1\\1&2&a\\1&4&a^2\end{pmatrix},\boldsymbol{b}=\begin{pmatrix}1\\d\\d^2\end{pmatrix}$，若集合 $\Omega=\{1,2\}$，则线性方程组 $\boldsymbol{Ax}=\boldsymbol{b}$ 有无穷多个解的充要条件是（　　）.

A. $a\notin\Omega,d\notin\Omega$　　B. $a\notin\Omega,d\in\Omega$

C. $a\in\Omega,d\notin\Omega$　　D. $a\in\Omega,d\in\Omega$

14.（2015 年）设二次型 $f(x_1,x_2,x_3)$ 在正交变换 $\boldsymbol{x}=\boldsymbol{Py}$ 下的标准形为 $2y_1^2+y_2^2-y_3^2$，其中 $\boldsymbol{P}=(\boldsymbol{e}_1,\boldsymbol{e}_2,\boldsymbol{e}_3)$，若 $\boldsymbol{Q}=(\boldsymbol{e}_1,-\boldsymbol{e}_3,\boldsymbol{e}_2)$，则 $f(x_1,x_2,x_3)$ 在正交变化 $\boldsymbol{x}=\boldsymbol{Qy}$ 下的标准形为（　　）.

A. $2y_1^2-y_2^2+y_3^2$　　B. $2y_1^2+y_2^2-y_3^2$

C. $2y_1^2-y_2^2-y_3^2$　　D. $2y_1^2+y_2^2+y_3^2$

15.（2016 年）设 $\boldsymbol{A},\boldsymbol{B}$ 是可逆矩阵，且 $\boldsymbol{A}$ 与 $\boldsymbol{B}$ 相似，则下列结论错误的是（　　）.

A. $\boldsymbol{A}^{\mathrm{T}}$ 与 $\boldsymbol{B}^{\mathrm{T}}$ 相似　　B. $\boldsymbol{A}^{-1}$ 与 $\boldsymbol{B}^{-1}$ 相似

C. $\boldsymbol{A}+\boldsymbol{A}^{\mathrm{T}}$ 与 $\boldsymbol{B}+\boldsymbol{B}^{\mathrm{T}}$ 相似　　D. $\boldsymbol{A}+\boldsymbol{A}^{-1}$ 与 $\boldsymbol{B}+\boldsymbol{B}^{-1}$ 相似

16.（2016 年）设二次型 $f(x_1,x_2,x_3)=a(x_1^2+x_2^2+x_3^2)+2x_1x_2+2x_2x_3+2x_1x_3$ 的正、负惯性指数分别为 1,2，则（　　）.

A. $a>1$　　B. $a<-2$

C. $-2<a<1$　　D. $a=1$ 与 $a=-2$

17.（2017 年）设 $\boldsymbol{\alpha}$ 为 n 维单元列向量，$\boldsymbol{E}$ 为 n 阶单位矩阵，则（　　）.

A. $\boldsymbol{E}-\boldsymbol{\alpha\alpha}^{\mathrm{T}}$ 不可逆　　B. $\boldsymbol{E}+\boldsymbol{\alpha\alpha}^{\mathrm{T}}$ 不可逆

C. $\boldsymbol{E}+2\boldsymbol{\alpha\alpha}^{\mathrm{T}}$ 不可逆　　D. $\boldsymbol{E}-2\boldsymbol{\alpha\alpha}^{\mathrm{T}}$ 不可逆

18.（2017 年）已知矩阵 $\boldsymbol{A}=\begin{pmatrix}2&0&0\\0&2&1\\0&0&1\end{pmatrix}$，$\boldsymbol{B}=\begin{pmatrix}2&1&0\\0&2&0\\0&0&1\end{pmatrix}$，$\boldsymbol{C}=\begin{pmatrix}1&0&0\\0&2&0\\0&0&2\end{pmatrix}$，则（　　）.

A. $\boldsymbol{A}$ 与 $\boldsymbol{C}$ 相似，$\boldsymbol{B}$ 与 $\boldsymbol{C}$ 相似　　B. $\boldsymbol{A}$ 与 $\boldsymbol{C}$ 相似，$\boldsymbol{B}$ 与 $\boldsymbol{C}$ 不相似

C. $\boldsymbol{A}$ 与 $\boldsymbol{C}$ 不相似，$\boldsymbol{B}$ 与 $\boldsymbol{C}$ 相似　　D. $\boldsymbol{A}$ 与 $\boldsymbol{C}$ 不相似，$\boldsymbol{B}$ 与 $\boldsymbol{C}$ 不相似

19.（2018 年）下列矩阵中，与 $\begin{pmatrix}1&1&0\\0&1&1\\0&0&1\end{pmatrix}$ 相似的是（　　）.

A. $\begin{pmatrix}1&1&-1\\0&1&1\\0&0&1\end{pmatrix}$　　B. $\begin{pmatrix}1&0&-1\\0&1&1\\0&0&1\end{pmatrix}$

C. $\begin{pmatrix}1&1&-1\\0&1&0\\0&0&1\end{pmatrix}$　　D. $\begin{pmatrix}1&0&-1\\0&1&0\\0&0&1\end{pmatrix}$

20.（2018 年）设 $\boldsymbol{A},\boldsymbol{B}$ 是 n 阶矩阵，记 $r(\boldsymbol{X})$ 为 $\boldsymbol{X}$ 的秩，$(\boldsymbol{X},\boldsymbol{Y})$ 表示分块矩阵，则

A. $r(\boldsymbol{A},\boldsymbol{AB})=r(\boldsymbol{A})$　　B. $r(\boldsymbol{A},\boldsymbol{BA})=r(\boldsymbol{A})$

C. $r(\boldsymbol{A},\boldsymbol{B})=\max\{r(\boldsymbol{A}),r(\boldsymbol{B})\}$　　D. $r(\boldsymbol{A},\boldsymbol{B})=r(\boldsymbol{A}^{\mathrm{T}},\boldsymbol{B}^{\mathrm{T}})$

三、计算与证明题

1.（2010 年）设 $\boldsymbol{A}=\begin{pmatrix}\lambda&1&1\\0&\lambda-1&0\\1&1&\lambda\end{pmatrix}$，$\boldsymbol{b}=\begin{pmatrix}a\\1\\1\end{pmatrix}$，已知线性方程组 $\boldsymbol{Ax}=\boldsymbol{b}$ 存在两个不同的解.

（1）求 λ,a 的值；

（2）求方程组 $\boldsymbol{Ax}=\boldsymbol{b}$ 的通解.

2.（2010 年）已知二次型 $f(x_1,x_2,x_3)=\boldsymbol{x}^{\mathrm{T}}\boldsymbol{Ax}$ 在正交变换 $\boldsymbol{x}=\boldsymbol{Qy}$ 下的标准形为 $y_1^2+y_2^2$，且 $\boldsymbol{Q}$ 的第 3 列为 $\left(\frac{\sqrt{2}}{2},0,\frac{\sqrt{2}}{2}\right)^{\mathrm{T}}$.

（1）求矩阵 $\boldsymbol{A}$；

（2）证明 $\boldsymbol{A}+\boldsymbol{E}$ 为正定矩阵，其中 $\boldsymbol{E}$ 为三阶单位矩阵.

3.（2010 年）设 $\boldsymbol{A}=\begin{pmatrix}0&-1&4\\-1&3&a\\4&a&0\end{pmatrix}$，存在正交矩阵 $\boldsymbol{Q}$ 使得 $\boldsymbol{Q}^{\mathrm{T}}\boldsymbol{AQ}$ 为对角矩阵，若 $\boldsymbol{Q}$ 的第 1 列为 $\frac{1}{\sqrt{6}}(1,2,1)^{\mathrm{T}}$，求 $a,\boldsymbol{Q}$.

4.（2011 年）设向量组 $\boldsymbol{\alpha}_1=(1,0,1)^{\mathrm{T}}$，$\boldsymbol{\alpha}_2=(0,1,1)^{\mathrm{T}}$，$\boldsymbol{\alpha}_3=(1,3,5)^{\mathrm{T}}$ 不能由向量组 $\boldsymbol{\beta}_1=(1,1,1)^{\mathrm{T}}$，$\boldsymbol{\beta}_2=(1,2,3)^{\mathrm{T}}$，$\boldsymbol{\beta}_3=(3,4,a)^{\mathrm{T}}$ 线性表示.

（1）求 a 的值；

（2）将 $\boldsymbol{\beta}_1,\boldsymbol{\beta}_2,\boldsymbol{\beta}_3$ 由 $\boldsymbol{\alpha}_1,\boldsymbol{\alpha}_2,\boldsymbol{\alpha}_3$ 线性表示.

5.（2011 年）设 $\boldsymbol{A}$ 为三阶实对称矩阵，$\boldsymbol{A}$ 的秩为 2，且 $\boldsymbol{A}\begin{pmatrix}1&1\\0&0\\-1&1\end{pmatrix}=\begin{pmatrix}-1&1\\0&0\\1&1\end{pmatrix}$，求：

（1）$\boldsymbol{A}$ 的特征值与特征向量；

（2）矩阵 $\boldsymbol{A}$.

6.（2012 年）设 $\boldsymbol{A}=\begin{pmatrix}1&a&0&0\\0&1&a&0\\0&0&1&a\\a&0&0&1\end{pmatrix},\boldsymbol{b}=\begin{pmatrix}1\\-1\\0\\0\end{pmatrix}$.

（1）求 $|\boldsymbol{A}|$；

（2）已知线性方程组 $\boldsymbol{Ax}=\boldsymbol{b}$ 有无穷多解，求 a 的值，并求 $\boldsymbol{Ax}=\boldsymbol{b}$ 的通解.

7.（2012 年）已知 $\boldsymbol{A}=\begin{pmatrix}1&0&1\\0&1&1\\-1&0&a\end{pmatrix}$，二次型 $f(x_1,x_2,x_3)=\boldsymbol{x}^{\mathrm{T}}(\boldsymbol{A}^{\mathrm{T}}\boldsymbol{A})\boldsymbol{x}$ 的秩为 2.

（1）求实数 a 的值；

（2）求正交变换 $\boldsymbol{x}=\boldsymbol{Qy}$ 将 f 化为标准形.

8.（2013 年）设 $\boldsymbol{A}=\begin{pmatrix}1&a\\1&0\end{pmatrix},\boldsymbol{B}=\begin{pmatrix}0&1\\1&b\end{pmatrix}$，当 a,b 为何值时，存在矩阵 $\boldsymbol{C}$，使得 $\boldsymbol{AC}-\boldsymbol{CA}=\boldsymbol{B}$，并求所有的矩阵 $\boldsymbol{C}$.

9.（2013 年）设二次型 $f(x_1,x_2,x_3)=2(a_1x_1+a_2x_2+a_3x_3)^2+(b_1x_1+b_2x_2+b_3x_3)^2$. 记 $\boldsymbol{\alpha}=(a_1,a_2,a_3)^{\mathrm{T}}$，$\boldsymbol{\beta}=(b_1,b_2,b_3)^{\mathrm{T}}$.

（1）证明二次型 f 对应的矩阵为 $2\boldsymbol{\alpha}\boldsymbol{\alpha}^{\mathrm{T}}+\boldsymbol{\beta}\boldsymbol{\beta}^{\mathrm{T}}$；

（2）若 $\boldsymbol{\alpha},\boldsymbol{\beta}$ 正交且均为单位向量，证明二次型 f 在正交变换下的标准形为 $2y_1^2+y_2^2$.

10.（2014 年）设 $\boldsymbol{A}=\begin{pmatrix}1&-2&3&-4\\0&1&-1&1\\1&2&0&-3\end{pmatrix}$，$\boldsymbol{E}$ 为三阶单位矩阵.

（1）求方程组 $\boldsymbol{Ax}=\boldsymbol{0}$ 的一个基础解系；

（2）求满足 $\boldsymbol{AB}=\boldsymbol{E}$ 的所有矩阵 $\boldsymbol{B}$.

11.（2014 年）证明 n 阶矩阵 $\begin{pmatrix}1&1&\cdots&1\\1&1&\cdots&1\\\vdots&\vdots&&\vdots\\1&1&\cdots&1\end{pmatrix}$ 与 $\begin{pmatrix}0&0&\cdots&0&1\\0&0&\cdots&0&2\\\vdots&\vdots&&\vdots&\vdots\\0&0&\cdots&0&n\end{pmatrix}$ 相似.

12.（2015 年）设向量组 $\boldsymbol{\alpha}_1,\boldsymbol{\alpha}_2,\boldsymbol{\alpha}_3$ 是 $\mathbf{R}^3$ 的一组基，

$$\boldsymbol{\beta}_1=2\boldsymbol{\alpha}_1+2k\boldsymbol{\alpha}_3,\ \boldsymbol{\beta}_2=2\boldsymbol{\alpha}_2,\ \boldsymbol{\beta}_3=\boldsymbol{\alpha}_1+(k+1)\boldsymbol{\alpha}_3.$$

（1）证明向量组 $\boldsymbol{\beta}_1,\boldsymbol{\beta}_2,\boldsymbol{\beta}_3$ 为 $\mathbf{R}^3$ 的一组基；

（2）当 k 为何值时，存在非零向量 $\boldsymbol{\xi}$ 使其在基 $\boldsymbol{\alpha}_1,\boldsymbol{\alpha}_2,\boldsymbol{\alpha}_3$ 与基 $\boldsymbol{\beta}_1,\boldsymbol{\beta}_2,\boldsymbol{\beta}_3$ 下的坐标相同，求所有的 $\boldsymbol{\xi}$.

13.（2015 年）设矩阵 $\boldsymbol{A}=\begin{pmatrix}0&2&-3\\-1&3&-3\\1&-2&a\end{pmatrix}$ 相似于矩阵 $\boldsymbol{B}=\begin{pmatrix}1&-2&0\\0&b&0\\0&3&1\end{pmatrix}$.

（1）求 a,b 的值；

（2）求可逆矩阵 $\boldsymbol{P}$，使 $\boldsymbol{P}^{-1}\boldsymbol{AP}$ 为对角矩阵.

14.（2015 年）设矩阵 $\boldsymbol{A}=\begin{pmatrix}a&1&0\\1&a&-1\\0&1&a\end{pmatrix}$，且 $\boldsymbol{A}^3=\boldsymbol{O}$.

（1）求 a 的值；

（2）若矩阵 $\boldsymbol{X}$ 满足 $\boldsymbol{X}-\boldsymbol{X}\boldsymbol{A}^2-\boldsymbol{A}\boldsymbol{X}+\boldsymbol{A}\boldsymbol{X}\boldsymbol{A}^2=\boldsymbol{E}$，其中 $\boldsymbol{E}$ 为三阶单位矩阵，求 $\boldsymbol{X}$.

15.（2016 年）设矩阵 $\boldsymbol{A}=\begin{pmatrix}1&-1&-1\\2&a&1\\-1&1&a\end{pmatrix}$，$\boldsymbol{B}=\begin{pmatrix}2&2\\1&a\\-a-1&-2\end{pmatrix}$，当 a 为何值时，方程组 $\boldsymbol{AX}=\boldsymbol{B}$ 无解，有唯一解，有无穷多解？在有解时，求此方程.

16.（2016 年）已知矩阵 $\boldsymbol{A}=\begin{pmatrix}0&-1&1\\2&-3&0\\0&0&0\end{pmatrix}$.

（1）求 $\boldsymbol{A}^{99}$；

（2）设三阶矩阵 $\boldsymbol{B}=(\boldsymbol{\alpha}_1,\boldsymbol{\alpha}_2,\boldsymbol{\alpha}_3)$ 满足 $\boldsymbol{B}^2=\boldsymbol{BA}$，记 $\boldsymbol{B}^{100}=(\boldsymbol{\beta}_1,\boldsymbol{\beta}_2,\boldsymbol{\beta}_3)$，将 $\boldsymbol{\beta}_1,\boldsymbol{\beta}_2,\boldsymbol{\beta}_3$ 分别表示为 $\boldsymbol{\alpha}_1,\boldsymbol{\alpha}_2,\boldsymbol{\alpha}_3$ 的线性组合.

17.（2016 年）设矩阵 $\boldsymbol{A}=\begin{pmatrix}1&1&1-a\\1&0&a\\a+1&1&1+a\end{pmatrix}$，$\boldsymbol{\beta}=\begin{pmatrix}0\\1\\2a-2\end{pmatrix}$，且方程组 $\boldsymbol{Ax}=\boldsymbol{\beta}$ 无解.

（1）求 a 的值；

（2）求方程组 $\boldsymbol{A}^{\mathrm{T}}\boldsymbol{Ax}=\boldsymbol{A}^{\mathrm{T}}\boldsymbol{\beta}$ 的通解.

18.（2017 年）设三阶矩阵 $\boldsymbol{A}=(\boldsymbol{\alpha}_1,\boldsymbol{\alpha}_2,\boldsymbol{\alpha}_3)$ 有三个不同的特征根，且 $\boldsymbol{\alpha}_3=\boldsymbol{\alpha}_1+2\boldsymbol{\alpha}_2$.

（1）证明：$r(\boldsymbol{A})=2$；

（2）若 $\boldsymbol{\beta}=\boldsymbol{\alpha}_1+\boldsymbol{\alpha}_2+\boldsymbol{\alpha}_3$，求方程组 $\boldsymbol{Ax}=\boldsymbol{\beta}$ 的通解.

19.（2017 年）设二次型 $f(x_1,x_2,x_3)=2x_1^2-x_2^2+ax_3^2+2x_1x_2-8x_1x_3+2x_2x_3$ 在正交变换 $\boldsymbol{x}=\boldsymbol{Qy}$ 下的标准形为 $\lambda_1y_1^2+\lambda_2y_2^2$，求 a 的值以及一个正交矩阵 $\boldsymbol{Q}$.

20.（2018 年）设二次型 $f(x_1,x_2,x_3)=(x_1-x_2+x_3)^2+(x_2+x_3)^2+(x_1+ax_3)^2$，其中 a 是参数.

（1）求 $f(x_1,x_2,x_3)=0$ 的解；

（2）求 $f(x_1,x_2,x_3)$ 的规范形.

21.（2018 年）已知 a 是常数，且矩阵 $\boldsymbol{A}=\begin{pmatrix}1&2&a\\1&3&0\\2&7&-a\end{pmatrix}$ 可经过初等变换化为矩阵 $\boldsymbol{B}=\begin{pmatrix}1&a&2\\0&1&1\\-1&1&1\end{pmatrix}$.

（1）求 a 的值；

（2）求满足 $\boldsymbol{AP}=\boldsymbol{B}$ 的可逆矩阵 $\boldsymbol{P}$.

习题参考答案

第一章

习题 1.1

1.（1）2；（2）a^2b-ab^2；（3）15；（4）$a^2-b^2+c^2+2abc+1$.

2. $k=1$ 或 $k=3$.

3.（1）3；（2）7；（3）$\frac{n(n-1)}{2}$；（4）$n(n-1)$.

4.（1）$i=3, j=8$；（2）$i=6, j=7$.

5.（1）+；（2）−.

6.（1）$(-1)^{n-1}n!$；（2）$(-1)^{\frac{(n-1)(n-2)}{2}}n!$；（3）$(-1)^{\frac{n(n-1)}{2}}a_{1n}a_{2(n-1)}\cdots a_{n1}$；
（4）0；（5）1；（6）0.

习题 1.2

1. 略.

2.（1）160；（2）9；（3）27；（4）24.

习题 1.3

1. 7；2.（1）$(x+n-1)(x-1)^{n-1}$；（2）$x^n+(-1)^{n+1}y^n$；（3）$(-1)^{\frac{n(n-1)}{2}}\frac{n^n+n^{n-1}}{2}$.

习题 1.4

1.（1）$x_1=1, x_2=2, x_3=3, x_4=-1$；（2）$x_1=1, x_2=2, x_3=1, x_4=-1$；
（3）$x_1=\frac{1507}{665}, x_2=-\frac{1145}{665}, x_3=\frac{703}{665}, x_4=-\frac{395}{665}$；（4）$x=-a, y=b, z=c$.

2. $k\neq -1, k\neq 4$；3. $\lambda=1, \mu=0$；4. $97\frac{1}{2}$.

第二章

习题 2.1

1. $\begin{pmatrix} 1 & -2 & 8 & 9 \\ 6 & -1 & 11 & 3 \\ 10 & 6 & 1 & -7 \end{pmatrix}$，$\begin{pmatrix} 5 & -2 & 6 & 1 \\ -4 & 1 & -3 & -9 \\ 2 & 10 & -1 & 11 \end{pmatrix}$，$\begin{pmatrix} 9 & -6 & 27 & 15 \\ 3 & 0 & 12 & -9 \\ 2 & 10 & -1 & 11 \end{pmatrix}$；

2. $\begin{pmatrix} 6 & 2 & -2 \\ 6 & 1 & 0 \\ 8 & -1 & 2 \end{pmatrix}$，$\begin{pmatrix} 2 & 2 & -2 \\ 2 & 0 & 0 \\ 4 & -4 & -2 \end{pmatrix}$；

3.（1）$\begin{pmatrix} 2 & -1 \\ 0 & 3 \\ 8 & 10 \end{pmatrix}$；（2）$\begin{pmatrix} 29 \\ 19 \end{pmatrix}$；（3）$\begin{pmatrix} \sum\limits_{i=1}^{n} a_i b_i & \sum\limits_{j=1}^{n} a_j b_j \end{pmatrix}$；

（4）$a_{11}x^2 + a_{22}y^2 + 2a_{12}xy + 2b_1x + 2b_2y + 1$；

（5）$\begin{pmatrix} 0 & 0 & 0 & 0 \\ 0 & 0 & 0 & 0 \\ 0 & 0 & 0 & 0 \\ 0 & 0 & 0 & 0 \end{pmatrix} (n \geqslant 4)$；（6）$\begin{pmatrix} \lambda^n & n\lambda^{n-1} & \frac{n(n-1)}{2}\lambda^{n-2} \\ 0 & \lambda^n & n\lambda^{n-1} \\ 0 & 0 & \lambda^n \end{pmatrix}$.

4. 5 略； 6. 81.

习题 2.2

1. $\begin{pmatrix} 1 & 2 & 3 & 4 \\ 0 & 0 & 1 & 2 \\ 0 & 0 & 0 & 0 \\ 0 & 0 & 0 & 0 \end{pmatrix}$，$\begin{pmatrix} 1 & 2 & 0 & -2 \\ 0 & 0 & 1 & 2 \\ 0 & 0 & 0 & 0 \\ 0 & 0 & 0 & 0 \end{pmatrix}$.（此题答案不唯一）

2.（1）$\begin{pmatrix} \boldsymbol{E}_2 & \boldsymbol{O}_{2\times2} \\ \boldsymbol{O}_{1\times2} & \boldsymbol{O}_{1\times2} \end{pmatrix}$；（2）$\begin{pmatrix} \boldsymbol{E}_1 & \boldsymbol{O}_{1\times2} \\ \boldsymbol{O}_{2\times1} & \boldsymbol{O}_{2\times2} \end{pmatrix}$.

3.（1）$\begin{pmatrix} 1 & 1 \\ 0 & 1 \end{pmatrix}\begin{pmatrix} 1 & 0 \\ -3 & 1 \end{pmatrix}\begin{pmatrix} 1 & 2 \\ 3 & 4 \end{pmatrix}\begin{pmatrix} 1 & 0 \\ 0 & \frac{1}{2} \end{pmatrix}\begin{pmatrix} 1 & 0 \\ 0 & -1 \end{pmatrix} = \begin{pmatrix} 1 & 0 \\ 0 & 1 \end{pmatrix}$；

（2）当 $a \neq 0$ 时，$\begin{pmatrix} 1 & 0 \\ 0 & a \end{pmatrix}\begin{pmatrix} 1 & 0 \\ -c & 1 \end{pmatrix}\begin{pmatrix} \frac{1}{a} & 0 \\ 0 & 1 \end{pmatrix}\begin{pmatrix} a & b \\ c & d \end{pmatrix}\begin{pmatrix} 1 & -\frac{b}{a} \\ 0 & 1 \end{pmatrix} = \begin{pmatrix} 1 & 0 \\ 0 & 1 \end{pmatrix}$，

当 $a = 0$ 时，$\begin{pmatrix} 1 & 0 \\ -d & 1 \end{pmatrix}\begin{pmatrix} \frac{1}{b} & 0 \\ 0 & 1 \end{pmatrix}\begin{pmatrix} 0 & b \\ c & d \end{pmatrix}\begin{pmatrix} \frac{1}{c} & 0 \\ 0 & 1 \end{pmatrix}\begin{pmatrix} 0 & 1 \\ 1 & 0 \end{pmatrix} = \begin{pmatrix} 1 & 0 \\ 0 & 1 \end{pmatrix}$.

（注：此题答案不唯一）.

习题 2.3

1、2、3 略

4.（1）$\boldsymbol{A}^{-1} = \frac{1}{3}\begin{pmatrix} 0 & 1 & 1 \\ 0 & 1 & -2 \\ -3 & 2 & -1 \end{pmatrix}$；（2）$\boldsymbol{A}^{-1} = \begin{pmatrix} \cos\theta & \sin\theta \\ -\sin\theta & \cos\theta \end{pmatrix}$.

5.（1）$\boldsymbol{A}^{-1}=\begin{pmatrix}\frac{3}{2} & -1 & \frac{1}{2}\\ 0 & 1 & -1\\ -\frac{1}{2} & 0 & \frac{1}{2}\end{pmatrix}$；（2）$\boldsymbol{A}^{-1}=\begin{pmatrix}1 & -4 & -3\\ 1 & -5 & -3\\ -1 & 6 & 4\end{pmatrix}$；

（3）$\boldsymbol{A}^{-1}=\begin{pmatrix}22 & -6 & -26 & 17\\ -17 & 5 & 20 & -13\\ -1 & 0 & 2 & -1\\ 4 & -1 & -5 & 3\end{pmatrix}$；（4）$\boldsymbol{A}^{-1}=\frac{1}{4}\begin{pmatrix}1 & 1 & 1 & 1\\ 1 & 1 & -1 & -1\\ 1 & -1 & 1 & -1\\ 1 & -1 & -1 & 1\end{pmatrix}$.

6.（1）$\begin{pmatrix}2 & -23\\ 0 & 8\end{pmatrix}$；（2）$\boldsymbol{X}=\frac{1}{6}\begin{pmatrix}11 & 3 & 6\\ -1 & -3 & 0\\ 4 & 6 & 0\end{pmatrix}$.

7. $\begin{pmatrix}4 & 4 & 4\\ 4 & 4 & 4\\ 4 & 4 & 4\end{pmatrix}$.

习题 2.4

1.（1）4；（2）-6.

2.（1）$\begin{pmatrix}1 & 1 & 0 & 0\\ -1 & -2 & 0 & 0\\ 0 & 0 & 3 & -5\\ 0 & 0 & 1 & 2\end{pmatrix}$；（2）$\begin{pmatrix}3 & 9 & 4 & -5\\ -2 & 5 & -2 & \frac{5}{2}\\ -2 & -7 & -3 & 4\\ 0 & 0 & 0 & \frac{1}{2}\end{pmatrix}$.

3、4 略.

习题 2.5

1.（1）错；（2）对；（3）错；（4）对.
2.（1）3；（2）3.
3. 略.

第三章

习题 3.1

1.（1）$(12,11,-2,-31)$；（2）$(-2,-3,8,19)$.
2.（1）是；（2）不是；（3）是；（4）不是.

习题 3.2

1.（1）$(0,2,0,-1)$，（2）$(-5,0,5,3)$.

2.（1）线性相关；（2）线性无关；（3）线性相关；（4）线性无关.

3 ~ 6 题略.

习题 3.3

1. $\lambda=-1$；

2. 线性无关；

3.（1）$R(\boldsymbol{\alpha}_1,\boldsymbol{\alpha}_2,\boldsymbol{\alpha}_3)=3$，相性无关，$\boldsymbol{\alpha}_1,\boldsymbol{\alpha}_2,\boldsymbol{\alpha}_3$是其极大无关组；

（2）$R(\boldsymbol{\alpha}_1,\boldsymbol{\alpha}_2,\boldsymbol{\alpha}_3,\boldsymbol{\alpha}_4)=3$，相性相关，$\boldsymbol{\alpha}_1,\boldsymbol{\alpha}_2,\boldsymbol{\alpha}_3$是其一个极大无关组，且$\boldsymbol{\alpha}_4=\boldsymbol{\alpha}_1+\boldsymbol{\alpha}_2+\boldsymbol{\alpha}_3$；

（3）$R(\boldsymbol{\alpha}_1,\boldsymbol{\alpha}_2,\boldsymbol{\alpha}_3)=3$，线性相关，$\boldsymbol{\alpha}_1,\boldsymbol{\alpha}_2$是其极大无关组，且$\boldsymbol{\alpha}_3=-\frac{11}{9}\boldsymbol{\alpha}_1+\frac{5}{9}\boldsymbol{\alpha}_2$.

4. $\boldsymbol{\beta}_1,\boldsymbol{\beta}_2$（注：$\boldsymbol{\beta}_1,\boldsymbol{\beta}_3$和$\boldsymbol{\beta}_2,\boldsymbol{\beta}_3$都是）.

5. 提示：转化为向量组的秩证明.

6. 提示：转化为向量组的秩证明.

7. $\boldsymbol{\alpha}=-\boldsymbol{\alpha}_1+2\boldsymbol{\alpha}_2$.

习题 3.4

1.（1）通解为$k(1,-2,1)^{\mathrm{T}}$，（k为任意实数）；

（2）通解为$k_1\left(-4,\frac{3}{4},1,0\right)^{\mathrm{T}}+k_2\left(0,\frac{1}{4},0,1\right)^{\mathrm{T}}$，（$k_1,k_2$为任意实数）；

（3）通解为$k(1,2,1,-3)^{\mathrm{T}}$，（k为任意实数）；

（4）通解为$\left(-\frac{2}{11},\frac{10}{11},0,0\right)^{\mathrm{T}}+k_1\left(\frac{1}{11},-\frac{5}{11},1,0\right)^{\mathrm{T}}+k_2\left(-\frac{9}{11},\frac{1}{11},0,1\right)^{\mathrm{T}}$，（$k_1,k_2$为任意实数）；

（5）无解；

（6）通解为$(-16,23,0,0,0)^{\mathrm{T}}+k_1(1,-2,1,0,0,)^{\mathrm{T}}+k_2(1,-2,0,1,0)^{\mathrm{T}}$，（$k_1,k_2$为任意实数）.

2. $k=-3$，通解为$l(-1,1,1)$，l为任意实数.

3. $k=4$时无解；$k\neq 4$时有无穷解，通解为$\left(\frac{k-6}{k-4},\frac{1}{k-4},0\right)^{\mathrm{T}}+l(-k-4,2,1)^{\mathrm{T}}$，$l$为任意实数.

4. 当$a\neq 1$，且$b\neq 0$时，方程组有唯一解；

当$a=1,b=\frac{1}{2}$时，方程组有无穷多个解；

当$a=1,b\neq\frac{1}{2}$时，方程组无解.

5.（1）$a\neq -4$；（2）$a=-4$，且$1+c\neq 3b$；

（3）当$a=-4$，且$1+c=3b$时，$\boldsymbol{\beta}=k_1\boldsymbol{\alpha}_1-(2k_1+1+b)\boldsymbol{\alpha}_2+(1+2b)\boldsymbol{\alpha}_3$，（$k_1$为任意实数）.

6. $\begin{pmatrix}1&0\\5&2\\8&1\\0&1\end{pmatrix}$（注：答案不唯一）.

7. $\begin{cases} x_1-2x_2+x_3=0, \\ 2x_1-3x_2+x_4=0. \end{cases}$（注：答案不唯一）.

8. 当 $k_1=-k_2$ 时，（Ⅱ）的解是（Ⅰ）的解，所以它们有公共非零解 $k(1,-1,-1,-1)^{\mathrm{T}}$，（$k$ 为任意实数）.

9. 通解为 $k(1,1,\cdots,1)^{\mathrm{T}}$，（$k$ 为任意实数）.

10. 通解为 $(1,1,1,1)^{\mathrm{T}}+k(1,-2,1,0)^{\mathrm{T}}$，（$k$ 为任意实数）.

11 ~ 13 题略.

第四章

习题 4.1

1.（1）特征值 $\lambda_1=2$，全部特征向量 $k_1(1,1)^{\mathrm{T}},k_1\neq 0$；

特征值 $\lambda_2=4$，全部特征向量 $k_2(1,-1)^{\mathrm{T}},k_2\neq 0$.

（2）特征值 $\lambda_1=1$，全部特征向量 $k_1(-1,1,1)^{\mathrm{T}},k_1\neq 0$，

特征值 $\lambda_2=\lambda_3=2$，全部特征向量 $k_2(1,0,1)^{\mathrm{T}}+k_3(0,1,1)^{\mathrm{T}}$，（$k_2,k_3$ 不同时为零）.

（3）$\lambda_1=\lambda_2=\lambda_3=2,$，全部特征向量为 $k_1(1,1,0,0)^{\mathrm{T}}+k_2(1,0,1,0)^{\mathrm{T}}+k_3(1,0,0,1)^{\mathrm{T}}$（$k_1,k_2,k_3$ 不同时为零）.

2. $m=-4$，$\lambda_2=\lambda_3=3$.

3、4 题略.

习题 4.2

1.（1）$\lambda_1=2,\lambda_2=\lambda_3=4;\boldsymbol{\alpha}_1=\begin{pmatrix}0\\1\\-1\end{pmatrix},\boldsymbol{\alpha}_2=\begin{pmatrix}1\\0\\0\end{pmatrix},\boldsymbol{\alpha}_3=\begin{pmatrix}0\\1\\1\end{pmatrix},\boldsymbol{P}=\begin{pmatrix}0&1&0\\1&0&1\\-1&0&1\end{pmatrix}$；

$$\boldsymbol{P}^{-1}\boldsymbol{A}\boldsymbol{P}=\begin{pmatrix}2&&\\&4&\\&&4\end{pmatrix}.$$

（2）$\lambda_1=4,\lambda_2=\lambda_3=-2;\boldsymbol{\alpha}_1=\begin{pmatrix}1\\1\\2\end{pmatrix},\boldsymbol{\alpha}_2=\begin{pmatrix}-1\\0\\1\end{pmatrix},\boldsymbol{\alpha}_3=\begin{pmatrix}1\\1\\0\end{pmatrix},\boldsymbol{P}=\begin{pmatrix}1&-1&1\\1&0&1\\2&1&0\end{pmatrix}$，

$$\boldsymbol{P}^{-1}\boldsymbol{A}\boldsymbol{P}=\begin{pmatrix}4&&\\&-2&\\&&-2\end{pmatrix}.$$

（3）$\lambda_1=4,\boldsymbol{\alpha}_1=\begin{pmatrix}0\\1\\1\end{pmatrix};\lambda_2=\lambda_3=-2,\boldsymbol{\alpha}_2=\begin{pmatrix}1\\1\\0\end{pmatrix}$，不能对角化.

2.（1） $x=0, y=-2$；（2） $\boldsymbol{P}=\begin{pmatrix} 0 & 0 & 1 \\ 2 & 1 & 0 \\ -1 & 1 & -1 \end{pmatrix}$.

3. $\boldsymbol{A}=\dfrac{1}{3}\begin{pmatrix} -1 & 0 & 2 \\ 0 & 1 & 2 \\ 2 & 2 & 0 \end{pmatrix}$.

4. $-2\begin{pmatrix} 1 & 1 \\ 1 & 1 \end{pmatrix}$.

5 ~ 7 题略.

8. 0.

习题 4.3

1.（1）1；（2） $\sqrt{42}$；（3）4.

2. $\boldsymbol{\gamma}_1=\left(\dfrac{1}{\sqrt{6}},\dfrac{2}{\sqrt{6}},-\dfrac{1}{\sqrt{6}}\right)^{\mathrm{T}},\boldsymbol{\gamma}_2=\left(-\dfrac{1}{\sqrt{3}},\dfrac{1}{\sqrt{3}},\dfrac{1}{\sqrt{3}}\right)^{\mathrm{T}},\boldsymbol{\gamma}_3=\left(\dfrac{1}{\sqrt{2}},0,\dfrac{1}{\sqrt{2}}\right)^{\mathrm{T}}$.

3. 略.

4.（1）不是；（2）是.

5. $\pm\dfrac{1}{\sqrt{2}}(1,0,0,-1)^{\mathrm{T}}$.

习题 4.4

1.（1） $\boldsymbol{U}=\begin{pmatrix} 1 & 0 & 0 \\ 0 & \dfrac{1}{\sqrt{2}} & \dfrac{1}{\sqrt{2}} \\ 0 & -\dfrac{1}{\sqrt{2}} & \dfrac{1}{\sqrt{2}} \end{pmatrix},\boldsymbol{U}^{\mathrm{T}}\boldsymbol{A}\boldsymbol{U}=\begin{pmatrix} 2 & & \\ & 1 & \\ & & 5 \end{pmatrix}$；

（2） $\boldsymbol{U}=\begin{pmatrix} \dfrac{1}{3} & \dfrac{2}{\sqrt{5}} & -\dfrac{2}{\sqrt{45}} \\ \dfrac{2}{3} & 0 & \dfrac{5}{\sqrt{45}} \\ -\dfrac{2}{3} & \dfrac{1}{\sqrt{5}} & \dfrac{4}{\sqrt{45}} \end{pmatrix},\boldsymbol{U}^{\mathrm{T}}\boldsymbol{A}\boldsymbol{U}=\begin{pmatrix} -7 & & \\ & 2 & \\ & & 2 \end{pmatrix}$.

2. $\begin{pmatrix} 1 & 0 & 0 \\ 0 & \dfrac{1}{2} & -\dfrac{1}{2} \\ 0 & -\dfrac{1}{2} & \dfrac{1}{2} \end{pmatrix}$.

3. $a=3, \boldsymbol{U}=\begin{pmatrix}1 & 0 & 0\\ 0 & \frac{1}{\sqrt{2}} & \frac{1}{\sqrt{2}}\\ 0 & -\frac{1}{\sqrt{2}} & \frac{1}{\sqrt{2}}\end{pmatrix}, \boldsymbol{U}^{\mathrm{T}}\boldsymbol{A}\boldsymbol{U}=\begin{pmatrix}2 & & \\ & 1 & \\ & & 5\end{pmatrix}$.

4. $\frac{1}{2}\begin{pmatrix}1+3^n & 1-3^n\\ 1-3^n & 1+3^n\end{pmatrix}$.

第五章

习题 5.1

1.（1）$\boldsymbol{A}=\begin{pmatrix}1 & -2 & 0\\ -2 & -2 & 1\\ 0 & 1 & 6\end{pmatrix}$，3；（2）$\boldsymbol{A}=\begin{pmatrix}0 & 1 & -3\\ 1 & 0 & \frac{1}{2}\\ -3 & \frac{1}{2} & 0\end{pmatrix}$，3.

2.（1）配方法，合同变换法：$2y_1^2-3y_2^2+9y_3^2$；

正交变换法：$3y_1^2+3y_2^2-6y_3^2$.

（2）配方法，合同变换法：$y_1^2-2y_2^2+5y_3^2$；

正交变换法：$2y_1^2+5y_2^2-y_3^2$.

（3）配方法：$4y_1^2+4y_2^2+y_3^2$；

合同变换法：$-4y_1^2+y_2^2+y_3^2$；

正交变换法：$2y_1^2+(-1+\sqrt{3})y_2^2-(1+\sqrt{3})y_3^2$.

（4）配方法：$-y_1^2-4y_2^2+4y_3^2$；

合同变换法：$-y_1^2+4y_2^2-y_3^2$；

正交变换法：$2y_1^2-2y_2^2-y_3^2$.

习题 5.2

1.（1）是；（2）否；（3）否.

6.（1）$-1<t<1$；（2）$t>2$；（3）$-\sqrt{2}<t<\sqrt{2}$.

第六章

习题 6.1

1.（1）是；（2）否；（3）否；（4）否；（5）否.

2.（1）基：1；$\dim C=1$.（2）基：$(1,0)^{\mathrm{T}},(0,1)^{\mathrm{T}};\dim C^2(C)=2$.

（3）基：$(1,0)^{\mathrm{T}},(\mathrm{i},0)^{\mathrm{T}},(0,1)^{\mathrm{T}},(0,\mathrm{i})^{\mathrm{T}};\dim C^2(R)=4$.

（4）基：$\boldsymbol{E}_{ij}((i,j)$元为1，其余元为0的$n$阶方阵，$i,j=1,2,\cdots,n);\dim\mathbf{R}^{n\times n}=n^2$.

（5）基：$\boldsymbol{E}_{ii}((i,i)$元为1的$n$阶矩阵)，$\boldsymbol{E}_{ij}+\boldsymbol{E}_{ji}(i,j=1,2,\cdots,n);\dim V=\dfrac{n(n+1)}{2}$.

（6）基：$\boldsymbol{E}_{ij}+\boldsymbol{E}_{ji}(i,j=1,2,\cdots,n);\dim V=\dfrac{n(n-1)}{2}$.

3.（1,0,−1,0）.

4. $\left(\dfrac{5}{2},-1,-\dfrac{1}{2},0\right)$.

5.（1）$\begin{pmatrix}-27&-71&-41\\9&20&9\\4&12&8\end{pmatrix}$；（2）$(-24,7,4)$，$(2,-1,1)$.

6.（1）过渡矩阵 $\boldsymbol{P}=\begin{pmatrix}2&0&5&6\\1&3&3&6\\-1&1&3&1\\1&0&1&3\end{pmatrix}$；

（2）$\begin{pmatrix}x_1'\\x_2'\\x_3'\\x_4'\end{pmatrix}=\dfrac{1}{27}\begin{pmatrix}12&9&-27&-33\\1&12&-9&-23\\9&0&0&-18\\-7&-3&9&26\end{pmatrix}\begin{pmatrix}x_1\\x_2\\x_3\\x_4\end{pmatrix}$.

（3）$k(1,1,1,-1)$，（k为任意常数）.

7.（1）是；（2）否．　8.（1）否；（2）是.

习题 6.2

1.（1）关于y轴对称；（2）关于原点对称.

2. $(\sigma+\tau)(x_1,x_2)=(x_1-x_2,x_1-x_2)$,

$(\sigma\tau)(x_1,x_2)=(-x_2,-x_1)$,

$(\tau\sigma)(x_1,x_2)=(x_2,x_1)$.

4. $\boldsymbol{A}=\begin{pmatrix}1&0&0\\1&1&0\\0&\dfrac{2}{3}&1\end{pmatrix}$.

5.（1）$\begin{pmatrix}1&2&1\\0&1&1\\0&0&1\end{pmatrix}$；（2）$\begin{pmatrix}1&2&1\\1&2&1\\1&2&1\end{pmatrix}$.

试题参考答案

一、填空题

1.3；2.1；3.1；4.2；5. $3y_1^3$；6.-27；7.2；
8.-1；9. $-2 \leqslant a \leqslant 2$；10. $2^{n+1}-2$；11.21；12.2；
13. $\lambda^4+\lambda^3+2\lambda^2+3\lambda+4$；14.2；15.2；16.-1.

二、选择题

1.A；2.A；3.D；4.D；5.D；6.C；7.C；8.B；9.B；10.B；
11.B；12.A；13.D；14.A；15.C；16.C；17.A；18.B；19.A；20.A.

三、计算与证明

1.（1）$\lambda=-1, a=-2$；（2）通解为 $x=\frac{1}{2}\begin{pmatrix}3\\-1\\0\end{pmatrix}+k\begin{pmatrix}1\\0\\1\end{pmatrix}$，（$k$ 为任意实数）.

2.（1）$\boldsymbol{A}=\frac{1}{2}\begin{pmatrix}1&0&-1\\0&2&0\\-1&0&1\end{pmatrix}$；（2）略.

3. $a=-1, \boldsymbol{Q}=\begin{pmatrix}\frac{1}{\sqrt{6}}&\frac{1}{\sqrt{3}}&-\frac{1}{\sqrt{2}}\\\frac{2}{\sqrt{6}}&-\frac{1}{\sqrt{3}}&0\\\frac{1}{\sqrt{6}}&\frac{1}{\sqrt{3}}&\frac{1}{\sqrt{2}}\end{pmatrix}$.

4.（1）$a=5$；
（2）$\boldsymbol{\beta}_1=2\boldsymbol{\alpha}_1+4\boldsymbol{\alpha}_2-\boldsymbol{\alpha}_3, \boldsymbol{\beta}_2=\boldsymbol{\alpha}_1+2\boldsymbol{\alpha}_2, \boldsymbol{\beta}_3=5\boldsymbol{\alpha}_1+10\boldsymbol{\alpha}_2-2\boldsymbol{\alpha}_3$.

5.（1）$\boldsymbol{A}$ 的特征值为 $-1,1,0$，与之对应的特征向量为 $\begin{pmatrix}1\\0\\-1\end{pmatrix},\begin{pmatrix}1\\0\\1\end{pmatrix},\begin{pmatrix}0\\1\\0\end{pmatrix}$.

（2）$\boldsymbol{A}=\begin{pmatrix}0&0&1\\0&0&0\\1&0&0\end{pmatrix}$.

6.（1）$|\boldsymbol{A}|=1-a^4$；（2）$a=-1$，通解为 $x=\begin{pmatrix}0\\-1\\0\\0\end{pmatrix}+k\begin{pmatrix}1\\1\\1\\1\end{pmatrix}$，（$k$ 为任意常数）.

7.（1）$a=-1$；

（2）$\boldsymbol{Q}=\begin{pmatrix}\frac{1}{\sqrt{2}} & \frac{1}{\sqrt{6}} & \frac{1}{\sqrt{3}}\\ -\frac{1}{\sqrt{2}} & \frac{1}{\sqrt{6}} & \frac{1}{\sqrt{3}}\\ 0 & \frac{2}{\sqrt{6}} & -\frac{1}{\sqrt{3}}\end{pmatrix}$.

8. $a=-1,b=0,\boldsymbol{C}=\begin{pmatrix}1+k_1+k_2 & -k_1\\ k_1 & k_2\end{pmatrix}$，（$k_1,k_2$ 为任意常数）.

9. 略.

10.（1）一个基础解系为 $\boldsymbol{\alpha}=\begin{pmatrix}-1\\2\\3\\1\end{pmatrix}$；

（2）$\boldsymbol{B}=\begin{pmatrix}2 & 6 & -1\\ -1 & -3 & 1\\ -1 & -4 & 1\\ 0 & 0 & 0\end{pmatrix}+(k_1,k_2,k_3)\boldsymbol{\alpha}$，（$k_1,k_2,k_3$ 为任意常数）.

11. 略.

12.（1）略；（2）$k=0,x=l(a_1-a_2)$，（l 为任意常数）.

13.（1）$a=4,b=5$；

（2）$\boldsymbol{P}=\begin{pmatrix}2 & -3 & -1\\ 1 & 0 & -1\\ 0 & 1 & 1\end{pmatrix},\boldsymbol{P}^{-1}\boldsymbol{AP}=\begin{pmatrix}1 & 0 & 0\\ 0 & 1 & 0\\ 0 & 0 & 5\end{pmatrix}$.

14.（1）$a=0$；（2）$\boldsymbol{X}=\begin{pmatrix}3 & 1 & -2\\ 1 & 1 & -1\\ 2 & 1 & -1\end{pmatrix}$.

15. $a=-2$ 时，无解；

$a=1$ 时，有无穷解 $\boldsymbol{X}=\begin{pmatrix}3 & 3\\ -k_1-1 & -k_2-1\\ k_1 & k_2\end{pmatrix}$，（$k_1,k_2$ 为任意常数）.

$a\neq-2$ 且 $a\neq1$ 时，有唯一解 $\boldsymbol{X}=\begin{pmatrix}1 & \frac{3a}{a+2}\\ 0 & \frac{a-4}{a+2}\\ -1 & 0\end{pmatrix}$.

16.（1）$\boldsymbol{A}^{99}=\begin{pmatrix}-2+2^{99} & 1-2^{99} & 2-2^{98}\\ -2+2^{100} & 1-2^{100} & 2-2^{99}\\ 0 & 0 & 0\end{pmatrix}$；

（2）$\boldsymbol{\beta}_1=(-2+2^{99})\boldsymbol{\alpha}_1+(-2+2^{100})\boldsymbol{\alpha}_2,\boldsymbol{\beta}_2=(1-2^{99})\boldsymbol{\alpha}_1+(1-2^{100})\boldsymbol{\alpha}_2,\boldsymbol{\beta}_3=(2-2^{99})\boldsymbol{\alpha}_1+(2-2^{99})\boldsymbol{\alpha}_2$.

17.（1）$a=0$；（2）通解 $\boldsymbol{x}=k\begin{pmatrix}0\\-1\\1\end{pmatrix}+\begin{pmatrix}1\\-2\\0\end{pmatrix}$，（$k$ 为任意常数）.

18.（1）略；（2）通解 $\boldsymbol{x}=k\begin{pmatrix}1\\2\\-1\end{pmatrix}+\begin{pmatrix}1\\1\\1\end{pmatrix}$，（$k$ 为任意常数）.

19. $a=2,\boldsymbol{Q}=\begin{pmatrix}\frac{1}{\sqrt{2}} & \frac{1}{\sqrt{3}} & \frac{1}{\sqrt{6}}\\ 0 & -\frac{1}{\sqrt{3}} & \frac{2}{\sqrt{6}}\\ -\frac{1}{\sqrt{2}} & \frac{1}{\sqrt{3}} & \frac{1}{\sqrt{6}}\end{pmatrix}$.

20.（1）当 $a\neq 2$ 时，只有零解；

当 $a=2$ 时，$f(x_1,x_2,x_3)=0$ 有非零解：$x=k(-2,-1,1)^{\mathrm{T}}$，（$k$ 为任意实数）.

（2）当 $a\neq 2$ 时，二次型恒大于 0，其规范形为 $f(y_1,y_2,y_3)=y_1^2+y_2^2+y_3^2$；

当 $a=2$ 时，其规范形为 $f(z_1,z_2,z_3)=z_1^2+z_2^2$.

21.（1）$a=2$；（2）$\boldsymbol{P}=\begin{pmatrix}3-6k_1 & 4-6k_2 & 4-6k_3\\ -1+2k_1 & -1+2k_2 & -1+2k_3\\ k_1 & k_2 & k_3\end{pmatrix},k_2\neq k_3$.

参考文献

[1] 黄廷祝，成孝予. 线性代数与空间解析几何[M]. 3版. 北京：高等教育出版社，2008.

[2] 张保才. 线性代数与几何[M]. 北京：科学出版社，2012.

[3] 戴斌祥. 线性代数[M]. 北京：北京邮电大学出版社，2009.

[4] 周勇. 线性代数[M]. 北京：北京大学出版社，2018.

[5] 同济大学数学系. 工程数学线性代数[M]. 北京：高等教育出版社.

[6] 李文林. 数学史概论[M]. 3版. 北京：高等教育出版社，2011.

[7] 张红. 数学简史[M]. 北京：科学出版社，2007.